21 世纪土木工程学术前沿丛书

现代项目管理与土木施工技术研究

陈详生　俞开元　高利红　著

哈尔滨工程大学出版社
Harbin Engineering University Press

内容简介

本书在编写过程中以"必需、够用"为度,以"实用"为准,关注现代理论与实践发展趋势及专业发展动向。本书重视实践的运用,使读者明确现代项目管理与土木施工技术。具体包括概论、流水施工原理、建筑工程施工组织设计、建筑工程进度管理、建筑装饰工程投标、建筑装饰工程合同管理、建筑工程安全与环境管理、建筑工程质量管理、混凝土结构概述、钢筋混凝土材料的力学性能、高层混凝土结构施工和预应力混凝土构件施工。

本书可作为项目管理、土木工程等相关专业的教材,也可作为建筑项目管理与规化、土木工程等相关技术人员的参考书。

图书在版编目(CIP)数据

现代项目管理与土木施工技术研究／陈祥生,俞开元,高利红著. —哈尔滨:哈尔滨工程大学出版社,2019.7

(21 世纪土木工程学术前沿丛书)

ISBN 978 – 7 – 5661 – 2300 – 8

Ⅰ. ①现… Ⅱ. ①陈… ②俞… ③高… Ⅲ. ①建筑工程 – 工程项目管理 – 研究 ②土木工程 – 建筑施工 – 技术 – 研究 Ⅳ. ①TU712.1 ②TU74

中国版本图书馆 CIP 数据核字(2019)第 149032 号

选题策划　刘凯元
责任编辑　王俊一　姜　珊
封面设计　李海波

出版发行　哈尔滨工程大学出版社
社　　址　哈尔滨市南岗区南通大街 145 号
邮政编码　150001
发行电话　0451 – 82519328
传　　真　0451 – 82519699
经　　销　新华书店
印　　刷　北京中石油彩色印刷有限责任公司
开　　本　787 mm × 1 092 mm　1/16
印　　张　13.5
字　　数　348 千字
版　　次　2019 年 5 月第 1 版
印　　次　2019 年 5 月第 1 次印刷
定　　价　58.00 元
http://www.hrbeupress.com
E-mail:heupress@ hrbeu.edu.cn

前　言

随着我国建筑行业的快速发展,建筑行业对专业人才的需求也呈现出多层面的变化,从而对人才培养提出了更细致、更实效的要求。

本书在编写过程中以"必需、够用"为度,以"实用"为准,关注现代理论与实践的发展趋势及专业发展动向,及时吸收专业前沿知识,不断进行内容更新。本书重视实践的运用,使读者掌握现代项目管理和土木施工技术。

本书具体包括以下内容:建筑装饰工程施工组织概论、建筑装饰工程施工组织设计、建筑装饰工程进度管理、建筑装饰工程投标、建筑装饰工程合同管理、建筑施工安全与环境管理、建筑工程质量管理、混凝土结构概述、钢筋混凝土材料的力学性能、高层混凝土结构施工、预应力混凝土构件施工和钢结构工程施工。

本书引用了大量专业文献和资料,未在书中注明出处,在此对有关文献的作者和资料的整理者表示深深的感谢。由于编者水平有限,书中难免存在错误和不足之处,诚恳地希望读者批评指正。

笔　者

2019 年 2 月

目　录

第一章 建筑装饰工程施工组织概论

第一节 施工程序和施工准备工作

一、施工程序

建筑装饰工程施工程序是指在整个施工过程中各项工作必须遵循的先后顺序,它反映了施工过程中必须遵循的客观规律,同时它也是多年来建筑装饰工程施工实践经验的总结。

建筑装饰工程施工程序一般可划分为承接施工任务及签订合同阶段、施工准备阶段、全面组织施工阶段,以及竣工验收及交付使用阶段。

(一)承接施工任务及签订合同

1. 承接施工任务

建筑装饰工程承接施工任务的承接方式同土建工程一样,共有两种。一是通过公开招投标承接,二是由建设单位(业主)向预先选择的几家有承包能力的施工企业发出招标邀请。目前,以前者最为普遍,它有利于建筑装饰行业的竞争与发展,有利于施工单位提高技术水平,改善管理体制,提高企业素质。

2. 签订施工合同

承接施工任务后,建设单位与装饰施工单位应根据《中华人民共和国合同法》和《建筑装饰工程施工合同》(以下简称施工合同)的有关规定及要求签订施工合同。施工合同经双方法人代表签字后具有法律效力,必须共同遵守。建筑装饰工程施工合同应规定承包的内容、要求、工期、质量、造价及材料供应等,明确合同双方应承担的义务和职责及应完成的施工准备工作。

(二)施工准备

施工合同签订后,施工单位应全面展开施工准备工作,施工准备工作包括开工前的计划准备和现场准备。

(三)全面组织施工

在做好现场充分施工准备的基础上,同时具备开工条件的前提下,可向建设单位提交开工报告,并提出开工申请,在征得建设单位及有关部门的批准后,即可开工。在建筑装饰施工过程中,应严格按照《建筑工程施工质量验收统一标准》(GB 50300—2013)及《建筑装饰装修工程质量验收标准》(GB 50210—2018)进行检查与验收,以确保装饰质量达到标准,满足用户要求。

（四）竣工验收及交付使用

竣工验收是施工的最后阶段。在竣工验收前，施工单位内部应先进行预验收，检查各分部分项工程的装饰质量，整理各项交工验收的技术经济资料，最后由建设单位或委托监理单位组织竣工验收，经有关部门验收合格后办理验收签证书，即可交付使用。如验收不符合有关规定的标准，必须采取措施进行整改，达到规定的标准后方可交付使用。

二、施工准备工作

（一）施工准备工作的重要性

建筑装饰工程施工准备工作是指为了保证施工顺利进行，施工前从组织、技术、资金、劳动力、物资、生活等方面，事先要做好的各项工作。建筑装饰工程施工准备工作不仅存在于开工之前，而且贯穿于整个工程建设的全过程，因此应当自始至终坚持"不打无准备之仗"的原则来做好这项工作，否则就会丧失主动权，处处被动，甚至导致工程施工无法开展。

现代化的建筑装饰工程施工是一项十分复杂的生产活动，它不仅具有一般建筑工程的特点，还具有工期短、质量严、工序多、材料品种复杂，且与其他专业交叉多等特点。

1. 施工准备工作是建筑施工程序的重要阶段

施工准备工作是保证整个工程施工和安装顺利进行的重要环节。它可以为拟建工程的施工建立必要的技术和物质条件，统筹安排施工力量和施工现场。现代工程施工是十分复杂的生产活动，其技术规律和市场经济规律要求工程施工必须严格按照建筑施工程序进行。

2. 施工准备工作是建筑业企业生产经营管理的重要组成部分

现代企业管理理论认为，企业管理的重点是生产经营，而生产经营的核心是决策。施工准备工作就是对拟建工程目标、资源供应和施工方案及其空间布置和时间排列等诸方面进行选择和施工决策。施工准备工作有利于企业做好目标管理，推行技术经济责任制。

3. 做好施工准备工作，降低施工风险

由于建筑产品及其施工生产的特点，其生产过程受外界干扰及自然因素的影响较大，因此施工过程中可能遇到的风险也较多。只有根据周密的分析和多年积累的施工经验，采取有效的防范控制措施，充分做好施工准备工作，才能加强应变能力，从而降低风险损失。

4. 做好施工准备工作，提高企业综合经济效益

认真做好施工准备工作，有利于发挥企业优势，合理供应资源，加快施工进度，提高工程质量，降低工程成本，增加企业经济效益，赢得企业社会信誉，实现企业管理现代化，从而提高企业综合经济效益。

实践证明，只有重视且认真细致地做好施工准备工作，积极为工程项目创造一切便利的施工条件，才能保证施工顺利进行，否则就会给工程的施工带来麻烦和损失，造成施工停止、发生质量安全事故等恶果。

（二）施工准备工作的分类及内容

1. 施工准备工作的分类
（1）按施工准备工作的范围不同进行分类
①施工总准备（全场性的施工准备工作）

它是以整个建筑装饰工程群为对象而进行的各项施工准备工作。其目的是为全场性工程施工服务,如全场性的仓库、水电管线等。

②单位工程施工准备

它是以一个建筑物或构筑物为对象而进行的各项施工准备工作。其作用是为单位工程的顺利施工创造条件,既要为单位工程做好一切准备,又要为分部分项工程做好准备,如单位装饰工程的材料、施工机具、劳动力准备工作等。

③分部分项工程施工准备

它是以单位装饰工程中的分部分项工程为编制对象而进行的各项施工准备工作。其目的是为分部分项工程施工服务,如分部分项工程施工技术交底、机械施工、劳动力安排等。

(2)按工程所处的施工阶段不同进行分类

①开工前的施工准备工作

它是在拟建装饰工程正式开工前所做的一切准备工作。其目的是为拟建工程正式开工创造必要的施工条件。它既包括全场性的施工准备,又包括单项单位工程的施工准备。

②各阶段施工前的施工准备

它是在拟建装饰工程正式开工后,各阶段施工正式开工前所做的施工准备。其作用是为每个阶段的施工创造必要的施工条件,一方面是开工前施工准备工作的深化和具体化;另一方面是根据各阶段施工的实际需要和变化情况,随时做出补充修正与调整。

由此可见,施工准备工作具有整体性与阶段性的统一,且体现出连续性,同时还必须有计划、有步骤,分期、分阶段地进行。

2. 施工准备工作的内容

建筑装饰工程施工准备工作一般可以归纳为调查研究与收集资料的准备、技术资料的准备、施工现场的准备、劳动力及物资的准备、冬雨期施工的准备等。

(1)调查研究与收集资料的准备

当建筑装饰工程施工企业在一个新的区域进行施工时,需要对施工区域的环境特点(如可施工时间、给排水、供电、交通运输、材料供应、生活条件)等情况进行详细的调查和研究,以此作为项目准备工作的依据。

(2)技术资料的准备

①熟悉和会审施工图纸

施工图纸是施工的依据,在施工前必须熟悉图纸中的各项要求。对于建筑装饰工程施工,不仅要熟悉本专业的施工图,而且要熟悉与之相关的建筑结构、水、电、暖、风、消防等设计图纸。

②编制施工组织设计

施工组织设计对施工的全过程起指导作用,它既要体现设计的要求,又要符合施工活动的客观规律,对施工全过程起到部署和安排的双重作用,因此编制施工组织设计本身就是一项重要的施工准备工作。

③编制施工预算

施工预算是施工单位以每一个分项工程为对象,根据施工图纸和国家或地方有关部门编制的施工预算等资料编制的经济计划文件。它是控制工程消耗和施工中成本支出的重要依据。施工预算的编制,可以确定人工、材料和机械费用的支出,还可以确定人工数量、材料消耗和机械台班的使用量,以便在施工中对用工、用料实行切实有效的控制,从而实现工程成本的降低与施工管理水平的提高。

④各种成品、半成品的技术准备

对材料、设备、制品等的规格、性能和加工图纸等进行说明;对国家控制性的材料(如金、银)还需要先进行申报,方可在施工中使用。

⑤新技术、新工艺和新材料的试制试验

建筑装饰工程随着时间的变化,技术、材料的更新速度非常快。在施工中遇到新材料、新技术、新工艺时,应通过制作样板间来总结经验或通过试验来了解材料性能,以满足施工的需要。

(3)施工现场的准备

建筑装饰工程在开工前除了做好各项经济技术的准备工作之外,还必须做好施工现场的准备工作。其主要内容包括做好施工现场的清理工作,拆除障碍物,特别是改造工程;进行装饰工程施工项目的工程测量、定位放线,必要时应设永久性坐标;做好水、电、道路等施工所必需的各项作业条件的准备;做好对现场办公用房、工人宿舍、仓库等临时设施的准备,不得随意搭建,尽可能利用永久性设施。

(4)劳动力及物资的准备

①劳动力的准备

根据施工组织设计中编制的劳动力需用量计划,进行任务的具体安排;集结施工力量,调整、健全和充实施工组织机构,建立健全管理制度;建立精干的施工专业队伍,对特殊工种、稀缺工种进行专业技术培训;落实外包施工队伍的组织;及时安排和组织劳动力进场。

②物资的准备

各种技术物资只有运到现场并进行必要的储备后,才具备开工条件。要根据施工方案所确定的施工机械和机具需用量进行准备,按计划组织施工机械和机具进场安装、检修和试运转,同时根据施工组织设计计算所需的材料、半成品和预制构件的数量、质量、品种、规格等,按计划组织订货和进货,并在指定地点堆放或入库。

(5)冬雨期施工的准备

建筑装饰工程施工主要分为室外装饰工程和室内装饰工程两大部分,而室外装饰工程受季节的影响较大。为了保质、保量地按期完成施工任务,施工单位必须做好冬雨期施工的准备工作。当室外平均气温低于5℃及最低气温低于-3℃时,即转入冬期施工阶段;当次年初春连续七昼夜不出现负温度时,即转入常温施工阶段。北方地区应多考虑冬期对施工的影响,而南方地区应多考虑雨期对施工的影响。

第二节　施工组织设计的基本内容

一、施工组织设计的概念

施工组织设计是根据拟建工程的特点,对人力、材料、机械、资金、施工条件等方面因素做出科学合理的安排,并形成规划和指导拟建工程从施工准备到竣工验收中各项生产活动的综合性经济技术文件,是专门对施工过程科学组织协调的设计文件。

二、施工组织设计的内容

(一)工程概况

简要说明本装饰工程的性质、规模、地点、装饰面积、施工期限及气候条件等情况。

(二)施工方案

根据工程概况,结合人力、材料、机械设备等条件,全面安排施工任务,安排总的施工顺序,确定主要工种工程的施工方法;根据各种条件对拟建工程可能采用的几种方案进行定性、定量的分析,通过经济评价,选择最佳的施工方案。

(三)施工进度计划

施工进度计划可以反映出最佳方案在时间上的全面安排。采用施工进度计划,可以使工期、成本、资源等方面通过计算和调整达到既定目标,在此基础上,便可拟订人力和各项资源需用量的计划。

(四)施工准备工作计划

施工准备工作计划是完成单位工程施工任务的重要环节,也是单位工程施工组织设计中的一项重要内容。施工准备工作是贯穿整个施工过程的,而施工准备工作计划则包括技术准备、现场准备及劳动力、材料、机具和加工半成品的准备等。

(五)各项资源需用量计划

各项资源需用量计划包括材料、设备需用量计划,劳动力需用量计划,构件和加工成品、半成品需用量计划,施工机具设备需用量计划及运输计划。每项计划必须有具体的数量及供应时间。

(六)施工平面布置图

施工平面布置图是施工方案及进度在空间上的全面安排。它将投入的各项资源和生产、生活场地合理地布置在施工现场,使整个现场有组织、有计划地文明施工。

(七)主要技术组织措施

主要技术组织措施是为保证工程质量、安全、节约和文明施工而在技术和组织方面所采用的方法。它包括保证质量措施、安全措施、成品保护措施、进度措施、消防措施、保卫措施、环保措施、冬雨期施工措施等。

(八)主要技术经济指标

主要技术经济指标是对确定施工方案及施工部署的技术经济效益进行全面的评估,用以衡量组织施工的水平。

三、按编制对象范围的不同分类

（一）施工组织总设计

施工组织总设计是以一个建筑群或一个施工项目为编制对象，用以指导整个建筑群或施工项目在施工全过程的各项施工活动的技术、经济和组织的综合性文件。

（二）单位工程施工组织设计

单位工程施工组织设计是以一个单位工程（如一个建筑物，或构筑物，或交工系统）为编制对象，用以指导其在施工全过程的各项施工活动的技术、经济和组织的综合性文件。

（三）分部分项工程施工组织设计

分部分项工程施工组织设计是以分部分项工程为编制对象，用以指导其在施工全过程的各项施工活动的技术、经济和组织的综合性文件。

（四）专项施工组织设计

专项施工组织设计是以某一专项技术（如重要的安全技术、质量技术或高新技术）为编制对象，用以指导其在施工全过程的技术、经济和组织的综合性文件。

第三节　施工组织设计的作用与编制原则

一、施工组织设计的作用

建筑装饰工程施工组织设计是建筑装饰工程施工前的必要准备工作之一，是合理组织施工和加强施工管理的一项重要措施，它对保质、保量、按时完成整个建筑装饰工程具有决定性的作用，其作用主要表现为以下几点：

（1）是沟通设计和施工的桥梁，也可以用来衡量设计方案施工的可行性；

（2）对拟装饰工程从施工准备到竣工验收全过程起到战略部署和战术安排的作用；

（3）是施工准备工作的重要组成部分，对及时做好各项施工准备工作起到促进作用；

（4）是编制施工预算和施工计划的主要依据；

（5）是对施工过程进行科学管理的重要手段；

（6）是建筑装饰工程施工企业进行经济技术管理的重要组成部分。

二、施工组织设计的编制原则

在组织建筑装饰工程施工或编制施工组织设计时，应根据建筑装饰工程施工的特点和以往积累的经验，遵循以下几项原则。

（一）认真贯彻执行党和国家的方针、政策

在编制建筑装饰工程施工组织设计时，应充分考虑党和国家有关的方针政策。严格审批制度,严格按基本建设程序办事,严格执行建筑装饰工程施工程序,严格执行国家制定的规范、规程。

(二)严格遵守合同规定工程的开工、竣工时间

对总工期较长的大型装饰工程,应根据生产或使用要求,安排分期分批进行建设投产或交付使用,以便早日发挥经济效应。在确定分期分批施工的项目时,必须注意使每期交工的项目都可以独立地发挥效用,即主要施工项目同有关的辅助施工项目应同时完工,可以立即交付使用。如新建大型宾馆首层大厅餐饮区,在装饰施工时应作为首期交工项目尽早完工,以发挥最大的经济效益。

(三)保证施工程序和施工顺序安排的合理性

装饰工程的施工程序,反映了其施工的客观规律要求,交叉搭接则体现时间的主观努力。在组织施工时,必须合理地安排装饰工程的施工程序和施工顺序,避免不必要的重复返工,加快施工速度,缩短工期。

(四)采用国内外先进的施工技术,科学地确定施工方案

在选择施工方案时,要利用技术的先进适用性和经济合理性相结合的方式,同时注意结合工程特点和现场条件,积极使用新材料、新工艺和新技术,防止单纯追求技术的先进性而忽视效率的做法;符合施工验收规范、操作规程的要求,并且遵守有关防火、保安及环卫等规定,确保工程质量和施工安全。

(五)采用网络计划和流水施工方法安排进度计划

在编制施工进度计划时,从实际出发,采用网络计划和流水施工方法安排进度计划,以保证施工连续、均衡、有节奏地进行,合理地使用人力、物力、财力,做好人力、物力的综合平衡,做到多、快、好、省,安全地完成施工任务。对于必须进入冬雨期施工的项目,应落实季节性施工的措施,以增加施工天数,提高施工的连续性和均衡性。

(六)合理布置施工平面图,减少施工用地

对于新建工程的装饰装修,应尽量利用土建工程的原有设施(脚手架、水电管线),以减少各种临时设施;应尽量利用当地资源,合理安排运输、装卸与存放来减少物资的运输量,避免二次运输;精心进行场地规划,节约施工用地,防止施工事故。

(七)提高建筑装饰装修的工业化程度

对于建筑装饰装修工程,应根据地区条件和作业性质充分利用现有的机械设备,以发挥其最高的机械效率。通过技术经济比较,恰当地选择预制施工或现场施工,努力提高建筑装饰施工的工业化程度。

(八)充分合理地利用机械设备

在现代化的装饰工程施工中,采用先进的装饰施工机具,是加快施工进度、提高施工质量的重要途径。同时,对施工机具的选择,除应注意机具的先进性外,还应注意选择与之相

配套的辅件,如电钻在使用时要根据材料、部位的不同,配备不同的钻头。

(九)尽量降低装饰工程成本

对于建筑装饰装修工程,应因地制宜,就地取材,制订节约能源和材料的措施,充分利用已有的设施、设备,合理安排人力、物力,做好综合平衡调度,提高经济效益。

(十)严把安全、质量关

施工过程中应建立健全各项安全管理制度,制订确保安全施工的措施,在施工中经常进行检查和监督。同时,严格制订保证质量的措施,按照施工验收规范、操作规程和质量检验评定标准,从各方面制订保证质量的措施,预防和控制影响工程质量的各种因素。

第二章　建筑装饰工程施工组织设计

第一节　概　　述

由于建筑产品的生产十分复杂,加之生产周期又长,在整个施工生产过程中要消耗大量的活劳动和物化劳动等资源,生产工艺技术多样,生产组织间的相互配合也错综复杂,这就要求施工组织必须进行严密考虑、精心安排,并有预见性。因此,在工程项目开工前,均需要编制施工组织设计。

国家规定,没有施工组织设计,不允许工程开工。施工组织设计是指导工程施工的重要技术经济文件,也是对施工生产活动实施科学管理的有效手段。

一、施工组织设计的作用

施工组织设计对一项建筑工程起着重要的规划作用与组织作用,具体表现在以下几个方面。

(1)施工组织设计是施工准备工作的一项重要内容,又是指导其他各项施工准备工作的依据,同时还是整个施工准备工作的核心内容。

(2)编制施工组织设计,充分考虑了施工中可能遇到的困难与障碍,并事先设法予以解决或排除,从而提高施工预见性,减少盲目性。其为实现建设项目目标提供了技术组织保证。

(3)施工组织设计中所制订的施工方案和施工进度等,是指导现场施工活动的基本依据。

(4)施工组织设计对施工场地所做的规划与布置,为现场的文明施工创造了条件。

二、施工组织设计的分类

施工组织设计与其他设计文件一样,也是分阶段编制并逐步深化的。对于大型工业项目或民用建筑群,施工组织设计一般可分成三个层次进行编制,即施工组织总设计、单位工程施工组织设计、分部工程施工组织设计。

(一)施工组织总设计

施工组织总设计是以建设项目为对象而编制的,是以批准的扩大初步设计(或初步设计)文件为依据的,一般由工程建设监理公司编制,或者在工程的招投标后由工程总承包单位编制,也可以工程总承包单位为主(建设单位、监理单位及设计单位参加)进行编制。它是对整个建设工程的施工进行的总体规划与战略部署,是指导施工的全局性文件。它包括以下几个内容。

1. 工程概况

着重说明工程的性质、规模、造价、工程特点及主要建筑结构特征、建设期限及施工条件等。

2. 施工准备工作

施工准备工作应列出准备工作一览表,各项准备工作的负责单位、配合单位及负责人,完成日期及保证措施。

3. 施工部署

施工部署包括建设项目的分期建设规划、各期的建设内容、施工任务的组织分工、主要施工对象的施工方案和施工准备、机械化施工方案、全场性的工程施工安排(如道路、管网等大型设施工程、全工地的土方调配、地基的处理等),以及大型暂设工程的安排等。

4. 施工总进度计划

施工总进度计划包括整个建设项目的开工和竣工日期、总的施工程序、分期分批施工进度、土建工程与专业工程的穿插配合安排、主要建筑物及构筑物的施工期限等。

5. 施工总平面图

施工总平面图图中应说明场内外主要交通运输道路、供水供电管网和大型临时设施的布置、施工场地的用地划分等。

(二)单位工程施工组织设计

单位工程施工组织设计是以单个建筑物或构筑物为对象,以施工图为依据,由直接组织施工的基层单位负责编制的,它是施工组织总设计的具体化。根据施工对象的规模和技术复杂程度的不同,单位工程施工组织设计在内容的广度及深度上可以有所区别,但一般都包括工程概况及施工条件、施工方案、施工进度计划、劳动力及主要资源需要量计划、施工平面图、技术经济指标等。

(三)分部工程施工组织设计

分部工程施工组织设计也称作业设计,它是单位工程施工组织设计的具体化。对于某些工程规模较大或技术复杂的建筑物或构筑物,在单位工程施工组织设计完成以后,可对某些施工难度大或缺乏经验的分部工程再编制其作业设计,例如大型设备基础工程、大型结构安装工程、高层钢筋混凝土框架工程、地下水处理工程、高级装饰工程等。作业设计的重点在于施工方法和机械设备的选择、保证质量与安全的技术措施、施工进度与劳动力组织等。

三、组织施工的基本原则

根据我国工程建设长期以来积累的经验,组织施工及编制施工组织设计时,一般应遵循以下几项基本原则。

(1)坚持工程建设程序,充分做好施工准备,不打无把握之仗,严禁盲目开工。

(2)合理安排施工程序,按建筑施工本身的客观规律办事,使各项施工活动紧密配合,互相衔接。

(3)严格遵守国家和合同中规定的工程竣工及交付使用期限,在保证工程质量和安全生产的前提下,尽量缩短建设工期,尽早地发挥建设投资效益。

(4)坚持全年连续施工,合理安排冬、雨季施工项目,增加全年施工天数。

(5)贯彻建筑工业化方针,即按照工厂预制与现场预制相结合的方针,尽量扩大预制范围,提高预制装配程度,本着先进机械、简易机械与改良工具相结合的原则,尽量扩大机械化施工范围,提高机械化施工程度。

(6)合理安排施工顺序,保持施工的均衡性与连续性。

(7)充分利用永久性设施为施工服务,节约大型暂设工程费用。例如永久性铁路、公路、水电管网和生活福利设施等,尽量安排提前修建,并在施工中加以利用。

(8)充分利用当地资源,就地取材,节约成本。

(9)广泛采用国内外的先进施工技术与科学管理方法,认真贯彻施工验收规范与操作规程。

(10)努力节约施工用地,力争不占或少占农田。

第二节　总　设　计

一、施工组织总设计的内容和编制依据

(一)施工组织总设计的内容

施工组织总设计是以建设项目为对象,根据初步设计图纸或扩大初步设计图纸,以及国家政策、法规等文件和现场施工条件进行编制的,用以指导整个建设项目的施工准备和有计划地组织施工的技术经济文件。

施工组织总设计的内容包括工程概况、施工部署及主要建筑物的施工方案、施工总进度计划、资源需要量计划、全场性施工总平面图和技术经济指标等。

1. 工程概况

工程概况是对整个建设项目的总说明,一般包括以下几项内容。

(1)工程性质、建设地点、建设规模、总期限、分期分批投入使用的项目和工期、总占地面积、建筑面积;设备安装及其吨位数;总投资、建筑安装工作量、工厂区和生活区的工作量;生产流程和工艺特点;建筑结构类型和新技术的使用等。

(2)建设地区的自然条件和技术经济条件,例如气象、水文、地质和地形情况;能为该建设项目服务的施工单位及人力和机械设备情况;工程的材料来源、供应情况;建筑构件的生产能力;交通运输情况及当地能提供给施工用的人力、能源和建筑物情况。

(3)上级对施工企业的要求、企业的施工能力、技术装备水平、管理水平和完成各项经济指标的情况等。

2. 施工部署及主要建筑物的施工方案

施工部署是用文字及图表来说明整个建设项目施工的总设想,因此带有全局性的战略意图,是施工组织总设计的核心。在施工部署中,要阐述国家和上级对本建设工程的要求,以及建设项目的性质,并确定好各建筑物总的开工程序。另外要规划好有关全工地性的、为施工服务的工程项目,例如水、电、道路及临时房屋的建设,预制构件厂和其他附属工厂的数量及其规模,设置中心仓库及其规模大小,生活供应上需要采取的重大措施等。

对主要建筑物的施工方案,只需要提出方案中的问题即可(详细的施工方案和措施可以到编制单位工程施工组织设计部门时再拟),例如大型土方开挖问题,哪些构件采用现浇、哪些构件采用预制问题,构件的吊装采用什么机械,准备采用什么新工艺、新技术等。

施工组织总设计中的施工总进度计划、施工总平面图,以及各种供应计划都是按照施工部署的设想,通过一定的计算,用图表的方式表达出来的。也就是说,施工总进度计划是施工部署在时间上的体现,而施工总平面图则是施工部署在空间上的体现。

3. 施工总进度计划

施工总进度计划是根据施工部署中所确定的各建筑物的开工顺序及施工方案,以及施工力量(包括人力、物力),参照工期定额或类似建筑物的工期,定出各主要建筑物的施工期限和各建筑物之间的搭接时间,用进度表的方式表达出来的用以控制施工进度的指导文件。

4. 资源需要量计划

由施工总进度计划可得出下列几个主要资源需要量计划表。

(1)劳动力需要量计划表。

(2)主要材料、成品及半成品需要量计划表。

(3)主要施工机具需要量计划表。

(4)大型临时设施需要量计划表。

5. 施工总平面图

施工总平面图是把建设区域内原有和拟建的、地上或地下的建筑物、构筑物、道路及施工用的材料仓库,机械设备,附属生产企业,给水、排水、供电设施及临时建筑物等通过规划布置绘制在一张图上。

施工总平面图是一个具体指导现场施工的空间布置方案,对现场有组织、有计划的文明施工,具有重大意义。如果施工现场没有施工总平面图或其贯彻不善,必然会给现场施工造成混乱,这不仅会给施工管理上带来许多困难,严重影响施工速度,而且也会使建筑成本提高。

6. 技术经济指标

施工组织总设计的技术经济指标是否合理是决定整个建设项目施工能否顺利进行和实现经济效益好坏的大问题。为了寻求最经济、最合理的方案,设计者在设计时须考虑几个方案,并根据技术经济指标进行比较,选取最佳的方案。一般需要反映的技术经济指标有施工工期、全员劳动生产率、非生产人员比例、劳动力不均衡系数、临时工程费用比、综合机械化程度、工厂化程度、流水施工系数、施工场地利用系数等。

(二)施工组织总设计的编制依据

施工组织总设计的编制依据一般需要依据下列几项资料。

(1)计划文件。例如国家或地方批准的计划文件、投资指标和分期分批交付使用的期限等。

(2)工程承包合同文件。

(3)设计文件。

(4)有关现行规程、定额资料。

(5)建设地区的自然条件及技术经济条件等调查资料。

二、施工部署

施工部署是对整个建设项目施工做出全面的战略安排,并解决其中影响全局的重大问题。

施工部署所包括的内容,因建设项目的性质、规模和各种客观条件的不同而不同。一般应考虑的主要内容有施工准备工作计划、确定工程展开程序和主要建筑物的施工方案的制订及施工任务的划分与组织安排等。

(一)施工准备工作计划

施工准备工作计划是根据施工部署的要求和施工总进度的有关安排编制的。其主要内容如下。

(1)做好现场测量控制网。

(2)做好土地征用、居民迁移和障碍物的清除工作。

(3)组织拟采用的新结构、新材料和新技术的试制和试验工作。

(4)安排好大型临时设施工程、施工用水用电和铁路、道路、码头,以及场地平整等工作。

(5)做好材料、构件、加工品和机具等准备工作。

(6)做好技术培训工作。

(二)确定工程展开程序

确定工程展开程序,主要考虑以下几点。

在保证工期要求的前提下,实行分期分批施工,这样既能使每一具体工程项目迅速建成,又能在全局上取得施工的连续性和均衡性,并能减少暂设工程数量和降低工程成本。

为了尽快发挥基本建设投资效果,对于大中型工业建设项目,都要在保证工期的前提下分期分批建成。至于分几期施工,则要根据生产的工艺、建设单位的要求、工程规模的大小和施工的难易程度等由工程建设单位和施工单位共同研究后确定。例如一个大型冶金联合企业,按其工艺过程大致有如下工程项目:矿山开采工程、选矿厂、原料运输及存放工程、烧结厂、焦化厂、炼铁厂、炼钢厂、轧钢厂及许多辅助性车间等。如果一次建成投产,一般长达十几年,显然不能使建设投资及时发挥效益。所以对于这类企业,一般应以高炉系统生产能力为标志进行分期建成投产。

对于大中型民用建设项目(居民住宅小区),一般也应分期分批建成,以便尽快让一批建筑物投入使用,发挥投资效益。

对于小型企业或大型工业建设项目的某个系统,由于工期较短或生产工艺的要求,也可不必分期分批进行施工,可以先建生产厂,而后边生产边进行其他项目的施工。

当划分分期分批施工的项目时,应优先安排下面的工程。

(1)按生产工艺要求,必须先期投入生产或起主导作用的工程项目。

(2)工程量大、施工难度大或工期长的项目。

(3)运输系统、动力系统,例如厂区内外的铁路、道路和变电站等。

(4)生产上需要先期使用的机修、车库、办公楼及部分家属宿舍等。

(5)供施工使用的工程项目,例如采砂(石)场、木材加工厂、各种构件预制加工厂、混凝土搅拌站等施工附属企业及其他为施工服务的临时设施。

在安排工程顺序时,应以"先地下后地上,先深后浅,先干线后支线"的原则进行安排。例如地下管线与筑路工程的施工顺序,应先铺管线后修筑道路。

考虑到施工季节的影响因素,大规模的土方工程和深基础工程施工,最好避开雨季;而寒冷地区的工程施工,最好在入冬时转入室内作业。

(三)主要建筑物施工方案的制订

施工方案是针对单个建筑物而言的。它的内容包括施工方法、施工顺序、机械设备选用和技术组织措施等,这些内容将在单位工程施工组织设计中详细介绍。在施工组织总设计中所指的施工方案是根据施工部署的要求对主要建筑物的施工提出原则性的方案,例如大型土方开挖方案、机械化施工方案、构件现浇方案、构件预制方案。具体如构件预制方案,是现场就地预制,还是在构件预制厂加工生产,对于一些问题需要拟订施工方案。

由于机械化是实现现场施工的重要前提,因此在拟订主要建筑物施工方案时,应注意按以下几点考虑机械化施工总方案的问题。

(1)所选主要机械的类型和数量应能满足各个主要建筑物的施工要求,并能在各工程上进行流水作业。

(2)机械类型与数量尽可能在当地解决。

(3)所选机械化施工总方案应该在技术上先进、可行,在经济上合理。

另外,对于某些施工技术要求高或比较复杂、技术上较先进或施工单位尚未完全掌握的分部分项工程,应提出原则性的技术措施方案,如软弱地基的大面积钢管桩工程、复杂的设备基础工程、大跨结构、高炉及高耸结构的结构安装工程等。

(四)施工任务的划分与组织安排

明确划分参与该建设项目施工的各施工单位和各职能部门的任务,并以合同形式确定下来,确定综合施工组织和专业化施工组织的相互配合关系。划分施工阶段,明确各单位分期分批的主攻项目和穿插项目。

三、施工总进度计划

施工总进度计划是根据既定的施工部署,对各工程项的施工在时间上做出安排。在进行此项工作时,必须征求各方面的意见,以提高计划的现实性。施工总进度计划的作用在于确定各个工程系统及单项工程、准备工程和全工地性工程的施工期限及开工和竣工日期,并据此确定建筑工地上劳动力、材料、成品、半成品的需要量和调配计划;建筑机构附属企业的生产能力;临时建筑物的面积,例如仓库和堆场的面积;临时供水及供电的数量等。

施工总进度计划的编制步骤和方法如下。

(一)计算拟建建筑物及全工地性工程的工程量

根据既定施工部署中分期分批投产的顺序,将每一系统的各项工程项目分别列出。项目划分不宜过多,应突出主要项目,一些附属、辅助工程、民用建筑等可分别予以合并。计算工程量可按初步设计(或扩大初步设计)图纸和有关定额手册或资料进行。常用的定额手册或资料有以下几种。

1. 万元、十万元投资工程量、劳动力及材料消耗扩大指标(万元定额)

在这种定额中,可查出某一种结构类型的建筑,每万元或每十万元投资中的劳动力和主要材料消耗量,对照设计图纸中的结构类型和概算,即可求得拟建工程分项所需劳动力和主要材料的消耗量。

2. 概算定额与概算指标

概算定额是指在预算定额的基础上制订的,它是预算定额的综合与扩大,常以扩大的结构构件或部位为对象来编制,反映完成单位工程量所需的人工、材料和机械台班的消耗量,以及相应的地区价格。

概算指标是指比概算定额更为综合的一种指标性定额,常以整个建筑物或构筑物为对象来编制的,反映完成建筑物每 100 m² (或每 100 m³ 体积)所消耗的各种工料,以及相应的地区价格。

概算定额与概算指标主要用于估算工程造价和各种资源的需要量。

3. 标准设计或类似工程资料

在缺乏定额手册的情况下,可采用标准设计或已建类似工程实际耗用劳动力和主要材料数量加以必要的调整而进行估算。

除房屋外,还必须计算全工地性工程的工程量。例如场地平整的土方工程量,铁路、道路和地下管线的长度等,这些都可以从建筑总平面图上量得。

(二)确定各单位工程的施工期限

影响单位工程施工期限的因素很多,例如建筑类型、结构特征、施工方法、施工单位的技术和管理水平、机械化程度,以及施工现场的地形和地质条件等。因此,在确定各单位工程的工期时,应根据具体情况对上述各种因素进行综合考虑后予以确定。一般可参考工期定额进行确定。工期定额是根据我国工程建设多年来的经验,经研究分析,采用平均先进的原则而制订的。

(三)确定各单位工程的开工和竣工时间及相互搭接关系

在施工部署中已经确定了工程的展开程序,但对各工程中的各单位工程的开工和竣工时间及相互搭接关系,需要在施工总进度计划中予以考虑确定。在解决这一问题时,通常应主要考虑如下因素。

(1)同一时间进行的项目不宜过多,以免人力和物力分散。

(2)辅助工程应先行施工一部分,这样既可为主要生产车间投产时使用,又可为施工服务,以节约临时设施费用。

(3)应使土建施工中的主要分部工程(例如土方工程、混凝土工程和结构安装工程等)实行流水作业,达到均衡施工,以使在施工全过程中的劳力、施工机械和主要材料在供应上取得均衡。

(4)考虑季节影响,以减少施工附加费。一般说来,大规模的土方和深基础施工应避开雨季,寒冷地区入冬前尽量做好围护结构工作,以便冬季安排室内作业或设备安装工程等。

(5)安排一部分附属工程或零星项目作为后备项目,用以调节主要项目的施工进度。

(四)绘制施工总进度计划表

施工总进度计划以表格形式表示。目前表格形式各地不一,可根据各单位的经验确定。

由于施工总进度计划的主要作用是控制每个建筑物或构筑物工期的范围。因此,计划不宜过细,过细反而不利于调整。对于跨年度工程,通常第一年进度按月安排,第二年及以后各年按月或季安排。

为了使施工过程中各个时期的劳力及物资需要量尽可能地均衡,还需要对个别单位工程的施工工期或开工和竣工时间进行调整。

四、资源需要量计划

施工总进度计划编制完成后,就可以以其为依据,编制下列各种资源需要量计划。

(一)劳动力需要量计划

劳动力需要量计划是指组织劳动力进场和规划临时建筑所需要的。它是按照总进度计划中确定的各项工程主要工种工程量,查概算定额或有关资料求出各项工程主要工种的劳动力需要量。将此需要量按该项目工期均摊,即得该项目每单位时间的劳动力需要量,然后在总进度计划表上,在纵方向上,将各工程项目同一工种的劳动力需求量叠加起来,就可得到各工种的劳动力需要量计划。最后将各项工程所需要的主要工种的劳动力需要量汇总,即可得到整个建设项目的综合劳动力需要量计划。

(二)构件、半成品及主要材料需要量计划

构件、半成品及主要材料需要量计划是组织建筑材料、预制加工品及半成品的加工、订货、运输和筹建仓库的依据,它是根据工程量查概算指标或类似工程的经验资料而求得的,然后再根据总进度计划,大致估算出各个时期内的构件、半成品及主要材料需要量。

(三)施工机具需要量计划

根据施工部署和主要建筑物的施工方案、技术措施及总进度计划的要求,即可提出所需要的主要施工机具的数量及进场日期。辅助机械可根据概算指标求得,这样可使所需要的机具按计划进场。该计划是计算施工用电、选择变压器容量等的依据。

(四)施工准备进度计划

对于大型建设项目的施工,为了保证施工阶段的顺利进行,施工准备工作具有特殊的重要性,故有必要单独编制施工准备进度计划。

五、施工总平面图设计

施工总平面图是指对拟建工程项目施工场地,在空间上所做的总布置图。它是按照施工部署、施工总进度计划的要求对施工用运输道路、材料仓库、附属生产企业、临时建筑物、临时水电管线等做出的合理安排。它是指导现场文明施工的重要依据。施工总平面图的比例一般为1∶1 000或1∶2 000。

(一)施工总平面图设计所依据的资料

(1)建筑总平面图,图中必须标明本建设项目的一切拟建及已有的建筑物、构筑物和建设场地的地形变化,以及已有的和拟建的地下管道位置。据此确定施工仓库、加工厂、临时

管线及运输道路的位置,解决工地排水问题。

(2)可以从施工总进度计划及主要建筑物施工方案中了解各建设时期的情况及各工程项目的施工顺序,以便考虑是否利用后期施工的拟建工程场地。

(3)各种建筑材料、半成品和构件等需要量计划、供应及运输方式、施工机械及运输工具的型号和数量计划表。

(4)各种生产、生活用的临时设施一览表。

(二)施工总平面图的设计原则

(1)在保证施工顺利进行的条件下,尽量减少施工用地,使施工场地布置紧凑。

(2)在保证运输方便的条件下,尽量降低运输费用。为降低运输费用,要合理地布置仓库、附属企业和起重运输设施,使仓库与附属企业尽量靠近使用地点。

(3)在满足施工要求的条件下,尽量降低临时建筑工程费用。为降低临时建筑工程费用,要尽量利用永久性建筑物和设施为施工服务。对于必须建造的临时建筑物,应尽量采用可拆卸式,以利多次使用,减少一次性投资费用。

(4)要满足防火与技术安全的要求。各临建房屋应保证防火间距,易燃房屋和污染环境的作业地点应设在下风向。

(5)要便于工人的生产与生活。

(三)施工总平面图的内容

施工总平面图应该包括以下几项内容。

(1)一切地上和地下已有的和拟建的建筑物、构筑物及其他设施的位置和尺寸。

(2)施工用地范围,取土、弃土位置,永久性和半永久性坐标位置。

(3)一切为全工地服务的临时设施的布置,包括以下几项内容。

①运输道路、车库的位置。

②各种加工厂、半成品制品站及有关机械化装置等。

③各种材料、半成品及构配件的仓库和堆场。

④行政、生活和文化福利用的临时建筑等。

⑤水、电管网位置,临时给排水系统和供电线路及供电动力设施。

(4)一切安全、防火设施。

(四)施工总平面图的设计步骤与方法

1. 运输路线的布置

主要材料进入工地的方式一般为铁路、公路和水路。当由铁路运输时,则根据建筑总平面图中永久性铁路专用线布置主要运输干线,而且考虑提前修筑以便为施工服务,引入时应注意铁路的转弯半径和竖向设计。当由水路运输时,则应考虑码头的吞吐能力,码头数量一般不少于2个,码头宽度应大于2.5 m。当由公路运输时,则应先布置场内仓库和附属企业,然后再布置场内外交通道路,因为汽车线路布置比较灵活。

关于公路运输的规划,应先抓干线的修建,在布置道路时,应注意以下几项问题。

(1)注意临时道路与地下管网的施工程序及其合理布置

将永久性道路的路基先修好,作为施工中临时道路使用,以节约费用。另外当地下管网图纸尚未下达时,应将临时道路尽量布置在无管网地区或扩建工程范围内。

（2）注意保证运输畅通

工地应布置 2 个以上的出入口,场内干线采用环形布置,主要道路用双车道,宽度不小于 6 m,次要道路可用单车道,宽度不小于 3.5 m,每隔一定距离设回车或调头回车的地方。

（3）注意施工机械行驶线路的设置

为了保护道路干线的路面不受损坏,可在道路干线路肩上设置宽约 4 m 的施工机械行驶路线,长度为从机械停放场到施工现场必经的一段线路的距离。土方机械运土另指定专门线路。此外,应及时疏通路边沟渠,尽量利用自然地形排水。

（4）公路路面结构的选择

根据经验,场外与省、市公路相连的干线,可以一开始就建成混凝土路面,因为两旁多属住宅工程,管网较少。同时也由于其选择是按照城市规划来设计的,变动不大,而场区内道路,在施工期间应选择碎石级路面。因为场区内外的管网和电缆、地沟较多,即使有计划、密切配合的施工,在个别地方路面也难免遭受破坏,所以采用碎石级路面修补比较方便。

2. 仓库的布置

材料若由铁路运入工地,仓库可沿铁路线布置,但应有足够的卸货前线;否则,宜建造转运站。

材料若由公路运入工地,仓库布置较灵活,此时应考虑尽量利用永久性仓库。仓库位置距离各使用地点比较适中,以便运输距离尽可能小。仓库应位于平坦、宽敞、交通方便之处,且应遵守安全技术和防火规定。

一般材料仓库应邻近公路和施工地区布置;钢筋、木材仓库应布置在加工厂附近;水泥库、砂石堆场应布置在搅拌站附近;油库、电石库、危险品和易燃品库应布置在僻静、安全之处。大型工业企业的主要设备仓库或堆场一般应与建筑材料仓库分开设立;笨重的设备应尽量布置在车间附近。

3. 加工厂的布置

加工厂布置时主要考虑原料运到加工厂和成品、半成品运到需要地点的总运输费用最小。同时需要考虑加工厂应有较好的工作条件,其生产与建筑施工互不干扰,此外,还需要考虑今后的扩建和发展。一般情况下,加工厂都是集中布置在工地边缘。

现按加工厂种类对加工厂的布置分述如下。

（1）混凝土搅拌站和砂浆搅拌站

混凝土搅拌站可采用集中与分散相结合的方式。集中布置可以提高搅拌站机械化、自动化程度,从而节约劳动力,保证重点工程和大型建筑物、构筑物的施工需要。但集中布置也有其不足之处,例如运距较远,必须备有足够的翻斗车,在灌注地点要增设卸料台,有时还要进行二次搅拌。此外,大型工地的建筑物和构筑物的类型多,混凝土品种的标号也多,要在同一时间内,同时供应多种标号的混凝土较难调度。因此,最好采取集中与分散相结合的布置方式。根据建设工程分布的情况,适当地设计若干个临时搅拌站,使其与集中布置有机结合。而集中搅拌站也应设几台较小型的搅拌机,这样不仅能充分满足单一标号的大量的混凝土供应,而且也能适当地搅拌零星的多标号的混凝土,以满足各方面的需要。集中搅拌站的位置,应尽量靠近混凝土需要量最大的工程,以减少运输费用。

砂浆搅拌站以分散布置为宜,随拌随用。在工业建筑工地上,一般砌筑工程量和抹灰工程量不大。如果集中搅拌砂浆,不仅致使搅拌站的工作不饱满,不能连续生产,而且还会增加运输费用。

（2）钢筋加工厂

对需要进行冷加工、对焊、点焊的钢筋骨架和大片钢筋网,宜设置中心加工厂集中加工,这样可充分发挥加工设备效能,满足全工地需要,保证加工质量,降低加工成本。而小型加工件、小批量生产和利用简单机具成型的钢筋加工,则可在分散的临时钢筋加工棚内进行。

（3）木材联合加工厂

当锯材、标准门窗、标准模板等加工量较大时,设置集中的木材联合加工厂比较好,这样设备集中,便于实现生产的机械化、自动化,从而节约劳动力,同时残料锯屑可以综合利用,还可以节约木材、降低成本。至于非标准件的加工及模板修理等工作,则最好是在工地设置若干个临时作业棚。若建设区域有河流时,联合加工厂最好靠近码头,因原木多用水运,直接运到工地,可减少二次搬运,节省时间与运输费用。

4. 临时房屋的布置

临时房屋按用途可划分为以下几种。

（1）行政管理和辅助生产用房

该用房包括办公室、警卫室、消防站、汽车库及修理车间。

（2）居住用房

该用房包括职工宿舍、招待所等。

（3）文化福利用房

该用房包括浴室、理发室、文化活动室、开水房、小卖部、食堂、邮电所及储蓄所等。

临时房屋的布置应尽量利用已有的和拟建的永久性房屋,将生活区与生产区分开。建设年限较长的大型建筑工地,一般应设置永久性或半永久性的职工生活基地;行政管理用房布置在工地进出口附近,便利对外联系;文化福利用房布置在工人较集中的地方。布置时还应注意尽量缩短工人上下班的路程,并应符合劳保卫生条件。

5. 工地供水管网布置

工地上临时供水包括生产用水、生活用水及消防用水。水源应尽量利用永久性给水系统,当不具备条件时,则考虑开设新的水源。临时供水管网的布置方式通常有环状、枝状和混合式三种,一般常采用枝状布置,因为这种布置方式的优点是所需供水管的总长度最小;但缺点是管网中一点发生故障时,则该点之后的线路就会有断水的危险。从连续供水的角度来看,最为可靠的方式是环状布置,但这种方式的缺点是所需铺设的供水管道最长。混合式布置是总管采用环状,支管采用枝状,这样对主要供水地点可保证连续供水,而且又可减少供水管网的铺设长度。

布置临时供水管网时,应注意的事项如下。

（1）尽量利用永久性供水管网。

（2）临时供水管网的布置应与场地平整、道路修筑进行统一考虑。布置时还应注意避开永久性生产下水管道和电缆沟等位置,以免布置不当,造成返工浪费。

（3）在保证供水的情况下,尽量使铺设的供水管道总长度最短。

（4）过冬的临时供水管道要埋在冰冻线以下或采取保温措施。

（5）临时供水管网的铺设,可采用明管或暗管,一般以暗管为宜。

（6）临时水池、水塔应设在地势较高处。

（7）消防栓沿道路布置，其间距不大于120 m，距拟建房屋不小于5 m，也不应大于25 m，距路边不大于2 m。

6. 工地供电设施的布置

关于电源，尽量利用施工现场附近原有的高压线路或发电站及变电所。如果在新辟的地区施工，或者施工现场距现有电源较远或电力不足时，就需要考虑临时供电设施。

临时供电线路的布置方式与供水管网相似，分为环状、枝状和混合式三种。一般在布置时，高压线路多采用环状布置，低压线路多采用枝状布置。

布置临时供电线路时，应注意的事项如下。

（1）尽量利用永久性供电线路。

（2）临时总变电站应设在高压线进入工地处，避免高压线穿过工地。

（3）临时电站应设在人少安全处，或靠近主要用电区域。

（4）供电线路应尽量布置在道路的一侧，但应尽量避免与其他管线设在道路的同一侧，也不要影响施工机械的装卸及运转。

（5）临时供电线路的布置应不妨碍料堆及临建场地的使用。

六、技术经济指标

施工组织总设计的技术经济指标，应反映出设计方案的技术水平和经济性。一般常采用的指标有以下几种。

（一）施工工期

施工工期是根据施工总进度计划的安排从建设项目开工到全部竣工投产使用共需多少个月。

（二）全员劳动生产率

计算公式如下：

$$建筑企业全员劳动生产率 = \frac{每年自行完成的建筑安装施工产值}{全部在册职工数 - 非生产人员平均数 + 合同工人数} \tag{2-1}$$

（三）非生产人员比例

计算公式如下：

$$非生产人员比例 = \frac{管理、服务人员数}{全部职工人员数} \tag{2-2}$$

（四）劳动力不均衡系数

计算公式如下：

$$劳动力不均衡系数 = \frac{施工高峰期人数}{施工期平均人数} \tag{2-3}$$

（五）临时工程费用比

计算公式如下：

$$临时工程费用比 = \frac{全部临时工程费}{建筑安装工程总值} \qquad (2-4)$$

（六）综合机械化程度

计算公式如下：

$$综合机械化程度 = \frac{机械化施工完成的工作量}{总工作量} \times 100\% \qquad (2-5)$$

（七）工厂化程度（房建部分）

计算公式如下：

$$工厂化程度 = \frac{预制加工工作量}{总工作量} \times 100\% \qquad (2-6)$$

（八）装配化程度

计算公式如下：

$$装配化程度 = \frac{用装配化施工的房屋面积}{施工的全部房屋面积} \times 100\% \qquad (2-7)$$

（九）施工场地利用系数（K）

计算公式如下：

$$K = \left[\left(\sum F_6 + \sum F_7 + \sum F_4 + \sum F_3\right)/F\right] \times 100\% \qquad (2-8)$$
$$F = F_1 + F_2 + F_3 + F_4 - F_5$$

式中，F_1 表示永久厂区围墙内的施工用地面积；F_2 表示厂区外的施工用地面积；F_3 表示永久厂区围墙内施工区外的零星用地面积；F_4 表示施工区域外的铁路、公路占地面积；F_5 表示施工区内应扣除的非施工用地和建筑物面积；F_6 表示施工区的有效面积；F_7 表示施工区内利用永久性建筑物的占地面积。

第三节　单位工程施工组织设计

单位工程施工组织设计是为单项工程（单个建筑物、构筑物）的施工而编制的直接指导施工的技术经济文件，该文件一般由承包单位编制。

单项工程按专业划分后，通常称为单位工程。本书主要讲授土建专业单位工程施工组织设计，一般包括以下几项内容。

（1）工程概况及施工条件。

（2）施工方案。

（3）施工进度计划。

（4）劳动力及主要物资资源需要量计划。

(5)施工平面图。

(6)技术组织措施及保证质量和安全措施。

(7)主要技术经济指标。

上述内容的排列次序,通常也是编制顺序。编制的依据如下。

(1)工程合同文件(在招投标阶段编制时,则为招标文件)。

(2)施工图纸及所需标准图。

(3)施工图预算文件。

(4)施工组织总设计对该单项工程规定的有关内容和要求。

(5)工程地质勘查报告及地区自然、技术经济调查资料。

(6)国家或地区的有关定额、标准、规范、图表格式等。

一、施工方案的选择

合理地选择施工方案是单位工程施工组织设计的核心。它包括确定施工流向、施工总顺序和主要分部工程的施工方法、施工机械及施工段的划分及流水施工安排。

(一)熟悉、审查施工图纸

为了做好施工方案的选择工作,在此之前必须仔细认真地熟悉和审查施工图纸,这是明确工程内容、掌握工程特点的重要环节。在熟悉、审查施工图纸时,应做到以下几点。

(1)核对设计图纸是否符合当前政府的有关规定。

(2)核对设计计算的假定和采用的处理方法是否符合实际情况,对工程质量和安全施工有无影响。

(3)核对设计是否符合所提施工条件。

(4)核对图纸和说明有无矛盾。

(5)核对主要尺寸、位置、标高有无错误,各专业图纸相互有无矛盾。

(6)核对土建与设备安装图纸有无矛盾,施工时能否交叉衔接。

(7)核对设计有无特殊材料要求,对品种、规格、数量能否解决。

(8)根据生产工艺和使用上的特点,核对建筑安装施工有哪些技术要求,能否满足这些要求。

(9)通过熟悉图纸,确定与单位工程施工有关的准备工作项目。

在充分熟悉图纸以后,对施工任务也就明确了,随之便可结合施工条件和施工现场的水文、地质、气象资料等进行施工方案的确定工作。

(二)确定施工总流向

施工总流向是解决拟建工程在空间上的合理施工顺序问题。对单层建筑物应分区、分段地确定在平面上的施工流向,对多层建筑物除了确定每层在平面上的施工流向外,还需要确定竖向上的施工流向。因此,确定施工总流向时,应考虑以下几项问题。

(1)从建设单位的生产或使用要求来看,急于试车投产的工段或先行营业使用的部门,应先施工。

(2)从建筑结构特征来看,一般情况下,施工技术复杂、地下工程深、设备安装多的区段应先施工,多层建筑应从层数多的区段开始施工。

(3)从施工技术和施工组织上的要求来看,例如采用开放式施工的区段应先施工;厂房结构安装应与构件运输方向相向而行;某些结构现浇混凝土的施工缝要求留设在一定位置,必须按一定的流向进行施工。

(三)确定施工总顺序

单个建筑物的施工总顺序一般是"先地下,后地上""先主体,后围护""先结构,后装修""先土建,后设备安装"。但对于单层工业厂房来说,还有一个采取"开放式"施工还是采取"封闭式"施工的问题。

所谓"开放式"施工,是指厂房的设备基础施工先于厂房的主体结构施工。而"封闭式"施工则相反,是指厂房的主体结构施工先于设备基础施工。至于采取哪种方式,要根据工程本身情况和地质条件等来决定。

例如,当厂房的设备基础与柱基础紧密毗连或设备基础埋设深度深于柱基础时,宜采用"开放式"施工,即先做设备基础(与柱基础同时施工或先于柱基础),后做主体结构。其优点是土方工程施工场地开阔,便于大量土方工程采用机械化施工;可提前为设备安装提供工作面;不会因设备基础的施工影响厂房主体结构的稳定性;其缺点是构件拼装排放场地不开阔;不便于起重机确定其路线,开行路线,易受气候影响,增加防雨措施费用。

当厂房地下结构不属上述情况,一般宜采用"封闭式"施工。其优点是构件的预制、拼装和排放场地宽阔;便于选择起重机和确定其开行路线可利用厂房内桥式吊车为设备基础施工服务;室内工程不受气候影响及减少防雨设施费用等。其缺点正是"开放式"施工的优点。

(四)主要分部工程的施工方案

首先应考虑采用国家或地区政府批准的工法,当不具备条件时,则要合理地选择施工方法和相应的施工机械。

施工方法和施工机械的选择是紧密相关的,主要根据建筑结构特征、工程量大小、工期长短、机械设备供应条件、现场水文地质情况及环境因素等确定。例如,基础工程的土方开挖,当工程量较大或工期紧迫时,可采用机械化开挖方案,而机械化施工又可根据土壤性质和开挖深度等采用不同施工方法和相应型号的开挖机械;当工程量较小或工期宽松时,可采用人工开挖方案,但也需要配备小型机械。不论选择哪种开挖方案,当地下水位较高时,都需要降低地下水位而采取相应降水措施。

1. 施工方案的选择

应着重考虑影响整个工程施工的主要分部工程的施工方法。例如,在多层建筑施工中,重点应选择土方工程及主体结构工程的施工方法,由于其结构形式不同,其施工方法又有所差异,不论采用哪种方法,其垂直运输机械的选择都是重要问题,对于大型公共建筑的装修工程,亦应详细确定其施工方法和技术组织措施,以保证施工质量。而在单层工业厂房施工中,重点应选择土方工程、基础工程、构件预制及结构安装工程等的施工方法;对于按常规工艺施工和工人已很熟悉的分部工程施工方法则不必详细拟定,只要提出应该注意的一些问题即可。

机械化施工是实现建筑工业化的基础,无论在加工厂生产还是在现场施工,都要力求机械化,没有这一点就根本谈不上改变建筑业生产的落后面貌。

2. 施工机械的选择

首先应合理选择主导工程机械,并根据工程特征决定最适宜的类型。例如,对于高层建筑物(构筑物)重点是垂直运输机械,则应根据建筑高度、外形、平面尺寸和构件最大重量等确定其型号,一般宜用生产率较高、起重范围较广的各种塔式起重机,其数量取决于机械的生产率和工期长短。对于六层以下的混合结构,当无小型塔式起重机时,亦可选用几台井架式起重机;对于单层工业厂房,当工程量较大,起重幅度较高,而且构件较集中时,宜采用生产率较高的大型塔式起重机。例如,炼钢厂主厂房、火电厂主厂房大多属于此种情况,当塔式起重机供应不足时,亦可选用较廉价的桅杆式起重机。当工程量较小,起重幅度较低,或工程量虽大但却相当分散时,如大面积单层工业厂房结构安装,则宜选用无轨自行式起重机(汽车、履带式起重机)。

在一个工地上,应力求施工机械的型号少些,同时还应考虑充分发挥施工单位现有机械设备的能力。如果必须增加机械设备,则尽量以租赁的方式解决,或购置多用途的机械,即一种机械能适用于不同工程对象和不同分部工程施工的需要。

为充分发挥主导机械的效率,与其配套的辅助机械运输工具的生产能力应与主导机械相匹配。

3. 施工方案的技术经济比较

施工方案的技术经济比较是一个十分复杂的问题,不仅涉及的因素多,而且难以确定一个统一的标准。一般情况下,只对某些分部工程施工进行方案比较,在特别需要时才对整个工程项目的施工方案进行全面的分析比较。

在方案比较前,首先拟订几个技术上可行、经济上合理、施工质量和安全能得到保证的施工方案,然后进行技术经济比较,最后从中选择各项指标均较好的方案。

技术经济比较有定性分析和定量分析两个方面。定性分析一般是指技术上是否先进,经济上是否合理,复杂程度如何;劳动力和设备上有无困难,是否充分发挥现有机械设备的作用;能否保证工程质量;是否有利于文明施工和确保安全生产等内容。而定量分析一般是从各个方案的工期指标、成本指标和劳动力消耗指标三方面进行。一般把工期指标放在首位,工期短或提前竣工投产,则能尽快发挥建设投资效果,产生较好的经济效益。其次是劳动量指标和工程成本指标,劳动量指标反映了施工的机械化程度与劳动力生产率水平,方案中如果劳动量较少,机械化程度与劳动生产率高,意味着笨重体力劳动的减轻和人力的节省,同时也使人工费和间接费开支减少。

成本指标是对各方案所产生的全部直接费用和间接费用进行计算,从而进行对比。

二、施工进度计划的编制

(一)概述

施工进度计划是在既定施工方案的基础上,根据施工工艺的合理性,对整个建筑物、构筑物的各个分部分项工程的施工顺序及其开始与结束时所做出的具体日程安排。它的作用是控制工程进度和工程竣工期限,以便在规定的工期内完成质量合格的建筑产品。

单位工程施工进度计划通常用图表表示。它可采用两种形式的图表,即横道图或网络图,本节主要阐述横道图表形式。

单位工程施工进度计划表由两部分组成,左边部分为分部分项工程的名称及其工程量、所采用定额(产量定额或时间定额)、需要劳动量及机械台班数、每天(班)工人人数、工作天(班)数等计算数据;右边部分是根据左边部分的数据而设计出来的进度指示图表,它用横线条形象地表现出了各分部分项工程的施工进度,综合地反映出它们之间的施工顺序关系。在一般情况下,每格代表 1 天或 2 天,当工期较长时,每格可代表 5 天或 1 周等。

(二)编制步骤

1. 划分工序项目

一个单位工程有数个分部分项工程,每一分部工程又可划分出许多分项工程(工序),要在详细熟悉施工图纸的基础上逐项列出,防止漏项。

(1)在施工进度计划图中,一般只包括直接在施工现场完成的工序,而不包括成品、半成品的制作和运输工作。但钢筋混凝土构件现场预制需要占用工期,构件运输须与结构安装紧密配合。

(2)当划分分部分项工程时,要考虑建筑结构特点、施工方法和劳动组织等因素。例如,砖混结构的主体工程,可划分为砌砖墙(含立门窗框);绑扎构造柱钢筋;支设柱模板;浇筑柱混凝土;支设梁(含圈梁)、板模板;浇筑梁、板混凝土;安装预制板;楼板灌缝;捣制楼梯等分项工程。其中,捣制楼梯是由支模、绑扎钢筋、浇筑混凝土三个工序合并而成。安装门窗过梁可并入砌墙工程,防潮层可并入基础工程。再例如,装配式单层工业厂房的结构安装,如果采用分件安装法,则工序应按照构件(柱、基础梁、吊车梁、屋架和屋面板)来划分。如果采用综合安装法,则工序应按照节间来划分。

一般情况下,凡在同一时期由同一工作队(组)完成的工序可以合并在一起,否则就应当分开。

对于零星工作,如预埋件、混凝土质量补救、堵脚手眼等,可合并为"其他工程"一项,这样可简化进度计划的内容,突出重点。

(3)工程项目划分的粗细程度取决于工程项目的需要。例如,编制控制性施工进度计划时,项目可分得粗一些,一般只列出分部工程名称即可,如装配式单层厂房,只列出土方工程、基础工程、预制工程、结构安装工程等各分部工程项目。编制实施性施工进度计划时,项目可分得细一些,尤其是主要分部工程,其分项应详细列出,如上述预制工程,可分为柱预制、屋架预制等项目,而各种预制构件又可分为支模板、扎钢筋、浇筑混凝土、养护和拆模板等。这样便于掌握施工进度的详细情况。

(4)项目还应包括水电暖卫工程和设备安装工程,但因其是其他的专业性队伍负责施工,故在土建工程施工进度计划中,只反映这些工程和一般土建工程如何协调配合。而专业性队伍应根据单位工程进度计划规定的开工、竣工时间和工期等另行编制专业工程的施工进度计划。

2. 工程量计算

通常任何一个工序都有相应的工程量。例如,挖土若干立方米,砌砖墙若干立方米,墙面抹灰若干平方米等。这些工程量应该根据施工图和建筑工程的工程量计算规则来计算。工程量计算是一项比较繁重而又细致的工作,应按照一定的顺序和格式进行。当编制施工进度计划时,如已有预算文件,亦可直接利用预算工程量而不必重新计算,但须注意某些项目由于施工方法的不同和实际工程量不尽一致,此时要做必要的调整。例如,柱基工程量,采用单个基坑开挖和采用连成一条基槽开挖两种方法工程量显然不同。

当计算工程量时,应注意以下几项问题。

(1)各工序的计量单位应与现行劳动定额手册中的单位一致,以免计算劳动量、材料和机械数量时再进行单位换算。

(2)要考虑所采用的施工方法和安全技术的要求来计算工程量。例如,当土方开挖时,要根据不同施工方法和岩石的等级,以及边坡的稳定性等,采用不同的边坡坡度。

(3)要结合施工组织要求,分层分段地计算工程量,以便组织流水作业。

3. 计算所需劳动量及机械台班数

首先要确定采用的定额。定额应以国家或地区颁布的统一劳动定额为准。但还应考虑本企业的实际生产率水平,并结合本工程的具体施工条件做适当调整。在确定之前,要进行调查研究,了解工人完成的定额情况,尽量使所采用的定额与现场的实际劳动生产率相符合。在定额手册中查不到的项目,如新技术或特殊施工方法,可参考类似项目的定额或实验资料等,通过技术民主的方法确定采用定额。

当某工序是由若干个工序合并而成时,则应分别根据各工序的产量定额及工程量,计算出合并后的综合产量定额(S)。

例如,门窗油漆工序由木门油漆及钢窗油漆两项合并而成,计算综合定额的方法如下。

木门面积:

$$Q_1 = 296.29 \text{ m}^2$$

钢窗面积:

$$Q_2 = 463.92 \text{ m}^2$$

木门油漆的产量定额:

$$S_1 = 8.22 \text{ m}^2/\text{工日}$$

钢窗油漆的产量定额:

$$S_2 = 11.0 \text{ m}^2/\text{工日}$$

综合产量定额:

$$\bar{S} = \frac{296.29 + 463.92}{\dfrac{296.29}{8.22} + \dfrac{463.92}{11.0}} = 9.72 \text{ m}^2/\text{工日}$$

根据各工序所采用定额的工程量,可以很容易地计算出各工序所需劳动量和机械台班数。

各工序所采用的定额可以用时间定额(工日或台班/单位产品),也可以用产量定额(产品数量/工日或台班)。因此所需劳动量和机械台班数用下式求得:

$$\text{所需劳动量}(P) = \text{工程量}(Q)/\text{产量定额}(S) \tag{2-9}$$
$$= \text{工程量}(Q) \times \text{时间定额}(H)$$

$$\text{机械台班数}(切) = \text{工程量}(Q)/\text{产量定额}(S) \tag{2-10}$$
$$= \text{工程量}(Q) \times \text{时间定额}(H)$$

"其他工程"项目的所需劳动量等于各零星工作所需劳动量之和,或者由实际情况和施工单位情况估算确定。

水电暖卫和设备安装等项目是由专业性工程队(公司)施工,因此在编制进度计划时不计算其劳动量,仅安排与土建施工相配合的开工、竣工时间及工期即可。

各工序的所需劳动量和机械台班数确定之后,即可确定每天工人人数和工作天数。

在确定工作天数时,经常要遇到工作班制的问题,采用二班制或三班制时,可以大大加快施工进度,并能使施工机械得到充分利用,但是也会引起技术措施、工人福利和施工照明等费用的增加,因此若非必要一般不采用二班制或三班制。只有那些使用大型机械的工序,为了充分发挥机械能力,才有必要采用二班制施工,或者对于施工工艺有要求,即施工必须连续不断地进行,例如浇筑混凝土,通常也要采用二班制或三班制。另外,有时某些主要工序,由于工作面的限制,工人人数不能过多地增加,但工期紧迫,如果采用一班制,施工进度不能满足工期要求,这时工序宜考虑采用二班制。

4. 确定施工顺序,组织各工程阶段流水作业

（1）划分工程阶段

为了容易地设计出单位工程施工进度计划图表,首先应编制出各工程阶段的施工进度图表来划分工程阶段。

我们将施工工艺和施工组织上有紧密联系的项目归并为一个工程阶段。在该工程阶段内,各工序的施工在时间和空间上便于组织流水作业,并能相互协调和最大限度地实现平行搭接。各工程阶段之间如果有明显界限,通常不能实现平行搭接。

一般多层民用建筑可分为三个工程阶段,即基础工程、主体结构工程及装修工程。

一般单层工业厂房可分为土方工程、钢筋混凝土基础工程(当土方量不大时,二者可合并为一个基础工程阶段)、构件预制工程、结构安装工程、围护与装修工程、设备安装工程、试生产等工程阶段。

可以看出,上述工程阶段和各类建筑的分部工程基本一致,只不过赋予了时间的内涵。

无论是多层民用建筑还是单层工业厂房,都需要有施工准备阶段。该阶段包括拆除障碍物、平整场地、铺设临时供水排水管网和供电通信线路、修建临时性及部分永久性道路、修建部分临时房屋等。

（2）确定施工顺序

①多层民用建筑

a. 基础工程阶段

该阶段是指室内地坪(±0.00)以下的各工序项目。首先应考虑地下墓穴、障碍物和软弱地基的问题,如无此类问题,其施工顺序一般首先是挖基槽(基坑),然后做垫层和砌砖基础(有时在砖基础上捣制混凝土地梁),最后回填土。当采用灰土井基础时,则在浇筑井盖混凝土后接着做钢筋混凝土地梁,然后回填土。基槽回填土一般在砌砖基础或墙梁完工之后,一次性分层夯实填完,一则可避免基础被雨水浸泡,二则可为后继工序施工创造良好条件,保持现场整齐有序。房心回填土最好与基槽回填土同时进行,但要注意水电暖卫工程的管沟砌筑和埋设标高,当然亦可留在装修工程之前完成。对于多层钢筋混凝土框架结构,房心回填土宜尽早进行,以便有平坦牢靠的地面支撑框架梁板的模板。

b. 主体工程阶段

对于砖混结构,在该阶段一般是按砌砖墙、柱梁板等现浇混凝土工程、安装预制楼板及灌缝等工序依次施工。安装门窗框和预制过梁可并入砌砖墙工序。当预制楼梯时,其安装应与砌砖墙紧密配合,如为现浇钢筋混凝土楼梯,则应与楼层施工紧密配合,以免由于其混凝土养护时间过长而影响后继工序不能按时开工。在该阶段,棚墙和安装楼板是主导工序。所谓主导工序是指使用主要机械且需要劳动量大、技术上较复杂的工序,该工序连续施工。

对于框架结构,其施工顺序一般为扎柱钢筋、支柱模板、浇筑柱混凝土、支梁和楼板模板、扎梁和楼板钢筋、浇筑梁和楼板混凝土。其主导工序是支模板,砌砖墙则在框架柱梁板完工后进行,或在梁柱拆模后提前插入。

c. 装修工程阶段

该阶段包括屋面工程、室内装修工程和室外装修工程。

屋面工程的施工总是按构造层由下而上依次施工,需要注意的是,该阶段必须满足层间技术间歇的要求,常见的施工顺序是铺保温层、抹找平层、刷冷底子油、铺卷材防水层。需要注意的是,在此之前应做好屋面上的女儿墙、烟囱、水箱房等。

室内装修工程主要有顶棚和墙面抹灰、粉地面、安装门窗框、油漆玻璃和喷白等工序。在该阶段顶棚和墙面抹灰是主导工序,应保证其工人队(组)的连续施工。

当室内装修施工流向是由上而下依次施工时,顶墙抹灰和粉地面在施工顺序上谁先谁后则各有利弊。为了防止施工用水的渗漏而影响抹灰质量,可以先粉地面再做顶墙抹灰。其优点是可以保证抹灰质量,有利于收集落地灰以节约材料,也有利于地面与楼板的黏结,但抹灰时脚手架容易损坏已粉好的地面是其缺点。若先做顶墙抹灰后粉地面,施工用水的渗漏会对抹灰质量有影响,同时粉地面之前必须认真清除落地灰,否则地面与楼板容易产生黏结,但地面不易受到破坏是其优点。

当室内装修施工流向是由下而上依次施工时,一般是先粉上层地面,然后再做顶墙抹灰,其优缺点同上。

对于楼梯间抹灰和踏步抹面问题,因其是施工时期的主要通道,通常在整个室内装修施工完工前自上而下进行。安装门窗框通常在墙面抹灰后进行,而北方寒冬季节则相反。踢脚线应在墙面抹灰后、室内喷白之前进行,墙面抹灰必须干燥后方可喷白。

室外装修一般在女儿墙完工后由上而下进行。

水电暖卫应与土建施工密切配合。在基础工程施工时,最好能将相应的上下水和暖气管沟做好,在不具备施工条件时要注意预留位置;在主体结构施工时,应在砌墙或现浇钢筋混凝土构件内预留出上下水管和暖气的孔洞、电线沟槽、预埋件等;在装修工程施工时,应安装完相应的各种管道和电气照明的墙内暗管和接线盒等,明线及设备安装可在抹灰后进行。

② 单层工业厂房

a. 基础工程阶段

首先要确定该阶段采用"开放式"还是"封闭式"施工方案。其与厂房内设备基础的大小及深度有关,当其深度大于厂房柱基础而且相毗邻时,或者当土方工程量相当大时,为了土方机械化施工的方便,也考虑到施工会对厂房柱的基础稳定性造成不良影响,故采用"开放式"施工方案。当不属于上述情况时,一般多采用"封闭式"施工方案。该阶段的工序一般为基坑开挖(土方工程)、混凝土垫层、基础的支模板、扎钢筋、浇筑混凝土、养护拆模、回填土等。各工序可以搭接,但要满足混凝土养护所需要的技术间歇时间。回填土宜在拆模后立即进行,一则防止地基浸水,二则可为预制构件创造条件。施工流向应和总流向一致。

b. 预制工程阶段

构件的预制方式有加工厂预制、现场场外预制和现场场内预制等。各类不同的构件采用何种预制方式应遵守以下原则:

大型和不便运输的构件,如较重的钢筋混凝土柱、屋架等,宜在现场场内预制;中小型构件,如预应力钢筋混凝土吊车梁等,宜在加工厂预制。

标准构件,如大型屋面板等,宜在加工厂预制;种类和规格繁多的异形构件,宜在施工现场场外设置小型加工厂预制。

技术要求较高的构件,如钢结构构件和某些预应力钢筋混凝土构件等宜在加工厂预制;当构件重量过大,运输不便时,宜在现场场内分段预制,亦可将其分成几个运输单元,在加工厂预制后运至现场拼装。

在具体确定预制方案时,除应遵守上述原则外,还应考虑当地加工厂的生产能力、运输条件和工期要求等因素灵活处理。

该阶段的工序一般为预制构件的支模板、扎钢筋、镶入配件、浇筑混凝土、养护拆模。预应力钢筋混凝土构件先张法施工时,首先张拉钢筋;后张法施工时,最后张拉钢筋、锚固和灌浆。

预制构件的制作日期、位置和顺序,在很大程度上取决于场地的准备情况和结构安装的要求。一般来说,只要基坑回填土完工,场地完成一个施工阶段之后,即可开始预制工程,其施工流向应与基础工程施工流向一致,这样能使构件预制尽早开始,也可为结构安装提前施工创造条件。但若与基础工程施工流向不一致时,则应综合考虑确定。

预制构件的位置应考虑安装的方便性,使起重机能就地将构件吊起,应避免机械负荷行驶或二次搬运,还应考虑模板的支拆和预应力构件的抽管和张拉。

构件开始安装日期,主要取决于构件混凝土所达到的强度,和气温高低及对混凝土强度增长所采取的技术措施有关。一般来说,钢筋混凝土柱和屋架的强度应分别达到70%和100%设计强度后才可以安装。

c.结构安装工程阶段

结构安装是单层工业厂房施工的主导工序,它需要使用台班费较高的大型机械,且技术要求较高。因此在选择施工方案时,要通过技术经济比较,确定出最合理的施工方案。

该阶段的工序一般为柱、地基梁、连系梁、吊车梁、托架、屋架、天窗架、大型屋面板等构件的安装。安装时施工流向通常与构件预制的施工流向一致。但如果存在多跨厂房有高低跨时,施工流向应从高低跨柱列开始,以满足安装工艺要求。

结构安装方法有分件安装法和综合安装法。分件安装法的工序一般是第一次开始安装柱子;第二次开始安装吊车梁、托架和连系梁;第三次开始安装屋盖系统。其中也可将第二、第三次合并为一次。综合安装法的工序一般是先安装一个节间四根柱,随即校正并临时固定,再安装吊车梁及屋盖系统,依次逐间进行安装。

抗风柱的安装有两种情况,一是在安装该跨柱的同时,施工或安装屋盖系统前安装该跨一端的抗风柱,另一端则待屋盖系统安装完毕后进行;二是全部抗风柱的安装均待屋盖系统安装完毕后进行。

d.围护与装修工程阶段

围护工程包括砌墙或安装外墙板、安装门窗框等;装修工程包括屋面工程和室内外装修。在结构安装工程结束之后或安装完一个区段之后,即可开始内外墙的砌筑,此时已形成了多维操作空间,各个工序之间可组织平行、搭接、立体交叉流水施工。例如,砌外墙的同时室内即可进行设备基础和地下管道及电缆沟槽的施工,而屋顶可开始做屋面工程。该阶段各工序和多层民用建筑相仿。

e. 设备安装工程阶段

由专业性工程队负责施工并编制与土建施工相配合的施工进度计划。

（3）组织流水作业

首先根据流水作业要求划分施工段。各工程阶段的施工段划分方法和段数不尽相同，多层建筑的基础工程和主体结构工程阶段可根据情况分为二段、三段，甚至四段，而装修工程阶段通常以一层楼为一个施工段。然后确定流水节拍，组织流水作业。

5. 编制施工进度计划

（1）将各工程阶段的流水作业组织按照工艺合理性和工序之间尽量平行搭接的办法拼接起来，绘在单位工程施工进度计划图表上，即得施工进度计划初始方案。各工程阶段之间的施工顺序关系可做如下考虑。

①对于多层民用建筑，当施工准备阶段结束或具有基础工程阶段施工条件时，即可开始基础工程；基础工程与主体工程之间要尽量搭接，一般在基础工程最后一道工序、第一施工段完工后，开始主体工程施工。基础工程流水段划分得越多，搭接的时间则越长，对缩短工期越有利。

主体工程和装修工程之间的施工顺序有两种情况。一种是主体工程完工后，装修工程从顶层开始依次做下来，即由上而下进行。这样做是由于房屋在主体工程完工后结构自重所引起的变形已产生，有利于装修工程的质量，且减少交叉作业，有利于安全施工。但是这种安排导致工期较长，在工期允许时方可。另一种是在一般情况下，工期是比较紧的，特别是装修工程，工序分散操作细致，往往容易拖长工期而影响竣工时间，因此通常将室内装修工程提前插入，与主体工程交叉施工，即由下而上进行。例如，在第三层楼地面楼板安装完并灌缝后（当有现浇大梁或梁板时，须待底层拆除模板后），再进行底层地面或顶墙抹灰，这样有利于缩短工期。

屋面工程一般在主体工程完工后（已砌完女儿墙、水箱房、烟面等）进行，可与室内装修平行施工。室外装修一般在屋面卷材铺设后进行，当有组织排水时亦可与屋面工程平行施工。但当采用吊篮外脚手时，因其固定在屋面上，则应待室外装修完工后再进行屋面卷材铺设。

②对于单层工业厂房，一般按其几个工程阶段顺序进行施工，为了缩短工期，在相邻阶段之间可做如下考虑。

当前某一工程阶段的最后一个工序在某一区段完工后，或空出足够的工作面时，后一工程阶段可立即插入进行施工。例如当基础工程阶段最后一个工序（回填土）进行一部分后，就可安设预制构件模板，进行构件预制工程；当一部分预制构件达到吊装强度，就可以开始结构安装工程。但一般说来，构件强度增长较慢，而安装速度较快，为避免安装流水中断，造成起重机窝工，常常等大部分构件达到吊装强度或大部分场外预制构件运进现场后，才开始结构安装工程。

主体结构安装完后，砌墙工程可以同屋面工程、设备基础工程两者平行施工，以便缩短工期。另外，如果基础工程阶段未能完工，室内外各种管道工程可与上述三者平行施工。

室内外装修比较简单，一旦有工作面即可插空进行。

（2）编出初始方案以后，一般要按以下几方面进行检查与调整。

总工期是否符合合同工期的要求；主要工种工人（如瓦工、木工等）是否均衡施工；混凝土、灰浆等半成品的需要量是否均衡。

当总工期不符合合同工期的要求时,则应调整,但要注意,调整后的施工进度计划仍要留有充分的余地,因为任何计划不可能一成不变,以防有变化时造成被动局面。

主要工种工人的均衡情况,一般通过工种的劳动力动态图表示,用劳动力不均衡系数(K)予以控制。均衡施工可以避免或减少工人的频繁调动及窝工现象,亦可节约临时工程费用。

混凝土、灰浆等半成品由于不宜储存,其需要量的均衡可使机械充分利用。

经过检查,对不符合上述要求的地方,须进行调整和修改,其方法是延长或缩短某些工序的施工时间;或者在施工工艺许可的情况下,将某些工序的施工时间向前提或向后移;必要时还可以改变施工方法或施工组织,以消除动态图上的高峰或低谷。

施工进度计划初始方案经过检查与调整后,即可作为实施方案而执行,编制工作即告完成。

对于一个单项工程,一般以土建专业编制的单位工程施工进度计划为主,把其他专业的施工安排综合进去,形成单项工程的综合性施工进度计划。

三、施工平面图设计

(一)概述

单位工程施工平面图(以下简称施工平面图)是具体解决施工机械、搅拌站、加工场地的布置问题,以及构件、半成品和材料的堆放位置、运输道路、临时房屋和临时水电管线等及其他临时设施的合理布置问题。单位工程施工平面图绘制比例一般为1:200～1:300。

施工平面图布置得合理与否,直接关系施工进度、生产效率与经济效果,是施工现场能否有秩序和文明施工的一个先决条件。施工平面图在设计之前,应仔细研究该项工程的施工图与建筑总平面图;调查了解现场地形、道路、可利用的原有房屋及水源、电源等情况;掌握材料、半成品、预制构件的运输方式和供应情况(如数量、进场日期等),以及施工总平面图和有关的设计资料等。

对于施工工期较长的大型建筑物,现场情况变化较大,常按施工阶段(基础工程、主体结构工程、装修工程)绘制几张施工平面图。在各阶段的施工平面图中,对整个施工时期使用的一些主要道路、水电管线和临时房屋等,尽可能不做变动,以节省费用。对于中小型建筑物,一般按主体结构施工阶段的要求绘制施工平面图,但应同时考虑其他施工阶段,施工场地如何周转使用的问题。

施工平面图设计应遵循的主要原则是符合既定的施工方案,保证工程顺利进行;运输方便,尽量减少现场搬运量;尽量减小临时设施费用;遵守防火与安全施工要求。

(二)步骤

1. 确定起重机的数量及其布置位置

一个建筑物在施工中,材料能否及时供应到使用地点,运输是否省工方便,与起重机的布置是否合理,起重机的数量及其布置位置具有重要作用。

关于装配式单层工业厂房结构安装的大型起重机(如汽车式、履带式、重型塔式起重机等),其数量和开行路线布置,已在施工方案或分部工程施工组织设计中确定。在此,主要考虑多层建筑物施工的起重机数量及其布置问题。起重机台数可按下式计算:

$$m = \sum q/S \tag{2-11}$$

式中,m 为起重机台数;$\sum q$ 为从施工进度计划中确定出的垂直运输高峰时期(如民用房屋的主体结构工程与装修工程平行施工时期)起重机每台班需要运输各种材料的总次数;S 为起重机的台班生产率(次数/台班)。

计算出来的起重机台数,还需要根据建筑物的平面形状和尺寸、施工段的划分等,检查其是否够用或方便,通常要适当地增加少量起重机。布置起重机时,要考虑材料的来向、场地的大小和已有的道路情况,以便多数材料能直接运送到起重机附近。

固定式起重机(如井架、悬臂扒杆等)一般最好布置在两个施工段的分界线附近,以免某一段需用的材料进行楼上运输时还要通过别的施工段;当建筑物几个部位的高度不同时,最好布置在高低分界处。上述位置均应对准某一窗口,以减少起重机拆除后的填补工作。在建筑的哪一侧要视材料的来向和堆放场地的位置而定。

塔式起重机布置时,要结合建筑物的平面形状和四周的场地条件综合考虑。该布置应能够将材料和构件直接运至任何施工操作地点,尽量避免或减少"死角"。轨道通常是沿建筑物的一侧布置,且应考虑使轨道最短,有必要时才增加转弯轨道。

2. 布置搅拌站、加工厂、仓库和露天堆放场

搅拌机的规模应根据施工进度计划中混凝土、灰浆等的每班最大需用量确定,并考虑有一定的备用能力。

搅拌站和加工厂的占地面积一般根据经验数据或参考有关标准予以确定。

仓库或露天堆放场的占地面积可参考施工总平面图设计中的计算方法确定。

搅拌站、加工场、仓库和露天堆放场的位置应尽量靠近使用地点或起重机,以减少现场的搬运工作。搅拌站应集中设置在起重机附近。当浇筑大型混凝土基础时,为减少混凝土运输量,亦可将混凝土搅拌站直接设置在基础边缘,待基础混凝土浇好后再进行转移。而砂浆搅拌站则宜靠近使用地点分散布置。砂、石、水泥等材料应尽量靠近搅拌站堆放,因其用量较大,故搅拌站的位置亦应考虑大宗材料的堆放、运输和卸料的方便。基础中第一层所用的砖应布置在拟建房屋四周,二层以上所用的砖则应布置在起重机附近。

对于一些易污染空气的材料堆放或操作场地,应布置在下风向位置且距建筑物较远的地方,例如,石灰堆放、淋灰池、沥青堆放。熬制场地、易燃品仓库及木材加工厂等位置与建筑物的距离,不得小于安全防火规范中最小防火距离,且应设在下风向位置。

在有多种材料的情况下,凡大宗的、重的和先期使用的材料应尽可能地靠近使用地点放置或放置在起重机旁;少量的、轻的和后期使用的材料则可放置稍远些。当各种材料分期进场时,可考虑在同一地点先后堆放几种材料。例如,在主体结构施工时可堆放砖的场地,在装修工程阶段,可堆放门窗等。

3. 布置运输道路

现场运输道路应保证其畅通和运输工具的开行方便。主要道路尽可能利用永久性道路,或者先修好永久性道路的路基,在土建工程结束前再铺路面。布置时应视场地宽阔程度再确定采用枝状或环状、较宽或较窄道路。如果场地允许,最好围绕建筑物布置一条环形道路,以利运输和消防车的通行。道路宽度一般为 6 m,当场地狭窄时,亦可为 3.5 m,但应设置运输工具回转的地方。

4. 布置临时房屋

为单位工程服务的临时房屋一般有工地办公室、工具库、工地食堂、工人休息室、小卖部及厕所等,其位置应保证使用方便,并符合消防要求。

5. 布置临时设施

临时水、电管线和其他临时设施的布置相当于单项工程施工用的临时给水管网自干线接入。其管网布置有环状、枝状和混合式三种形式,具体布置应考虑要让管线总长度最短。一般沿道路边沿布置,埋于地下。

管径的大小和龙头的数量及其设置,应满足各种施工用水的需要。根据实践经验,一般面积在 5 000 ~ 10 000 m² 的单项工程施工用水的总管直径为 101.6 mm,支管直径为 38.1 mm 或 25.4 mm。另外,在现场应考虑设置消防栓或消防水池、水箱等。该设施距拟建工程应不小于 5 m 不大于 25 m,尽量利用建设单位永久性消防设备。

工地临时供电应尽量利用永久性电源。如需要自设变压站时,变压器应布置在现场边缘高压线接入处,而不应布置在交通要道口,并应在 2 m 以外设置高度大于 1.7 m 的保护栏。其线路布置仍有环状、枝状和混合状三种形式。

为了雨水排除方便,应及时修通永久性下水道,并结合现场地形,设置倾泻地面雨水用的沟槽。

为确保施工现场安全,火车道口应设防护起落栏杆。现场的井、坑、孔洞等均应加盖或围栏。钢制井架、脚手架、桅杆等在雨季应有避雷设施。高井架顶端应装有红色信号灯。

对于大型建筑物的单位工程施工平面图,还应考虑土建工程同其他专业工程的配合问题,一般以土建施工承包者为主会同其他各专业承包者通过协商编制综合性施工平面图,根据各专业工程的要求分阶段合理划分施工场地。

在单位工程施工组织设计中常用的技术经济指标是:工期指标、劳动生产率、劳动力不均衡系数、降低成本额或降低成本率、机械化程度或机械利用率、临时工程费用比例等。

第三章　建筑装饰工程进度管理

第一节　控制系统概述

一、概念

建筑工程进度控制是指项目管理者围绕目标工期的要求进行编制计划、付诸实施，并在实施过程中不断检查计划的实际执行情况，分析产生进度偏差的原因，进行相应调整和修改；通过对进度的影响因素实施控制及各种关系协调，综合运用各种可行方法、措施，将建筑工程项目的计划工期控制在事先确定的目标工期范围之内。在兼顾费用、质量等控制目标的同时，努力缩短建设工期。参与建筑工程建设活动的建设单位、设计单位、施工单位、工程监理单位均可构成建筑工程进度控制的主体。

二、基本原理

建筑工程进度控制的基本原理可以概括为三大系统的相互作用，即由进度计划系统、进度监测系统和进度调整系统共同构成了进度控制的基本过程。

进度控制人员必须事先对影响建筑工程进度的各种因素进行调查分析，预测它们对建筑工程进度的影响程度，确定合理的进度控制目标，编制可行的进度计划，使建筑工程建设工作始终按进度计划进行。在进度计划执行过程中，首先不断检查建筑工程实际进展情况，并将实际状况与进度计划安排进行对比，从中得出偏离计划的信息；然后在分析进度偏差及其产生原因的基础上，通过采取组织、技术、合同、经济等措施对原进度计划进行调整或修正，再按新的进度计划实施。这样在进度计划的执行过程中不断地检查和调整，才能保证建筑工程进度得到有效的控制与管理。

三、影响因素

影响建筑工程进度的不利因素有很多，常见的影响因素可归纳为如下几个方面。

(一)业主因素

如因业主使用要求改变而进行的设计变更，不能及时提供施工场地条件或所提供的场地不能满足工程正常需要，不能及时向施工承包单位或材料供应商付款等。

(二)勘察设计因素

如勘察资料不准确，内容不完善，设计时对施工的可能性未考虑或考虑不周，施工图纸供应不及时、不配套，或出现重大差错等。

（三）施工技术因素

如施工工艺错误、施工方案不合理、施工安全措施不当等。

（四）自然环境因素

如复杂的工程地质条件,洪水、地震、台风等不可抗力的因素等。

（五）社会环境因素

如外单位干扰,市容整顿的限制,临时停水、停电等。

（六）组织管理因素

如向有关部门提出各种申请审批手续的延误,合同签订时遗漏条款,计划安排不周密,组织协调不力,指挥失当,各个单位在配合上产生矛盾等。

（七）材料与设备因素

如材料与设备供应环节的差错,品种、规格、质量、数量、时间不能满足工程的需要,施工设备安装失误,设备故障等。

（八）资金因素

如有关方资金不到位、短缺、汇率浮动和通货膨胀等。

四、建筑工程进度控制的主要任务

（一）设计准备阶段进度控制的任务

(1)收集有关工期的信息,进行工期目标和进度控制决策。
(2)编制工程项目建设总进度计划。
(3)编制设计准备阶段详细工作计划,并控制其执行。
(4)进行环境及施工现场条件的调查和分析。

（二）设计阶段进度控制的任务

(1)编制设计阶段详细工作计划,并控制其执行。
(2)编制详细的出图计划,并控制其执行。

（三）施工阶段进度控制的任务

(1)编制施工阶段详细计划,并控制其执行。
(2)编制单位工程施工进度计划,并控制其执行。
(3)编制工程年、季、月实施计划,并控制其执行。

第二节　计划系统

一、进度计划编制的调查研究

调查研究的目的是为了掌握足够充分、准确的资料,从而为确定合理的进度目标、编制科学的进度计划提供可靠依据。调查研究的内容包括工程任务情况、实施条件、设计资料,有关标准、定额、规程、制度,资源需求与供应情况,资金需求与供应情况,有关统计资料、经验总结及历史资料等。

二、目标工期的设定

进度控制目标主要分为项目的建设周期、设计周期和施工工期。其中,建设周期可根据国家基本建设统计资料确定;设计周期可查阅国家已颁布的设计周期定额确定;施工工期可参考国家已颁布的施工工期定额,并综合考虑工程特点及合同要求等确定。

三、进度计划系统的构成

建筑工程进度计划系统主要包括业主单位的计划系统、监理单位的计划系统、设计单位的计划系统和施工单位的计划系统。这些计划系统既互相区别又互相联系,从而构成了建筑工程进度控制的计划总系统,其作用是从不同的层次和方面共同保证建筑工程进度控制总体目标的顺利实现。需要说明的是,监理单位的计划系统取决于监理合同委托的工作范围,可参考业主单位的计划系统。

四、进度计划系统的编制

建筑工程进度计划系统的编制一般可用横道图或网络图表示。当编制建筑工程进度计划时,其编制程序一般包括四个阶段十个步骤,见表3-1,横道图与网络图编制建筑工程进度计划的编制程序基本类似。

表3-1　建筑工程进度计划编制程序

编制阶段	编制步骤	编制阶段	编制步骤
Ⅰ.计划准备阶段	1. 调查研究	Ⅲ.计算时间参数及确定关键线路阶段	6. 计算工作持续时间
	2. 确定网络计划目标		7. 计算网络计划时间参数
	3. 进行项目分解		8. 确定关键线路和关键工作
	4. 分析逻辑关系	Ⅳ.编制正式网络计划阶段	9. 优化网络计划
Ⅱ.绘制网络图阶段	5. 绘制网络图		10. 编制正式网络计划

第三节 监测系统

一、进度计划实施中的监测过程

(一)进度计划实施中的跟踪检查

进度计划实施中的跟踪检查途径,主要有以下几种。

1. 定期收集进度报表资料

进度报表资料是反映工程实际进度的主要方式之一。进度控制人员应按照进度计划规定的内容定期填写进度报表,并通过收集进度报表资料掌握工程实际进展情况。

2. 现场实地检查工程进展情况

派管理人员常驻现场,随时检查进度计划的实际执行情况。这样不仅可以加强进度监测工作,还可以掌握工程实际进度的第一手资料,使获取的数据更加及时、准确。

3. 定期召开现场会议

通过与进度计划实施单位的有关人员进行面对面的交谈,既可以了解工程实际进度状况,又可以协调有关方面的进度关系。

(二)实际进度数据的加工处理

为了进行实际进度与计划进度的比较,必须对收集到的实际进度数据进行加工处理,形成与计划进度具有可比性的数据。

(三)实际进度数据与计划进度数据的对比分析

将实际进度数据与计划进度数据进行对比分析,可以确定建筑工程进度实际执行状况与计划目标之间的差距。

二、实际进度与计划进度的比较方法

常用的进度比较方法有横道图、S形曲线、香蕉形曲线、前锋线和列表比较法等。

(一)横道图比较法

横道图比较法是指将项目实施过程中收集到的数据,经加工整理后直接用横道线平行绘于原计划的横道线处,进行实际进度与计划进度比较的方法。采用横道图比较法,可以形象、直观地反映实际进度与计划进度的比较情况。

横道图比较法分为匀速进展横道图比较法和非匀速进展横道图比较法。

1. 匀速进展横道图比较法

匀速进展横道图比较法是指在项目进行中,单位时间内完成的工作任务量是相等的。采用匀速进展横道图比较法的步骤如下:

(1)编制横道图进度计划;

(2)在进度计划上标出检查日期;

(3)将实际进度用粗黑线标于计划进度的下方;

(4)比较分析实际进度与计划进度。

比较分析实际进度与计划进度时,如果粗黑线右端落在检查日期的左侧,表明实际进度拖后;如果粗黑线右端落在检查日期的右侧,表明实际进度超前;如果粗黑线右端与检查日期重合,表明实际进度与计划进度一致。

2. 非匀速进展横道图比较法

实际工作中,非匀速进展更为普遍,采用非匀速进展横道图比较法的步骤如下:

(1)编制横道图进度计划;

(2)在横道线上方标出计划完成任务量累计百分比曲线;

(3)用粗线标出实际进度,并在粗线下方标出实际完成任务量累计百分比;

(4)比较分析实际进度与计划进度。

比较分析实际进度与计划进度的具体方法为:如果同一时刻横道线上方累计百分比大于横道线下方累计百分比,表明实际进度拖后,二者之差即为拖欠的任务量;如果同一时刻横道线上方累计百分比小于横道线下方累计百分比,表明实际进度超前,二者之差即为超前的任务量;如果同一时刻横道线上方累计百分比等于横道线下方累计百分比,表明实际进度与计划进度一致。

(二)S 形曲线比较法

1. S 形曲线的概念

从整个工程项目建设进展的全过程来看,单位时间内完成的工作任务量一般都随着时间的递进而呈现出如图 3-1(a)所示的分布规律,即工程的开工和收尾阶段完成的工作任务量少而中间阶段完成的工作任务量多。这样以横坐标表示进度时间,以纵坐标表示累计完成的工作任务量而绘制出来的曲线将是一条 S 形曲线,如图 3-1(b)所示。S 形曲线比较法就是将进度计划确定的计划累计完成的工作任务量和实际累计完成的工作任务量分别绘制成 S 形曲线,并通过两者的比较借以判断实际进度与计划进度相比是超前还是滞后,即得出有关进度信息的进度计划执行情况。

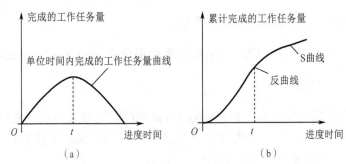

图 3-1 时间与完成任务量关系曲线

(a)单位时间内完成的工作任务量曲线;(b)累计完成的工作任务量曲线

2. S 形曲线的绘制方法

S 形曲线的绘制步骤如下:

(1)确定单位时间内计划和实际完成的任务量;

（2）确定单位时间内计划和实际累计完成的任务量；

（3）确定单位时间内计划和实际累计完成任务量的百分比；

（4）绘制计划和实际的S形曲线；

（5）分析比较S形曲线。

（三）香蕉形曲线比较法

1. 香蕉形曲线的概念

网络计划中的任何一项工作均具有最早开始和最迟开始这两种不同的开始时间。于是工程网络计划中的任何一项工作，其逐日累计完成的工作任务量就可借助于两条S形曲线概括表示：一是按工作的最早开始时间安排计划进度而绘制的S形曲线称为 ES 曲线；二是按工作的最迟开始时间安排计划进度而绘制的S形曲线称为 LS 曲线。两条曲线除在开始点和结束点相重合外，ES 曲线的其余各点均落在 LS 曲线的左侧，使得两条曲线围合成一个形如香蕉的闭合曲线圈，故将其称为香蕉形曲线，如图3-2所示。

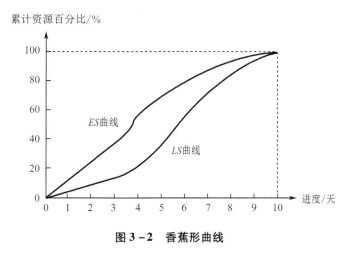

图3-2 香蕉形曲线

2. 香蕉形曲线的绘制

由于香蕉形曲线是由两条S形曲线构成的，因此其绘制方法与S形曲线绘制方法相同。

3. 香蕉形曲线的作用

在项目实施过程中，进度控制的理想状况是在任一时刻按实际进度描出的点，均落在香蕉形曲线区域内，这说明实际工程进度被控制于工作的最早开始时间和最迟开始时间的要求范围之内，呈现正常状态。而一旦按实际进度描出的点落在 ES 曲线的上方（左侧）或 LS 曲线的下方（右侧），这说明与计划要求相比实际进度超前或滞后，已产生进度偏差。香蕉形曲线还可用于对工程实际进度进行合理的调整与安排，以及用于确定在计划执行情况检查状态下，后期工程的 ES 曲线和 LS 曲线的变化趋势。

（四）前锋线比较法

1. 前锋线的概念

所谓前锋线，是指在原时标网络计划上，从检查时刻的时标点出发，用虚线或点划线依次将各项工作实际进展位置点连接而成的折线。前锋线比较法就是通过实际进度前锋线与原进度计划中各工作箭线交点的位置来判断工作实际进度与计划进度的偏差,进而判定该偏差对后续工作及总工期影响程度的一种比较方法。

2. 前锋线的绘制

采用前锋线比较法进行实际进度与计划进度的比较,其步骤如下。

(1)绘制时标网络计划图。为清楚起见,可在时标网络计划图的上方和下方各设一时间坐标。

(2)绘制实际进度前锋线。一般从时标网络计划图上方时间坐标的检查日期开始绘制,依次连接相邻工作的实际进展位置点,最后与时标网络计划图下方坐标的检查日期相连接。工作实际进展位置点的标定方法有两种。

①按该工作已完成任务量比例进行标定。假设各项工作均为匀速进展,根据实际进度检查时刻到该工作已完成任务量占其计划完成总任务量的比例,在工作箭线上从左至右按相同的比例标定其实际进展位置点。

②按尚须作业时间进行标定。当某些工作的持续时间难以按实物工程量来计算而只能凭经验估算时,可以先估算出检查时刻到该工作全部完成尚须作业的时间,然后在该工作箭线上从右向左逆向标定其实际进展位置点。

3. 前锋线的比较分析

前锋线可以直观地反映出检查日期有关工作实际进度与计划进度之间的关系。

(1)工作实际进展位置点落在检查日期的左侧,表明该工作实际进度拖后,拖后时间为二者之差。

(2)工作实际进展位置点与检查日期重合,表明该工作实际进度与计划进度一致。

(3)工作实际进展位置点落在检查日期的右侧,表明该工作实际进度超前,超前时间为二者之差。

(4)预测进度偏差对后续工作及总工期的影响。通过实际进度与计划进度的比较确定进度。

产生偏差后,还可根据工作的自由时差和总时差预测该进度偏差对后续工作及项目总工期的影响。前锋线比较法既适用于工作实际进度与计划进度之间的局部比较,又可用来分析和预测建筑工程整体进度状况。

(五)列表比较法

当工程进度计划用非时标网络图表示时,可以采用列表比较法进行实际进度与计划进度的比较。这种方法是记录检查日期应该进行的工作名称及其已经作业的时间,然后列表并计算有关时间参数,并根据工作总时差进行实际进度与计划进度比较的方法。

采用列表比较法进行实际进度与计划进度的比较,其步骤如下。

(1)对于实际进度检查日期应该进行的工作,根据已经使用的时间,确定其尚须作业时间。

(2)根据原进度计划,计算检查日期应该进行的工作,从检查日期到该工作原计划最迟完成时的尚余时间。

(3)计算工作尚有总时差,其值等于检查日期应该进行的工作从检查日期到原计划最迟完成时间尚余时间与该工作尚须作业时间之差。

（4）比较实际进度与计划进度，可能有四种情况。

①如果工作尚有总时差与原有总时差相等，说明该工作实际进度与计划进度一致。

②如果工作尚有总时差大于原有总时差，说明该工作实际进度超前，超前的时间为二者之差。

③如果工作尚有总时差小于原有总时差，且尚有总时差为正值，说明该工作实际进度拖后，拖后的时间为二者之差，但不影响总工期。

④如果工作尚有总时差小于原有总时差，且尚有总时差为负值，说明该工作实际进度拖后，拖后的时间为二者之差，会影响总工期。

第四节　调整系统

一、进度偏差的影响性分析

进度计划执行过程中如发生实际进度与计划进度不符，究竟有无必要修改与调整原定计划，使之与变化后的实际情况相适应，还应视进度偏差的具体情况而定。

（一）当进度偏差表现为某项工作的实际进度超前

由于加快某些工作的实施进度，往往可导致资源使用情况发生变化。特别是在有多个平行分包单位施工的情况下，由此而引起后续工作时间安排的变化，这往往会带来潜在的风险和索赔事件发生的概率，使缩短部分工期的实际效果得不偿失。因此，当进度计划执行过程中产生的进度偏差表现为某项工作的实际进度超前，若超前幅度不大，此时计划不必调整；当超前幅度过大，此时计划需要调整。

（二）当进度偏差表现为某项工作的实际进度滞后

进度计划执行过程中若出现实际工作进度滞后，此时是否调整原定计划通常应视进度偏差、相应工作总时差及自由时差的比较结果而定。

（1）若出现进度偏差的工作为关键工作，则工作进度滞后，必然会引起后续工作最早开工时间的延误和整个计划工期的相应延长，因此必须对原定进度计划采取相应的调整措施。

（2）若出现进度偏差的工作为非关键工作，但工作进度滞后天数只超出其总时差，那么工作进度延误同样会引起后续工作最早开工时间的延误和整个计划工期的相应延长，因此必须对原定进度计划采取相应的调整措施。

（3）若出现进度偏差的工作为非关键工作，且工作进度滞后天数只超出其自由时差而未超出其总时差，那么工作进度延误只会引起后续工作最早开工时间的拖延，而对整个计划工期并无影响，此时只有在后续工作最早开工时间不宜推后的情况下，才考虑对原定进度计划采取相应的调整措施。

（4）若出现进度偏差的工作为非关键工作，且工作进度滞后天数未超出其自由时差，那么工作进度延误对后续工作最早开工时间和整个计划工期均无影响，因此不必对原定进度计划采取相应的调整措施。

通过分析，进度控制人员可以根据进度偏差的影响程度，制订相应的纠偏措施进行调整,以获得符合实际进度情况和计划目标的新进度计划。

二、进度计划的调整方法

工作进度滞后引起后续工作开工时间或计划工期的延误,主要有两种调整方法。

(一)改变某些后续工作之间的逻辑关系

若实际进度偏差已影响原定进度计划工期,且有关后续工作之间的逻辑关系允许改变,此时可变更位于关键线路或位于非关键线路但延误时间已超出其总时差的有关工作之间的逻辑关系,从而达到缩短工期的目的。例如可将按原计划安排依次进行的工作关系改变为平行进行、搭接进行或分段流水进行的工作关系。通过变更工作逻辑关系缩短工期的方法往往简便易行且效果显著。

(二)缩短某些后续工作的持续时间

若实际进度偏差已影响原定进度计划工期,进度计划调整的另一方法是不改变工作之间的逻辑关系,而是只压缩某些后续工作的持续时间,以此加快后期工程进度,使原计划工期仍然能够得以实现。

此调整方法根据限制条件及对其后续工作的影响程度的不同,一般可分为以下两种情况。

1. 网络计划中某项工作进度拖延的时间已超过其自由时差,但未超过其总时差

如前所述,此时该工作的实际进度不会影响总工期,只会对后续工作产生影响。因此,在进行调整前,需要确定其后续工作允许拖延的时间限制。

(1)后续工作拖延的时间无限制

如果后续工作拖延的时间完全被允许时,可将拖延后的时间参数带入原计划,并化简网络图(即去掉已执行部分,以进度检查日期为起点,将实际数据带入,绘制出未实施部分的进度计划),即可得调整方案。

(2)后续工作拖延的时间有限制

如果后续工作不允许拖延或拖延的时间有限制时,需要根据限制条件对原计划进行调整,寻求最优方案。一般情况下,可利用工期优化的原理确定后续工作中被压缩的工作,从而得到满足后续工作限制条件的最优调整方案。

2. 网络计划中某项工作进度拖延的时间超过其总时差

此时,进度计划的调整方法可分为以下三种情况。

(1)项目总工期不允许拖延

如果工程项目必须按照原计划工期完成,则只能采取缩短关键线路上后续工作持续时间的方法来达到调整计划的目的。

(2)项目总工期允许拖延,且拖延时间无限制

如果项目总工期允许拖延,则此时只须以实际数据取代原计划数据,并重新绘制实际进度检查日期之后的简化网络计划即可。

(3)项目总工期允许拖延,但拖延时间有限制

如果项目总工期允许拖延,但允许拖延的时间有限制,则当实际进度拖延的时间超过此限制时,也需要对网络计划进行调整,即通过缩短关键线路上后续工作持续时间的方法来使总工期满足原计划的要求。

第四章 建筑装饰工程投标

第一节 基 础 知 识

建筑装饰工程投标是指承包商向招标单位提出承包该建筑装饰工程项目的价格和条件,供招标单位选择以获得承包权的活动。

一、投标人资格要求

为保证建筑装饰工程的质量、工期、成本目标的实现,投标人必须具备相应的资格条件,这种资格条件主要体现在承包企业的资质和业绩上。

(一)投标人的资质等级条件

投标人应具备承担招标项目的能力,国家有关规定对投标人资格条件或者招标文件对投标人资格条件有规定的,投标人应当符合规定的资格条件。

(1)承包建筑装饰工程的单位应当持有依法取得的资质证书,并在其资质等级许可的业务范围内承揽工程。禁止建筑装饰企业超越本企业资质等级许可的业务范围或者以任何形式用其他建筑装饰企业的名义承揽工程。

(2)禁止建筑装饰企业以任何形式允许其他单位或者个人使用本企业的资质证书、营业执照,以本企业的名义承揽工程。

(3)建筑装饰工程勘察资质分为工程勘察综合资质、工程勘察专业资质和工程勘察劳务资质,每种资质各有其相应等级。各等级具有不同的承担工程项目的能力,各企业应在其资质等级范围内承担工程。

(4)建筑装饰工程设计资质分为工程设计综合资质、工程设计行为资质和工程设计专项资质,每种资质各有其相应等级。各等级具有不同的承担工程项目的能力,各企业应在其资质等级范围内承担工程。

(5)新设立的建筑装饰企业或者建设工程勘察设计企业到工商行政管理部门办理登记注册手续并取得企业法人营业执照后,方可到建设行政主管部门办理资质申请手续。这实际上是把建设工程勘察设计投标人的资格限定在企业法人身上。

(二)投标人应符合的其他条件

招标文件对投标人的资格条件是有规定的,投标人应当符合该规定的条件。

参加建筑装饰工程的设计、监理、施工及主要设备、材料供应等投标单位,必须具备下列几项条件。

(1)具有招标条件要求的资质证书,并为独立的法人实体。

(2)承担过类似建设项目的相关工作,并有良好的工作业绩和履约记录。

（3）财产状况良好，没有财产被接管、破产或者其他关、停、并、转状态。

（4）在最近三年没有骗取合同及其他经济方面的严重违法行为。

（5）近几年有较好的安全记录，投标当年内没有发生重大质量事故和特大安全事故。

二、投标组织机构

在建筑装饰工程招投标活动中，投标人参加投标就面临一场竞争，比较的不仅是报价的高低、技术方案的优劣，还要比较人员、管理、经验和实力等方面。因此，建立一个专业的、优秀的投标班子是投标获得成功的根本保证。

（一）投标组织机构工作内容

投标组织机构在平时要注意投标信息资料的收集与分析，研究投标策略。当有招标项目时，则承担起选择投标对象、研究招标文件、勘察现场、确定投标报价和编制投标文件等工作；当中标时，则负责合同谈判、合同条款的起草及合同的签订等工作。

由于招投标过程涉及的情况非常复杂，这就需要投标组织机构的成员要具备丰富的专业知识和经验。一般来讲，在一个投标组织机构中应该包括经营管理类人才、技术类人才、商务金融类人才及法律类人才。如果是涉外工程，还要求具有熟悉相应语言和国际商务、国际环境的专门人才。

（二）投标组织机构人员组成

1. 经营管理类人才

经营管理类人才指专门从事工程业务承揽工作的公司经营部门管理人员和拟定的项目经理。经营部门管理人员应具备一定的法律知识，掌握大量的调查和统计资料，具备科学分析和预测等能力，拥有较强的社会活动与公共关系能力。而拟定的项目经理应熟悉项目运行的内在规律，具有丰富的实践经验，掌握大量的市场信息。这类人才在投标班子中起核心作用，负责制订和贯彻经营方针与规划，工作的全面筹划和安排。

2. 技术类人才

技术类人才主要指工程施工中的各类技术人才。他们具有较高的学历和技术职称，掌握本学科最新的专业知识，具备较强的实际操作能力，在投标时能从本公司的实际技术水平出发，确定各项专业实施方案。

3. 商务金融类人才

商务金融类人才指从事预算、财务和商务等方面业务的人才。他们拥有预算、材料设备采购、财务会计、金融、保险和税务等方面的专业知识。投标报价主要由这类人才进行具体编制。

三、联合承包方式

对于规模庞大、技术复杂的建筑装饰工程项目，可以由几家建筑装饰企业联合投标，发挥各企业的特长和优势，补充技术力量的不足，增强融资能力。

联合投标可以是同一个国家的公司相互联合，也可以是来自不止一个国家的公司的联合。联合投标组织有如下几种。

1. 合资公司

合资由两个或几个公司共同出资正式组成一个新的法人单位，进行注册并进行长期的经营活动。

2. 联合集团

联合集团内各公司单独具有法人资格,不一定要以集团名义注册为一家公司,各公司可以联合投标和承包一项或多项工程。

3. 联合体

联合体是专门为特定的工程项目组成的一个非永久性的团体,对该项目进行投标和承包。联合体组织形式有利于各公司相互学习、取长补短、相互促进、共同发展,但需要拟定完善的合作协议和严格的规章制度,并加强科学管理。

四、投标类型

建筑装饰工程投标根据不同的分类标准可以分为不同的类型,具体见表4-1。

表4-1 建筑装饰工程投标类型

分类标准	类 别	内 容
按投标性质分类	风险标	风险标是指明知工程承包难度大、风险大,且技术、设备、资金上都有未解决的问题,但由于队伍窝工,或因为工程盈利丰厚,或为了开拓新技术领域而决定参加投标,同时设法解决存在的问题,即为风险标。投标后,如果问题解决得好,可取得较好的经济效益,这样可锻炼出一支好的施工队伍,使企业更上一层楼。否则,企业的信誉、利益就会因此受到损害,严重者将导致企业亏损甚至破产。因此,投风险标必须审慎从事
	保险标	保险标是指对可以预见的情况从技术、设备、资金等重大问题都有了解决的对策之后再投标,即为保险标。企业经济实力较弱,经不起失误的打击,则往往投保险标。当前,我国施工企业多数都愿意投保险标,特别是在国际工程承包市场上
按投标效益分类	盈利标	盈利标是指如果招标工程既是本企业的强项,又是竞争对手的弱项;或建设单位意向明确;或本企业任务饱满,利润丰厚才考虑让企业超负荷运转。此种情况下的投标,即为盈利标
	保本标	保本标是指当企业无后继工程,或已出现部分窝工,必须争取投标中标,但招标的工程项目对于本企业又无优势可言,竞争对手又是"强手如林"的投标。此时宜投保本标
	亏损标	亏损标是一种非常手段,一般是在下列的情况下采用,即本企业已大量窝工,严重亏损,若中标后至少可以使部分人工、机械运转,减少亏损;或者为在"强手如林"的竞争中夺得头标,不惜血本压低标价;或是为了在本企业一统天下的地盘里,为挤垮企图插足的竞争对手;或为打入新市场,取得拓宽市场的立足点而压低标价。以上这些情况,虽然是不正常的,但在激烈的投标竞争中企业有时也这样做

第二节 程　　序

建筑装饰工程的施工项目特指建筑装饰工程的施工阶段。投标实施过程是从填写资格预审表开始,到将正式投标文件送交招标人为止所进行的全部工作,它与招标实施过程实质上是一个过程的两个方面。

一、投标信息的收集与分析

在建筑装饰工程投标竞争中,投标信息是一种非常宝贵的资源。正确、全面、可靠的投标信息,对投标决策起着至关重要的作用。投标信息的调研就是承包者对市场进行详细的调查研究,广泛收集项目信息并进行认真分析,从而选择适合本单位投标的项目。投标信息包括影响投标决策的各种因素,主要包括以下几个方面。

1. 企业技术方面的实力

该因素是指投标者是否拥有各类专业技术人才、熟练工人、技术装备及类似工程经验来解决建筑装饰工程施工中所遇到的技术难题。

2. 企业经济方面的实力

该因素包括垫付资金的能力、购买项目所需要新的大型机械设备的能力、支付施工用款的周转资金的多少、支付各种担保费用,以及办理纳税和保险的能力等。

3. 管理水平

该因素主要是指是否拥有足够的管理人才、运转灵活的组织机构、各种完备的规章制度、完善的质量和进度保证体系等。

4. 社会信誉

企业拥有良好的社会信誉,是获取承包合同的重要因素。而社会信誉的建立不是一朝一夕的事,要靠平时的保质、按期完成工程项目来逐步建立。

5. 业主和监理工程师的情况

该因素主要是指业主的合法地位、支付能力及履约信誉情况,监理工程师处理问题的公正性、合理性,以及是否易于合作等。

6. 项目的社会环境

该因素是指国家的政治经济形势,建筑市场是否繁荣,竞争激烈程度,与建筑市场或该项目有关的国家的政策、法令、法规、税收制度,以及银行贷款利率等方面的情况。

7. 项目的自然条件

该因素主要是指项目所在地及其气候、水文、地质等对项目进展和费用有影响的一些自然因素。

8. 项目的社会经济条件

该因素主要包括交通运输、原材料及构配件供应、水电供应、工程款的支付、劳动力的供应等各方面。

9. 竞争环境

该因素主要是指竞争对手的数量,其实力与自身实力的对比,以及对方可能采取的竞争策略等。

10. 工程项目的难易程度

该因素是指如工程的质量要求，施工工艺难度的高低，是否采用了新结构、新材料，是否有特种结构施工，以及工期的紧迫程度等。

二、前期投标决策

决策是指为实现一定的目标，运用科学的方法，在若干可行方案中寻找满意的行动方案的过程。建筑装饰工程投标决策即是寻找满意的投标方案的过程。

(一)投标决策的内容

1. 针对项目招标决策选择投标或不投标

一定时期内，企业可能同时面临多个项目的投标机会，受施工能力所限，企业不可能实践所有的投标机会，而应在多个项目中进行选择；就某一具体项目而言，从效益的角度看，有盈利标、保本标和亏损标，企业需要根据项目特点和企业现实状况来决定投标类型，以实现企业的既定目标，诸如获取盈利、占领市场、树立企业新形象等。

2. 倘若去投标，需要决定投什么性质的标

按性质划分，投标有风险标和保险标。从经济学的角度看，某项事业的收益水平与其风险程度成正比，企业需要在高风险、高收益与低风险、低收益之间进行抉择。

3. 投标中企业需要制订如何扬长避短的策略与技巧，达到战胜竞争对手的目的

投标决策是投标活动的首要环节，科学的投标决策是承包商战胜竞争对手，并取得较好的经济效益与社会效益的前提。

(二)投标决策阶段的划分

建筑装饰工程投标决策可分为两个阶段，即投标决策前期阶段和投标决策后期阶段。

建筑装饰工程投标决策的主要依据是招标广告，以及装饰企业对招标工程、业主情况的调研和了解程度。通常情况下，对下列招标项目应放弃投标。

(1)本施工企业主管和兼营能力之外的项目。

(2)工程规模、技术要求超过本施工企业技术等级的项目。

(3)本施工企业生产任务饱满，而招标工程的盈利水平较低或风险较大的项目。

(4)本施工企业技术等级、信誉、施工水平明显不如竞争对手的项目。

(三)影响投标决策的主要因素

影响建筑装饰工程投标决策的因素，主要有企业内部因素和外部因素，见表4-2和表4-3。

表4-2 影响建筑装饰工程投标决策的企业内部因素

影响因素	内　容
技术方面的实力	(1)具有由精通建筑装饰行业的估算师、建筑师、工程师、会计师和管理专家组成的组织机构 (2)具有建筑装饰工程项目设计、施工专业特长,能解决技术难度大的问题和各类工程施工中的技术难题的能力 (3)具有建筑装饰工程的施工经验 (4)具有一定技术实力的合作伙伴。技术方面的实力是实现较低的价格、较短的工期、优良的工程质量的保证,直接关系到企业投标中的竞争能力
经济方面的实力	(1)具有一定的垫付资金的能力 (2)具有一定的固定资产和机具设备,并能投入所需要的资金 (3)具有一定的资金周转用来支付施工用款。因为对已完成的工程量需要监理工程师确认后,经过一定手续、一定的时间后才能将工程款拨入 (4)承担国际工程尚需筹集承包工程所需外汇 (5)具有支付各种担保的能力 (6)具有支付各种纳税和保险的能力 (7)要有财力承担不可抗力带来的风险。即使是属于业主的风险,承包商也会有损失;如果不属于业主的风险,则承包商损失更大 (8)承担国际工程往往需要重金聘请有丰富经验或有较高地位的代理人,以及支付其他"佣金",也需要承包商具有这方面的支付能力
管理方面的实力	具有高素质的项目管理人员,特别是懂技术、会经营、善管理的项目经理人选。其能够根据合同的要求,高效率地完成项目管理的各项目标,通过项目管理活动创造较好的经济效益和社会效益
信誉方面的实力	承包商一定要具有良好的信誉,这是投标中标的一条重要标准。要建立良好的信誉,就必须遵守法律和行政法规,或按国际惯例办事。同时,要认真履约,保证工程的施工安全、工期和质量,而且各方面的实力要雄厚

表4-3 影响建筑装饰工程投标决策的企业外部因素

影响因素	内　容
业主和监理工程师情况	主要应考虑业主的合法地位、支付能力、履约信誉,监理工程师处理问题的公正性、合理性及与本企业间的关系等
竞争对手和竞争形势	是否投标,应注意竞争对手的实力、优势及投标环境的优劣情况。如果对手在建工程即将完工,可能急于获得新承包项目,投标报价不会很高;如果对手在建工程规模大、时间长,如仍参加投标,投标报价可能很高。从总的竞争形势来看,大型工程的承包公司技术水平高,善于管理大型复杂工程,其适应性强,可以承包大型工程;中小型工程由中小型工程公司或当地的工程公司承包可能性大,因为当地中小型公司在当地有自己熟悉的材料、劳动力供应渠道,管理人员相对比较少,有自己惯用的特殊施工方法等优势

表 4 - 3（续）

影响因素	内　容
法律、法规情况	对于国内工程承包,自然适用本国的法律和法规,而且其法制环境基本相同。因为我国的法律、法规具有统一或基本统一的特点,如果是国际工程承包,则有法律适用问题。法律适用的原则有以下 5 条: (1)强制适用工程所在地法的原则; (2)意思自治原则; (3)最密切联系原则; (4)适用国际惯例原则; (5)国际法效力优于国内法效力的原则
风险问题	工程承包,特别是国际工程承包,由于影响因素众多,因此存在很大的风险性。从来源的角度看,风险可分为政治风险、经济风险、技术风险、商务及公共关系风险和管理方面的风险等。投标决策中对拟投标项目的各种风险进行深入研究及风险因素辨识,以便有效规避各种风险,避免或减少经济损失

（四）投标策略的确定

建筑装饰企业参加投标竞争,能否战胜对手而取得成功,在很大程度上取决于自身能否运用正确灵活的投标策略来指导投标全过程的活动。

正确的投标策略,来自实践经验的积累、对客观规律不断深入的认识,以及对具体情况的了解。同时,决策者的能力和魄力也是不可缺少的。概括来讲,投标策略可以归纳为四大因素,即"把握形势,以长胜短,掌握主动,随机应变"。具体地讲,常见的投标策略有以下几种。

1. 靠高水平经营管理取胜

这主要靠做好施工组织设计,采取合理的施工技术和施工机械,精心采购材料、设备,安排紧凑的施工进度,力求节省管理费用等方式,有效地降低工程成本而获得较高的利润。

2. 靠改进设计取胜

仔细研究原设计图纸,及时发现不合理之处,采取改进措施,以降低造价。

3. 靠缩短建设工期取胜

采取有效措施,在招标文件要求的工期基础上提前完工,从而使工程早投产、早收益。

4. 低利政策

该策略主要适用于承包商任务不足时,与其坐吃山空,不如以低利承包到一些工程的情况。此外,承包商初到一个新的地区,为了打入承包市场,建立信誉,也往往采用这种策略。

5. 虽报低价,却着眼于施工索赔,从而得到高额利润

该策略即利用图纸、技术说明书与合同条款中不明确之处寻找索赔机会。一般索赔金额可达标价的 10% ~ 20%。不过这种策略并不是到处可用的。

6. 着眼发展,争取将来的优势,而宁愿目前少赚钱

承包商为了掌握某种有发展前途的工程施工技术,就可能采用这种有远见的策略。

上述各种投标策略不是互相排斥的,在建筑装饰工程投标竞争中可根据具体情况综合、灵活地运用。

三、投标人资格预审

(一)资格审查与资格预审的含义

资格审查是指招标人对投标人的投标资格进行审查,以确定投标人是否有能力承担工程建设的任务。资格审查可以分为资格预审和资格后审。

资格预审是指在投标前对潜在投标人进行的资格审查。

资格后审是指在开标后对投标人进行的资格审查。

由于资格预审可以在投标人投标之前就将不符合投标资格的投标人剔除,这样有利于节约评标的时间和成本,因此相对于资格后审,资格预审目前得到广泛应用。

具体来说,资格预审是指招标人在招标开始之前或者开始初期,由招标人对申请参加投标的潜在投标人进行资质条件、业绩、信誉、技术和资金等多方面的情况进行的资格审查。经审查合格的潜在投标人才可以参加投标。

资格预审并不是法律要求的必经程序,而是招标人根据项目本身的特点自行决定是否需要进行资格预审的。但国家对投标人资格条件有规定的项目,招标人应该对投标人的资格进行资格预审。

(二)资格预审的种类

1. 定期资格预审

定期资格预审是指在固定的时间内集中进行全面的资格预审。大多数国家的政府采购,使用定期资格预审的办法,审查合格者被资格审查机构列入资格审查合格者名单。

2. 临时资格预审

临时资格预审是指招标人在招标开始之前或者开始之初,由招标人对申请参加投标的潜在投标人进行资质条件、业绩、信誉、技术和资金等多方面的情况进行的资格审查。

(三)资格预审的意义

一般来说,对于大中型建设项目、"交钥匙"项目和技术复杂的项目,资格预审程序是必不可少的。

资格预审的意义主要体现在以下几个方面。

(1)招标人可以通过资格预审程序了解潜在投标人的资信情况。

(2)资格预审可以降低招标人的采购成本,提高招标工作的效率。

(3)通过资格预审,招标人可以了解到潜在投标人对项目的招标有多大兴趣。如果潜在投标人兴趣大大低于招标人的预料,招标人可以修改招标条款,以吸引更多的投标人参加投标。

(4)资格预审可吸引实力雄厚的承包商或者供应商进行投标。而通过资格预审程序,不合格的承包商或者供应商便会被筛选掉。这样真正有实力的承包商和供应商也愿意参加合格的投标人之间的竞争。

(四)资格预审的程序

资格预审主要包括以下几个程序:一是发布资格预审公告;二是编制、发出资格预审文件;三是投标人资格审查和确定合格者名单。

1. 发布资格预审公告

资格预审公告是指招标人向潜在投标人发出的参加资格预审的广泛邀请。该公告可以在购买资格预审文件前一周内至少刊登两次,也可以考虑通过规定的其他媒介发出资格预审公告。资格预审通告应当包括以下几方面的内容。

(1)资金的来源,资金用于投资项目的名称和合同的名称。

(2)对申请预审人的要求,主要是投标人应具备以往类似的经验和在设备人员及资金方面完成本工作能力的要求,有的还对投标者本身成员的政治地位提出要求。

(3)发包人的名称和邀请投标人对工程建设项目完成的工作,包括工程概述,所需劳务、材料、设备和主要工程量清单。

(4)获取进一步信息和资料预审文件的办公室名称和地址、负责人姓名、购买资格预审文件的时间和价格。

(5)资格预审申请递交的截止日期、地址和负责人姓名。

(6)向所有参加资格预审的投标人公布资格预审合格的投标人名单的时间。

2. 编制、发出资格预审文件

资格预审文件包括资格预审申请书格式、申请人须知,以及需要投标申请人提供的企业资质、业绩、技术装备、财务状况和拟派出的项目经理与主要技术人员的简历、业绩等证明材料。

资格预审公告后,招标人向申请参加资格预审的申请人发放或者出售资格预审查文件。

3. 投标人资格审查与确定合格者名单

招标人在收到资格预审的申请人完成的资格预审资料之后,根据资格预审须知中规定的程序和方法,对资格预审资料进行分析,挑选出符合资格预审要求的申请人。经资格预审后,招标人应当向资格预审合格的潜在投标人发出资格预审合格通过书,告知获取招标文件的时间、地点和方法,并同时告知资格预审不合格的潜在投标人资格预审结果。资格预审不合格的潜在投标人不得参加投标。

对各申请投标人填报的资格预审文件评定,大多采用加权评分法。

(1)依据建筑装饰工程项目的特点和发包工作的性质,划分出评审的几大方面,例如资质条件、人员能力、设备和技术能力、财务状况、工程经验和企业信誉等,并分别给予不同的权重。

(2)对各方面再详细划分评定内容和分项打分标准。

(3)按照规定的原则和方法逐个对资格预审文件进行评定和打分,确定各投标人的综合素质得分。为了避免出现投标人在资格预审表中言过其实的情况,在必要时,还可辅以对其已实施过的工程进行现场调查。

(4)确定投标人短名单,依据投标申请人的得分排序,以及预定的邀请投标人数目,从高分向低分录取。此时还须注意,若某一投标人的总分排在前几名之内,但某一方面的得分偏低较多,招标单位应适当考虑若其一旦中标,实施过程中会有哪些风险,再确定其是否有资格进入短名单之内。对短名单之内的投标单位,招标单位分别发出投标邀请书,并请他们确认投标意向。

如果某一通过资格预审的单位决定不再参加投标,招标单位应以得分排序的下一名投标单位递补。

(五)资格预审文件的内容

1. 资格预审须知及其附件

资格预审须知包括总则、申请人应提供的资料和有关证明、资格预审通过的强制性标准、对联营体提交资格预审申请的要求、对通过资格预审单位所建议的分包人的要求和其他规定及相关附件。

(1)总则

资格预审须知总则中应分别列出建筑装饰工程项目或其各合同的资金来源、工程概述、工程量清单、合同的最小规模(可用附件形式)和对申请人的基本要求等。

(2)申请人应提供的资料和有关证明

资格预审须知中申请人应提供的资料和相关证明一般包括申请人的身份和组织机构;申请人过去的详细履历(联营体各方成员);可用于本工程的主要施工设备的详细情况;在本工程内外从事管理及执行本工程的主要人员的资历和经验;主要工作内容拟议的分包情况说明;过去两年经审计的财务报表(联营体应提供各自的资料),今后两年的财务预测及申请人出具的允许发包人在其开户银行进行查询的授权书;申请人近两年涉及诉讼的情况。

(3)资格预审通过的强制性标准

强制性标准是指通过资格预审时对列入工程项目一览表中各主要项目提出的强制性要求,一般以附件的形式列入。它包括强制性经验标准,强制性财务、人员、设备、分包、诉讼及履约标准等。

(4)对联营体提交资格预审申请的要求

对于能凭一家的能力就通过资格预审的建筑装饰工程合同项目,应当鼓励以单独的身份参加资格预审。但在许多情况下,一家企业无力完成承揽工程的任务,就可以采取多家企业合作的方式来投标,对于组成的联营体,也需要满足招标文件中列明的或者国家有单独规定的资质标准,因此在资格预审须知中应对联营体通过资格预审做出具体规定。

(5)对通过资格预审单位所建议的分包人的要求

禁止总承包单位将工程分包给不具备相应资质条件的单位;禁止分包单位将其承包的工程再分包。

(6)其他规定

该规定包括递交资格预审文件的份数、送交单位的地址、邮编、电话、传真、负责人、截止日期等。

(7)资格预审须知的有关附件如下。

①工程概述。工程概述包括工程项目的地点、地形与地貌、地质条件、气象与水文、交通和能源及服务设施、主体结构等情况。

②主要工程一览表。用表格的形式将工程项目中各项工程的名称、数量、尺寸和规格用表格列出。

③强制性标准一览表。对于各工程项目通过资格预审的强制性要求用表格的形式全部列出,并要求申请人填写满足或超过强制性标准的详细情况。因此,该表一般分为三栏,第一栏为提出强制性要求的项目名称;第二栏是强制性业绩要求;第三栏是申请人满足或超过业绩要求的项目评述(由申请人填写)。

④资格预审时间表。表中列出发布资格预审通告的时间、出售资格预审文件的时间、递交资格预审申请书的最后日期和通知资格预审合格的投标人名单的日期等。

2. 资格预审申请书

申请建筑装饰工程投标人资格预审的,应按统一的格式递交申请书,在资格预审文件中按通过资格预审的条件编制成统一的表格,通常包括下列内容。

(1)申请人表

该表主要包括申请者的名称、地址、电话、电传和成立日期等。若是联营体,首先应列明牵头的申请者,然后是所有合伙人的名称、地址等,并附上每个公司的章程、合伙关系的文件等。

(2)申请合同表

如果一个建筑装饰工程项目分几个合同招标,应在表中分别列出各合同的编号和名称,以便让申请人选择申请资格预审的合同。

(3)组织机构表

该表包括公司简况、领导层名单、股东名单、直属公司名单、驻当地办事处或联络机构名单等。

(4)组织机构框图

该图主要用框图表示申请者的组织机构,与母公司或子公司的关系,总负责人和主要人员。如果是联营体应说明合作伙伴关系及在合同中的责任划分。

(5)财务状况表

该表包括注册资金、实有资金、总资产、流动资产、总负债、流动负债、未完成工程的年投资额、未完成工程的总投资额、近三年的年均完成投资额和最大施工能力等基本数据。

(6)公司人员表

该表包括管理人员、技术人员、工人及其他人员的数量;拟为本合同提供的各类专业技术人员数及其从事本专业工作的年限。

(7)施工机械设备表

该表包括拟用于本合同自有设备、拟新购置设备和租用设备的名称、数量、型号、商标、出厂日期和现值等。

(8)分包商表

该表包括拟分包工程项目的名称、分包工程占总工程量的百分数、分包商的名称、经验、财务状况、主要人员和主要设备等。

(9)业绩 - 已完成的同类工程项目表

该表包括项目名称、地点、结构类型、合同价格、竣工日期、工期,发包人或监理工程师的地址、电话和电传等。

(10)在建项目表

该表包括正在施工和已知意向但未签订合同的项目名称、地点、工程概况、完成日期和合同总价等。

(11)涉及诉讼条件表

该表详细说明申请者或联合体内合伙人介入诉讼或仲裁的案件。

（六）资格预审要求

建筑装饰工程资格预审时,要求投标人符合下列条件。

(1)独立订立合同的权利。

(2)具有圆满履行合同的能力,包括专业、技术资格和能力,设备和其他物资设施状况,管理能力,经验、信誉和相应的工作人员。

(3)以往承担类似项目的业绩情况。

(4)没有处于被责令停业及财产处于接管、冻结、破产的状态。

(5)在最近几年内,没有与骗取合同有关的犯罪或质量责任和重大安全责任事故及其他违法、违规行为。

四、阅读招标文件

招标文件是投标的主要依据,投标单位应仔细阅读和分析招标文件,明确其要求,熟悉投标须知,明确表述的要求,避免废标。

（一）研究合同条件,明确双方的权利与义务

(1)工程承包方式。

(2)工期及工期延误惩罚。

(3)材料供应及价款结算办法。

(4)预付款的支付和工程款的结算办法。

(5)工程变更及停工、窝工损失的处理办法。

（二）详细研究设计图纸和技术说明书

(1)明确整个装饰工程设计及其各部分详图的尺寸、各图纸之间的关系。

(2)了解工程的技术细节和具体要求,掌握设计规定的各部位的材料和工艺做法。

(3)了解工程对建筑装饰材料有无特殊要求。

五、现场勘察

《中华人民共和国招标投标法》规定:招标人根据招标项目的具体情况,可以组织投标人进行现场勘察。所谓的现场勘察,就是到拟建工程的现场去看一看,以便投标人掌握更多的关于拟建工程的信息。

投标人拿到招标文件后,应进行全面细致的调查研究。若有疑问或不清楚的问题需要招标人予以澄清和解答的,应在收到招标文件后的一定期限内,以书面形式向招标人提出。为获取与编制投标文件有关的必要信息,投标人要按照招标文件中注明的现场踏勘和投标预备会的时间和地点,积极参加现场踏勘和投标预备会。

建筑装饰工程施工是在土建、给排水、暖通、防水、强弱电、烟感喷淋和保安等配套工程的基础上进行的,各专业配套工程的施工进度、配合协调情况,土建、防水工程施工的质量情况和材料堆放场地、施工用水电情况等都直接关系投标书的编制。特别是大中型建筑装饰工程项目,施工投标的同时,也包含着设计的投标,因此施工现场的勘察必不可少。

投标人在去现场踏勘之前,应先仔细研究招标文件有关概念的含义和各项要求,特别是招标文件中的工作范围、专用条款及设计图纸和说明等,然后有针对性地拟订出踏勘提纲,确定重点需要澄清和解答的问题,做到心中有数。投标人进行现场踏勘的内容,主要包括以下几个方面:

(1)各专业配套工程的施工进度、配合协调情况。

(2)土建、给排水、暖通、防水等工程的施工质量情况。

(3)材料的存放情况。

(4)施工所需的水电供应情况。

(5)当地的建筑装饰材料和设备的供应情况。

(6)当地的建筑装饰公认的技术操作水平和工价。

(7)当地气候条件和运输情况。

六、计算和复核工程量

工程量是以自然计量单位或物理计量单位表示的各分项工程或结构构件的工程数量。正确、快速地计算工程量是这一核心任务的首要工作。工程量计算是编制工程预算的基础工作,具有工作量较大、烦琐、费时和细致等特点,约占编制整份工程预算工作量的50% ~ 70%,而且其精确度和快慢程度将直接影响预算的质量与速度。改进工程量计算方法,对于提高概预算质量,加快概预算速度,减轻概预算人员的工作量和增强审核、审定透明度都具有十分重要的意义,主要表现在以下几个方面。

(1)工程计价以工程量为基本依据,因此工程量计算的准确与否,直接影响工程造价的准确性,以及工程建设的投资控制。

(2)工程量是施工企业编制施工作业计划,合理安排施工进度,组织现场劳动力、材料及机械的重要依据。

(3)工程量是施工企业编制的工程形象进度统计报表,是向工程建设投资方结算工程价款的重要依据。

(一)工程量计算依据

1. 建筑装饰工程施工图纸及配套的标准图集

该施工图纸全面反映建筑物的结构构造、各部位的尺寸及工程做法,是工程量计算的基础资料和基本依据。

2. 预算定额、工程量清单计价规范

根据工程计价方式的不同,计算工程量应选择相应的工程量计算规则。编制施工图预算,应按预算定额及其工程量计算规则算量;若工程招标投标编制工程量清单,应按《建设工程工程量清单计价规范》(GB 50500—2013)工程量计算规则算量。

3. 施工组织设计或施工方案

施工图纸主要表现拟建工程的实体项目,分项工程的具体施工方法及措施应按施工组织设计或施工方案确定。

(二)工程量计算方法

工程量计算之前,首先应安排分部工程的计算顺序,然后再安排分部工程中各分项工程的计算顺序。工程量计算时,设计图纸所列项目的工程内容和计量单位,必须与相应的工程量计算规则中相应项目的工程内容和计量单位一致,不得随意改变。

工程量计算应分别根据不同情况进行,一般采用以下几种方法。

1. 按顺时针顺序计算

以图纸左上角为起点,按顺时针方向依次进行计算,按计算顺序绕图一周后又重新回到起点,这种方法的特点是能有效地防止漏算和重复计算。

2. 按编号顺序计算

结构图中包括不同种类、不同型号的构件,而且分布在不同的部位,为了便于计算和复核,需要按构件编号顺序统计数量,然后进行计算。

3. 按轴线编号计算

对于结构比较复杂的工程量,为了方便计算和复核,有些分项工程可按施工图轴线编号的方法计算。

4. 分段计算

在构件中,当其中截面有变化时,可采取分段计算。

5. 分层计算

分层计算的工程量计算方法在建筑装饰工程中较为常见,例如各层墙体、构件布置、墙柱面装饰、楼地面做法等不同时,都应按分层计算,然后再将各层相同工程做法的项目分别汇总。

6. 分区域计算

大型工程项目平面设计比较复杂时,可在伸缩缝或沉降缝处将平面图划分成几个区域,分别计算工程量,然后再将各区域有相同特征的项目合并计算。

7. 工程量快速计算法

该方法是在基本方法的基础上,根据构件或分项工程的计算特点和规律总结出来的简便、快捷方法。其核心内容是利用工程量数表、工程量计算专用表、各种计算公式加以计算,从而达到快速、准确计算的目的。

(三)工程量的复核

工程量的大小是投标报价的最直接依据。复核工程量的准确程度,将在两个方面影响承包商的经营行为:其一是根据复核后的工程量与招标文件提供的工程量之间的差距,而考虑相应的投标策略,决定报价尺度;其二是根据工程量的大小采取合适的施工方法,选择适用、经济的施工机具设备,投入适量的劳动力人数等。为确保复核工程量准确,在计算中应注意以下几个方面。

(1)正确划分分部分项工程项目,与当地现价定额项目一致。

(2)按一定顺序进行,避免漏算或重算。

(3)以工程设计图纸为依据。

(4)结合已定的施工方案或施工方法。

(5)认真进行复核与检查。

在核算完全部工程量表中的细目后,投标者应按大项分类汇总主要工程总量,以便获得对这个工程项目施工规模全面和清楚的认识,并采用合适的施工方法,选择适用和经济的施工机具设备。

七、制订施工规划

（一）制订施工规划的目的

（1）招标单位通过规划可以具体了解投标人的施工技术、管理水平，以及机械装备、材料和人才的情况，使其对所投的标有信心，认为可靠。

（2）投标人通过施工规划可以改进施工方案、选用适宜的施工方法与施工机械，甚至出奇制胜降低报价、缩短工期而中标。

（二）制订施工规划的内容

施工规划的内容，一般包括施工方案和施工方法，施工进度计划，施工机械、材料、设备和劳动力计划，以及临时生产、生活设施。制订施工规划的依据是设计图纸和相关规范，经复核的工程量，招标文件要求的开工、竣工日期及对市场材料、机械设备、劳力价格的调查。编制的原则是在保证工期和工程质量的前提下，如何使成本最低、利润最大。

1. 选择和确定施工方法

根据建筑装饰工程类型，研究可以采用的施工方法。对于一些较简单的建筑装饰工程，可结合已有施工机械及工人技术水平来选定施工方法，努力做到节省开支，加快进度。

2. 选择施工设备和施工设施

在工程估价过程中，还要不断进行施工设备和施工设施的比较，利用旧设备还是采购新设备，在国内采购还是在国外采购，须对设备的型号、配套、数量（包括使用数量和备用数量）进行比较，还应研究哪些类型的机械可以采用租赁办法，对于特殊的、专用的设备折旧率须进行单独考虑，订货设备清单中还应考虑辅助和修配用机械及备用零件，尤其是订购外国机械时应特别注意这一点。

3. 编制施工进度计划

编制施工进度计划应紧密结合施工方法和施工设备。施工进度计划中应提出各时段应完成的工程量及限定日期。施工进度计划是采用网络进度计划还是线条进度计划，应根据招标文件要求而定。

八、投标技巧分析和选用

投标技巧也称投标报价技巧，是指在投标报价中使业主可以接受，而中标后又能获得更多的利润的手法或技巧。投标技巧研究，其实质是在保证工程质量与工期的条件下，寻求一个好的报价技巧。

投标人为了中标和取得期望的效益，必须在保证满足招标文件各项要求的条件下，研究和运用投标技巧，这种研究与运用贯穿在整个投标过程之中。

常用的建筑装饰工程投标技巧主要有以下几种方法。

（一）灵活报价法

灵活报价法是指根据投标工程的不同特点采用的不同报价。

1. 对于下列工程的报价可高一些

施工条件差的工程；工期要求急的工程；投标对手少的工程；专业要求高而本企业在这

方面又有专长,声望也较高的技术密集型工程;总价较低而本企业不愿意做又不方便不投标的小工程;特殊工程。

2. 对于下列工程的报价可低一些

施工条件好的工程;本企业在附近有工程,而本项目又可利用该工程的设备、劳务或有条件短期内突击完成的工程;投标对手较多,竞争激烈的工程;工作简单、工程量大、一般企业都可以做的工程;本企业目前急需打入某一市场、某一地区,或在该地区面临工程结束、机械设备等无工地转移;非急需工程;支付条件好的工程。

采用灵活报价法进行建筑装饰工程投标报价时,既要考虑自身的优势和劣势,也要分析招标项目的特点,按照工程的不同特点、类别和施工条件等来选择报价策略。

(二)不平衡报价法

不平衡报价法也称前重后轻法,是指在总价基本确定的前提下,调整内部各个子项的报价,以期既不影响总报价,又在中标后投标人可尽早收回垫付于工程中的资金和获取较好的经济效益。一般可以考虑在以下几个方面采用不平衡报价法。

(1)对能早期结账收回工程款的项目的单价可报较高价,以利于资金周转;对后期项目单价可适当降低。

(2)估计今后工程量可能增加的项目,其单价可提高;而工程量可能减少的项目,其单价可降低。

(3)图纸内容不明确或有错误,估计修改后工程量要增加的,其单价可提高;而工程内容不明确的,其单价可降低。

(4)暂定项目,又叫作任意项目或选择项目,这一类项目要开工后由发包人研究决定是否实施和由哪一家承包人实施。因此,对这类项目进行不平衡投标报价时应做具体分析,如果工程不分标,只由一家承包人施工,则其中肯定要做的单价要高些,不一定要做的单价要低些。如果工程分标,该暂定项目也可能由其他承包人施工时,则不宜报高价,以免抬高总报价。

(5)单价包干混合制合同中,发包人要求风险高,完成后可全部按报价结账的项目采用包干报价时,宜报高价;而其余单价项目则可适当降低。

(6)有的招标文件要求投标者对工程量大的项目报"单价分析表",投标时可将"单价分析表"中的人工费及机械设备费报得较高,而材料费报得较低。这主要是为了在今后补充项目报价时,可以参考选用"单价分析表"中的较高的人工费和机械设备费,而材料则往往采用市场价,因而可获得较高的收益。

(7)在议标时,承包人一般都要压低标价。这时应该首先压低那些工程量小的单价,这样即使压低了很多个单价,总的标价也不会降低很多,而给发包人的感觉却是工程量清单上的单价大幅度下降,承包人很有让利的诚意。

(8)如果是单纯报计日工或计台班机械单价,可以报高些,以便在日后发包人用工或使用机械时可多盈利。但如果计日工表中有一个假定的"名义工程量"时,则需要具体分析是否报高价,以免抬高总报价。总之,要分析发包人在开工后可能使用的计日工数量,然后再确定报价技巧。

(9)不平衡报价一定要建立在对工程量表中工程量风险仔细核对的基础上,特别是对于报低单价的项目,如工程量一旦增多,将造成承包人的重大损失。同时一定要控制在合理幅度内(一般可在10%左右),以免引起发包人反对,甚至导致废标。如果不注意这一点,有时发包人会挑选出报价过高的项目,要求投标者进行单价分析,而围绕单价分析中过高的内容压价,会导致承包人得不偿失。

(三)可供选择的项目报价

有些建筑装饰工程的分项工程,业主可能要求按某一方案报价,而后再提供几种可供选择方案的比较报告。但是所谓"可供选择方案"并非由承包商任意选择,只有业主才有权进行选择。因此,提高报价并不意味能取得好的利润,只是提供了一种可能性。

例如,某住房工程的地面水磨石砖,工程量表中要求按 25 cm×25 cm×2 cm 的规格报价,另外还要求投标人用更小规格砖 20 cm×20 cm×2 cm 和更大规格砖 30 cm×30 cm×3 cm 作为可供选择项目报价。投标报价时,除对工程量表中要求的几种水磨石砖调查询价外,还应该对当地的用砖习惯进行调查。对于将来有可能被选择使用的地面砖铺砌应适当提高其报价;对于当地难以供货的某些规格地面水磨石砖,可有意将价格抬得更高一些,以阻挠业主选用。

(四)计日工报价

这种报价是分析业主在开工后,可能使用计日工数量来确定报价。计日工数量较多时则可适当提高报价,很少时,则降低报价。

(五)开口升级法

把投标报价视为协商的过程,将建筑装饰工程中某项造价高的特殊工作内容从报价中减掉,使报价成为竞争对手无法相比的"低价"。利用这种"低价"来吸引发包人,从而取得与发包人进一步商谈的机会,在商谈过程中逐步提高价格。当发包人明白过来当初的"低价"实际上是个钓饵时,往往已经在时间上处于谈判弱势,丧失了与其他承包人谈判的机会。利用这种方法时,要特别注意在最初的报价中说明某项工作的缺项,否则可能会弄巧成拙,真的以"低价"中标。

(六)突然袭击法

由于投标竞争激烈,为迷惑对方,而有意泄露一些假情报,例如不打算参加投标,或准备投高标时,表现出没有利润不愿接项目等假象,到投标截止之前几个小时,突然前往投标,并压低投标价,从而使对手措手不及而失败。

(七)无利润算标

承包商在缺乏竞争优势的情况下,只有在算标中根本不参考利润去夺标。无利润算标的投标技巧适用于下列情况。

(1)有可能在得标后,将大部分工程分包给索价较低的一些分包商。

(2)对于分期建设的项目,先以低价获得首期工程,而后赢得机会创造第二期工程中的竞争优势,并在以后的实施中取得利润。

(3)较长时期内,承包商没有在建的工程项目,如果再不得标,就难以维持生存。因此,虽然该工程无利可图,但是只要能有一定的管理费维持公司的日常运转,就可设法度过暂时的困难,以图将来东山再起。

九、投标文件的编制与递交

建筑装饰工程投标文件应完全按照招标文件的各项要求编制,主要包括投标书、投标书附录、投标保证金、法定投标人资格证明文件、授权委托书、具有标价的工程量清单、资格审查表和招标文件规定提交的其他材料。

投标企业应在规定的投标截止日期前,将投标文件密封送到招标企业。招标企业在接到投标文件后,应签收或通知投标企业已收到投标文件。

建筑装饰工程投标文件的编制与递交的具体内容参见第三节。

第三节 文 件

建筑装饰工程投标文件,是建筑装饰工程投标人单方面阐述自己响应招标文件的要求,旨在向招标人提出订立合同的意愿,是投标人确定和解释有关投标事项的各种书面表达形式的统称。从合同订立过程来分析,建筑装饰工程投标文件在性质上属于一种要约,其目的在于向招标人提出订立合同的意愿。

一、建筑装饰工程投标文件的组成

建筑装饰工程投标文件是由一系列有关投标方面的书面资料组成的。一般来说,投标文件由以下几个部分组成。

(一)投标函及投标函附录

1. 投标函
其主要内容为投标报价、质量、工期目录、履约保证金数额等。
2. 投标函附录
其内容为投标人对开工日期、履约保证金、违约金以及招标文件规定其他要求的具体承诺。

(二)法定代表人身份证明或附有法定代表人身份证明的授权委托书

1. 法定代表人身份证明格式如下。

法定代表人身份证明

投标人名称:_____

单位性质:_____

地址:_____

成立时间:_____年_____月_____日

经营期限:_____

姓名:_____ 性别:_____ 年龄:_____ 职务:_____

系_____(投标人名称)的法定代表人。

特此证明。

投标人:_____(盖单位章)

____年____月____日

2. 法定代表人身份证明授权委托书格式如下。

授权委托书

本人_____（姓名）系_____（投标人名称）的法定代表人,现委托_____（姓名）为我方代理人。代理人根据授权,以我方名义签署、澄清、说明、补正、递交、撤回、修改_____（项目名称）_____标段施工投标文件,签订合同和处理有关事宜,其法律后果由我方承担。

委托期限:_____

代理人无转委托权。

附:法定代表人身份证明。

投标人:_____

法定代表人:_____

身份证号码:_____

委托代理人:_____

身份证号码:_____

_____年_____月_____日

（三）联营体协议书

联营体协议书格式如下。

联营体协议书

（所有成员单位名称）_____自愿组成_____（联营体名称）联营体,共同参加_____（项目名称）_____标段施工投标。现就联营体投标事宜订立如下协议。

1. _____（某成员单位名称）为_____（联营体名称）牵头人。

2. 联营体牵头人合法代表联营体各成员负责本招标项目投标文件编制和合同谈判活动,并代表联营体提交和接收相关的资料、信息及指示,并处理与之有关的一切事务,负责合同实施阶段的主办、组织和协调工作。

3. 联营体将严格按照招标文件的各项要求递交投标文件、履行合同,并对外承担连带责任。

联营体各成员单位内部的职责分工如下:_____。

本协议书自签署之日起生效,合同履行完毕后自动失效。

本协议书一式_____份,联营体成员和招标人各执一份。

注:本协议书由委托代理人签字的,应附法定代表人签字的授权委托书。

牵头人名称:_____（盖单位章）

法定代表人或其委托代理人:_____（签字）

成员一名称:_____（盖单位章）

法定代表人或其委托代理人:_____（签字）

成员二名称:_____（盖单位章）

法定代表人或其委托代理人:_____（签字）

_____年_____月_____日

（四）投标保证金

投标保证金的形式有现金、支票、汇票和银行保函,但具体采用何种形式应根据招标文件规定。另外,投标保证金被视作投标文件的组成部分,若未及时交纳投标保证金,则该投标将被当作废标而遭拒绝。

(五)已标价工程量清单

工程量清单是根据招标文件中包括的有合同约束力的图纸,有关工程量清单的国家标准、行业标准,以及合同条款中约定的工程量计算规则编制的。

工程量清单中的每一子目须填入单价或价格,且只允许有一个报价。

工程量清单中标价的单价或价格,应包括所需人工费、施工机械使用费、材料费、管理费、利润和其他费用和内容(运杂费、质检费、安装费、缺陷修复费、保险费,以及合同明示或暗示的风险、责任和义务等)。

工程量清单中投标人没有填入单价或价格的子目,其费用视为已分摊在工程量清单其他相关子目的单价或价格之中。

(六)施工组织设计

建筑装饰工程投标人编制施工组织设计时,应采用文字与图表相结合的形式说明施工方法。施工组织设计应包括下列内容。

1. 拟投入本标段的主要施工设备情况、拟配备本标段的试验和检测仪器设备情况、劳动力计划等。

2. 结合工程特点提出切实可行的工程质量、安全生产、文明施工、工程进度和技术组织措施,同时应对关键工序和复杂环节重点提出相应技术措施,如冬雨季施工技术、减少噪声、降低环境污染、地下管线及其他地上地下设施的保护加固措施等。

3. 施工组织设计除采用文字表述外,还可以附图表加以说明,包括拟投入本标段的主要施工设备表,拟配备本标段的试验和检测仪器设备表,劳动力计划表,计划开工、竣工日期和施工进度网络图,施工总平面图及临时用电表等。

(七)项目管理机构

(1)项目管理机构组成表,见表4-4。

表4-4 项目管理机构组成表

职务	姓名	职称	执业或职业资格证明					备注
			证书名称	级别	证号	专业	养老保险	

(2)主要成员简历表。"主要人员简历表"中的项目经理应附项目经理证、身份证、职称证、学历证和养老保险复印件,管理过的项目业绩须附合同协议书复印件;技术负责人应附

身份证、职称证、学历证和养老保险复印件,管理过的项目业绩须附证明其所任技术职务的企业文件或用户证明;其他主要人员应附职称证(执业证或上岗证书)、养老保险复印件。

(八)拟分包项目情况表

建筑装饰工程拟分包项目情况表,见表4-5。

表4-5 拟分包项目情况表

分包人名称		地址	
法定代表人		电话	
营业执照号码		资质等级	
拟分包的工程项目	主要内容	预计造价(万元)	已经做过的类似工程

(九)资格审查资料

建筑装饰工程投标人资格审查资料包括投标人基本情况表、近年财务状况表、近年完成的类似项目情况表、正在施工的新承接的项目情况表及近年发生的诉讼及仲裁情况等。

(十)其他材料

其他材料指的是"投标人须知前附表"前附的其他材料。

二、建筑装饰工程投标文件的编制

(一)投标文件应符合的基本法律要求

(1)《中华人民共和国招标投标法》第二十七条规定:投标人应当按照招标文件的要求编制投标文件。投标文件应当对招标文件提出的实质性要求和条件做出响应。招标项目属于建设施工的,投标文件的内容应当包括拟派出的项目负责人与主要技术人员的简历、业绩和拟用于完成招标项目的机械设备等。

(2)《工程建设项目施工招标投标办法》第二十五条规定:招标人可以要求投标人在提交符合招标文件规定要求的投标文件外,提交备选投标方案,但应当在招标文件中做出说明,并提出相应的评审和比较办法。

(3)《建筑工程设计招标投标管理办法》第十三条规定:投标人应当按照招标文件、建筑方案设计文件编制深度规定的要求编制投标文件;进行概念设计招标的,应当按照招标文件要求编制投标文件。投标文件应当由具有相应资格的注册建筑师签单,加盖单位公章。

(二)投标文件编制的一般要求

(1)投标人编制投标文件时必须使用招标文件提供的投标文件表格格式,但表格可以按同样格式扩展。投标保证金、履约保证金的方式,可以按招标文件有关条款的规定进行选择。投标人根据招标文件的要求和条件填写投标文件的空格时,凡要求填写的空格都必须填写,不得空着不填,否则被视为放弃意见。实质性的项目或数字,如工期、质量等级、价格等未填写的,将被视为无效或作废的投标文件。

(2)应当编制的投标文件"正本"仅一份,"副本"则按招标文件前附表所述的份数提供,同时要在标书封面标明"投标文件正本"和"投标文件副本"字样。投标文件正、副本之间若存在不一致之处,应以正本为准。

(3)投标文件正、副本的填写字迹都要清晰、端正,补充设计图纸要整洁、美观,且应使用不能擦去的墨水打印或书写。

(4)所有投标文件均由投标人的法定代表人签署、加盖印章,并加盖法人单位公章。

(5)对填报投标文件应进行反复校核,保证分项和汇总计算均无错误。全套投标文件均应无涂改和行间插字,除非这些删改是根据招标人的要求进行的,或者是投标人造成的必须修改的错误。修改处应由投标文件签字人签字证明并加盖印章。

(6)如招标文件规定投标保证金为合同总价的某百分比时,不要太早开投标保函,以防泄漏己方报价。但是某些投标商为麻痹竞争对手而故意提前开出或加大投标保函金额的情况也是存在的。

(7)投标人应将投标文件的技术标和商务标分别密封在内层包封,再密封在一个外层包封中,并在内封上标明"技术标"和"商务标"。标书包封的封口处都必须加贴封条,封条贴缝应全部加盖密封章或法人章。内层和外层包封都应由投标人的法定代表人签署、加盖印章,并加盖法人单位公章。内层和外层包封都应写明投标人名称和地址、工程名称、招标编号,并注明开标时间以前不得开封。在内层和外层包封上还应写明投标人的名称与地址、邮政编码,以便投标出现逾期送达时能原封退回。如果内外层包封没有按上述规定密封并加写标志,投标文件将被拒绝,并退还给投标人。

(8)投标文件的打印应力求整洁、悦目,避免评标专家产生反感。投标文件的装订也要力求精美,使评标专家从侧面产生对投标人企业实力的认可。

(三)技术标的编制要求

技术标的重要组成部分是施工组织设计,编制技术标时,要求能让评标委员会的专家们在较短的时间内,发现标书的价值和独到之处,从而给予较高的评价。编制建筑装饰工程技术标应注意下列问题。

1. 针对性

在评标过程中,常常会发现为了使标书比较"上规模",并以此体现投标人的水平,投标人往往把技术标做得很厚。而其中的内容往往都是对规范标准的成篇引用,或对其他项目标书的成篇抄袭,毫无针对性。这样的标书容易引起评标专家的反感,最终导致技术标严重失分。

2. 可行性

技术标的内容最终都是要付诸实施的,应具有较强的可行性。为了突出技术标的先进性,盲目提出不切实际的施工方案、设备计划,这样都会给今后的具体实施带来困难,甚至导致建设单位或监理工程师提出违约指控。

3. 先进性

技术标要获得高分,应具有技术亮点和能够吸引招标人的技术方案。因此,编制技术标时,投标人应仔细分析招标人的热衷点,在这些点上采用先进的技术、设备、材料或工艺,使标书对招标人和评标专家产生更强的吸引力。

4. 全面性

对技术标的评分标准一般都含有较多项目,这些项目都分别被赋予一定的评分分值。因此,编制技术标时,一定不能发生缺项。一旦发生缺项,该项目就可能被评为零分,这会大大降低中标的概率。

另外,对一般项目而言,评标的时间往往有限,评标专家没有时间对技术标进行深入分析。因此,只要有关内容齐全,且无明显的低级错误或理论上的错误,技术标一般不会扣很多分。所以对一般工程来说,技术标内容的全面性比内容的深入细致更重要。

5. 经济性

投标人参加投标承揽业务的最终目的都是为了获取最大的经济利益,而施工方案的经济性直接关系投标人的效益,因此必须十分慎重。另外,施工方案也是投标报价的一个重要影响因素,经济合理的施工方案能降低投标报价,使报价更具竞争力。

(四)投标担保

所谓投标担保,是为防止投标人不谨慎进行投标活动而设定的一种担保形式。招标人不希望投标人在投标有效期内随意撤回标书或中标后不能提交履约保证金和签署合同。因此,为了约束投标人的投标行为,保护招标人的利益,维护招投标活动的正常秩序,应进行投标担保。

投标担保的作用是维护招标人的合法权益,但在实践中,也有个别招标人收取巨额投标保证金以排斥潜在投标人的情形。这种以非法手段谋取中标的不正当竞争行为是《中华人民共和国招标投标法》和《中华人民共和国反不正当竞争法》严格禁止的。

1. 投标担保的形式

招标人一般在招标文件中要求投标人提交投标保证金,投标保证金除现金外,也可以是银行出具的银行保函、保兑支票、银行汇票或现金支票。投标保证金一般不得超过投标总价的20%,但最高不得超过80万元人民币。对于不能按招标文件要求提交投标保证金的投标人,其投标文件将被拒绝,作为废标处理。

2. 投标保证金的期限

投标保证金如果采用非现金方式进行担保,都会存在一个有效期限的问题,为了保证投标保证金在投标过程中的作用,对于投标保证金的有效期限应该做出规定。

所谓的投标有效期限,指的是一个时间范围,在这个时间范围内,投标人应该保证其所有投标文件都持续有效。要求投标保证金超出投标有效期限30天,就是为了在投标人不审慎投标的情况下给招标人以充分的时间去没收投标保证金,而不会由于投标保证金已经失效而使得招标人无法没收投标保证金。

三、建筑装饰工程投标文件的递交

递交投标文件也称递标,是指投标商在规定的投标截止日期之前,将准备好的所有投标文件密封递送到招标单位的行为。

所有的投标文件必须经反复校核、审查并签字盖章,特别是投标授权书要由具有法人地位的公司总经理或董事长签署、盖章;投标保函在保证银行行长签字盖章后,还要由投标人签字确认。然后按投标须知要求，认真细致地分装密封包装起来，由投标人亲自在截标之前送交招标的收标单位或者通过邮寄递交。邮寄递交要考虑路途的时间，并且注意投标文件的完整性，一次递交、迟交或文件不完整都将导致投标文件作废。

在投标过程中，如果投标人投标后，发现在投标文件中存在严重错误或者因故改变主意，可以在投标截止时间前撤回已提交的投标文件，也可以修改、补充投标文件，这是投标人的法定权利。在投标文件截止时间后，投标人就不可以再对投标文件进行撤回、修改和补充了。这些撤回、补充和修改的文件对招标投标活动会产生重要的影响，所以在开标前，招标人应妥善保管好已接收的投标文件、修改或撤回通知、备选投标方案等投标资料。

第四节　报　价

投标报价是指承包商计算、确定和报送招标工程投标总价格的活动。业主把承包商的报价作为主要标准来选择中标者，同时投标报价也是业主和承包商就工程标价进行承包合同谈判的基础，直接关系到承包商投标的成败。报价是进行工程投标的核心，报价过高会失去承包机会，而报价过低虽然可以中标，但会给工程带来亏本的风险。因此，标价过高或过低都不合理，如何做出合适的投标报价，是投标者能否中标的最关键的问题。

投标报价不同于装饰工程预算，投标报价由投标人依据招标文件中的工程量清单和有关要求，结合施工现场情况自行编制的施工方案或施工组织设计，按照企业定额或参照建设行政主管部门发布的《全国统一建筑装饰装修工程消耗量定额》，以及工程造价管理机构发布的市场价格信息，在考虑风险因素后进行的自主报价。

一、投标报价依据

（一）招标文件及有关情况

招标文件及有关情况如下。

（1）拟建建筑装饰工程现场情况，包括需要进行装饰的具体部位、现场交通情况及可提供的能源动力情况等。

（2）拟建建筑装饰工程的技术条件，包括建筑物、构筑物的承载力，附近地区对卫生、安全有无特殊要求等。

（3）建筑装饰工程部分的土建施工图纸及装饰装修工程的设计图纸及装饰装修等级、装饰要求等说明。

（二）施工方案及有关技术资料

施工方案及有关技术资料如下。

（1）拟建建筑装饰工程的具体做法。

（2）拟建建筑装饰工程的进度计划及施工顺序安排。

（3）其他影响建筑装饰工程投标报价的组织措施和技术措施。

（三）价格及费用的各项规定

价格及费用的各项规定如下。

（1）现行建筑装饰工程消耗量定额及其他相关定额。

（2）装饰装修工程各项取费标准。

（3）材料设备的市场价格信息。

（4）本企业积累的经验资料及相应分项工程报价。

（5）《建设工程工程量清单计价规范》（GB 50500—2013）。

二、投标报价编制

投标报价的编制方法多种多样，主要有定额计价和工程量清单计价。

（一）定额计价

按定额计价的方法编制的投标报价，是国内招投标活动中比较常用的一种方法。它是指投标人根据招标人提供的全套施工图纸和技术资料，按照定额预算制订，按图计价的原则计算工程量、单价和合价及各种费用，最终确定投标报价的一种计价方法。

按定额计价的方法编制的投标报价，通常采用工料单价法进行，投标报价的组成主要包括直接费、间接费、计划利润和税金四部分。

（二）工程量清单计价

按工程量清单计价的方法编制的投标报价，是投标人根据招标人提供的反映工程实体消耗和措施性消耗的工程量清单，按照"标价按清单、施工按图纸"的原则，自主确定工程量清单的单价和合价，最终确定投标报价的一种计价方法。

实行工程量清单计价方法，对于建立由市场形成工程造价的机制，深化工程造价管理改革，促进政府转变职能，业主控制投资，施工企业加强管理，规范建筑市场经济秩序具有非常重要的意义，值得大力推广。

工程量清单计价的费用包括分部分项工程费、措施项目费和其他项目费及规费与税金。

1. 分部分项工程费

分部分项工程费包括完成分部分项工程量清单项目所需的人工费、材料费、施工机械使用费、企业管理费、利润及一定范围内的风险费用。

分部分项工程费应按分部分项工程清单项目的综合单价计算。投标人投标报价是依据招标文件中分部分项工程量清单项目的特征描述，确定清单项目的综合单价。在招投标过程中，当出现招标文件中分部分项工程量清单特征描述与设计图纸不符时，投标人应以分部分项工程量清单的项目特征描述为准，确定投标报价的综合单价。当施工中施工图纸或设计变更与工程量清单项目特征描述不一致时，双方应按实际施工的项目特征描述，依据合同约定重新确定综合单价。

招标文件中提供了暂估单价的材料，应按暂估的单价计入综合单价。综合单价中应考虑招标文件中要求投标人承担的风险内容及其范围（幅度）产生的风险费用。在施工过程中，当出现的风险内容及其范围（幅度）在合同约定的范围内时，工程价款不做调整。

2. 措施项目费

由于各投标人拥有的施工装备、技术水平和采用的施工方法有所差异,招标人提出的措施项目清单是根据一般情况确定的,没有考虑不同投标人的"个性"。在投标人投标时,应根据自身编制的投标施工组织设计或施工方案确定措施项目,并向招标人提供的措施项目进行调整。投标人根据投标施工组织设计或施工方案调整和确定的措施项目,应通过评标委员会的评审。措施项目费的计算包括以下几项。

(1)措施项目的内容应依据招标人提供的措施项目清单和投标人投标时拟定的施工组织设计或施工方案确定。

(2)措施项目费的计价方式应根据招标文件的规定,计算工程量的措施清单项目采用综合单价方式报价,其余的措施清单项目采用以"项"为计量单位的方式报价。

(3)措施项目费由投标人自主确定,其中安全文明施工费应按国家或省级、行业建设主管部门的规定确定,且不得作为竞争性费用。

3. 其他项目费

建筑装饰工程投标人对其他项目费投标报价,应按以下几项原则进行。

(1)暂列金额应按照其他项目清单中列出的金额填写,不得变动。

(2)暂估价不得变动和更改。暂估价中的材料必须按照其他项目清单中列出的暂估单价计入综合单价;专业工程暂估价必须按照其他项目清单中列出的金额填写。

(3)计日工应按照其他项目清单列出的项目和估算的数量自主确定各项综合单价并计算费用。

(4)总承包服务费应依据招标人在招标文件中列出的分包专业工程内容和供应材料、设备情况,按照招标人提出的协调、配合与服务要求和施工现场管理需要自主确定。

4. 规费与税金

规费与税金应按国家或省级、行业建设主管部门的规定计算,不得作为竞争性费用。规费与税金的计取标准是依据有关法律、法规和政策规定制订的,具有强制性。投标人是法律、法规和政策的执行者,不能改变,更不能制订,必须按照法律、法规和政策的有关规定执行。

三、工程量清单综合单价分析

工程量清单综合单价分析是指投标人对招标人提供的工程量清单表中所列项目的单价进行的测算和确定。具体地讲,就是通过计算不同项目的人工费、材料费、机械使用费、管理费和利润,并考虑风险因素之后,得出工程量表中所列各项目的单价。

(一)工程量清单综合单价分析的作用

工程量清单综合单价分析,是建筑装饰工程投标过程中的一项重要工作。

在建筑装饰工程招标实践中,有的招标文件明确要求投标人投标时必须报送工程量清单综合单价分析表,也有的招标文件不要求投标人投标时报送工程量清单综合单价分析表。无论招标文件中是否要求报送工程量清单综合单价分析表,投标人在投标前都应对每个单项工程和每个单项工程中的所有项目进行单价分析。因为这样可以使投标人对投标报价做到心中有数,把投标报价建立在科学合理、切实可行的基础上,从而不断提高中标率。

（二）工程量清单综合单价分析的步骤

1. 列出综合单价分析表

将每个单项工程和每个单项工程中的所有项目分门别类，一一列出，制成表格。列表时要特别注意应包括施工设备、劳务、管理、材料、安装、维护、保险、利润、政策性文件规定及合同包含的所有风险、责任等各项应有费用，不能遗漏或重复列项，投标人没有列出或填写的项目，招标人将不予支付，并认为此项费用已包括在其他项目之中。

2. 对每个费用进行计算

由工程量清单计价的综合单价费用组成，分别对人工费、材料费、机械使用费、管理费和利润的每项费用进行计算。

3. 填写工程量清单综合单价分析表

将人工费、材料费、机械使用费、管理费和利润等计算出来后，就可以填写工程量清单综合单价分析表。为慎重起见，填写前应仔细进行审核。

四、投标报价审核

投标报价审核是指投标人在建筑装饰工程投标报价正式确定之前，对建筑装饰工程的总报价进行审查和核算，以减少或避免投标报价的失误，求得合理可靠、中标率高、经济效益好的投标报价。

投标报价审核是建立在投标报价单位分析基础上的。一般来说，单价分析是微观性的，而投标报价审核是宏观性的。

投标报价审核的方式多种多样，通常做法主要有如下几项。

（1）以同一地区一定时期内各类建筑装饰工程项目的单位工程造价，对投标报价进行审核。

（2）以各分项工程价值的正常比例，对投标报价进行审核。

（3）以各类单位工程用工用料正常指标，对投标报价进行审核。

（4）以各类费用的正常比例，对投标报价进行审核。

（5）运用全员劳动生产率，即全体人员每工日的生产价值，对投标报价（主要适用于同类工程，特别是一些难以用单位工程造价分析的工程）进行审核。

（6）采用综合定额估算法，对投标报价进行审核，即以综合定额和扩大系数估算工程的工料数量和工程造价的方法，对投标报价进行审核。该方法的一般程序如下。

①确定选控项目，将工程项目的所有报价项目有选择地归类、合并，分成若干可控项目；不能进行归类、合并的，作为未控项目。

②针对选控项目，编制出能体现其用工用料比较实际的消耗量定额，即综合定额。

③根据可控项目的综合定额和工程量，计算出可控项目的用工总数及主要材料数量。

④对未控项目的用工总数及主要材料数量进行估测。

⑤将可控项目和未控项目的用人总数及主要材料数量相加，求出工程总用工数和主要材料总数量。

⑥根据工程主要材料总数量及实际单价，求出主要材料总价。

⑦根据工程总用工数及劳务工资单价，求出工程总工费。

⑧计算工程材料总价。计算公式如下：

工程材料总价 = 主要材料总价 × 扩大系数(扩大系数一般为 1.5 ~ 2.5)　　(4 - 1)

⑨计算工程总价。计算公式如下：

工程总价 = (总工费 + 材料总价) × 系数(系数值一般为 1.4 ~ 1.5)　　(4 - 2)

(7)以现有的一个国家或地区的同类型工程报价项目和中标项目的预测工程成本资料(预测成本比较控制法),对投标报价进行审核。

(8)以个体分析整体综合控制法,对投标报价进行审核。

第五章　建筑装饰工程合同管理

第一节　承包合同类型

一、按签约各方关系划分承包合同类型

建筑装饰工程按签约各方关系划分承包合同类型,可划分为总包合同和分包合同。

(一)总包合同

总包合同是总包商与发包人签订的合同,也称主合同。该合同主要内容包括承包的具体方式、工作内容和责任等,由发包人与承包人在合同中约定。

总包合同的总包企业是指具有雄厚资金和技术的企业,既要具有承担勘察设计任务的能力,又要具有承担施工任务的能力。建筑装饰工程总承包主要有以下几种方式。

1. 设计采购施工总承包

建筑装饰工程设计采购施工总承包是指工程总承包企业按照合同约定,承担建筑装饰工程项目的设计、采购、施工和试运行服务等工作,并对承包工程的质量、安全、工期、造价全面负责。

2. 交钥匙总承包

建筑装饰工程交钥匙总承包是指设计采购施工总承包业务和责任的延伸,最终是向发包人提交一个满足使用功能、具备使用条件的工程项目。交钥匙总承包有利于将包括勘察设计、施工在内的各个主要环节系统安排,集成化管理,有利于提高工程质量,降低工程成本,保证工程进度。

3. 设计施工总承包

设计施工总承包是指工程总承包企业按照合同约定,承担工程项目设计和施工,并对承包工程的质量、安全、工期和造价全面负责。

(二)分包合同

分包商与总包商签订的合同称为"分包合同"。根据分包方式不同,分包合同可以分为专业分包合同和劳务分包合同。

专业分包是指施工总承包企业将其承包工程中的专业工程发包给专业承包企业完成的活动。如土建工程中,总包商会把中央空调系统、动力系统、消防系统和电梯工程分包给专业的分包商,并与这些专业分包商订立专业工程分包合同。

劳务分包是指施工总承包企业或专业承包企业将其承包或者分包工程中的劳务作业发包给劳务作业分包企业完成的活动。

1. 分包合同文件组成

（1）分包合同协议书。

（2）承包人发出的分包中标书。

（3）分包人的报价书。

（4）分包合同条件。

（5）标准规范、图纸、列有标价的工程量清单。

（6）报价单或施工图预算书。

2. 分包合同的履行

分包合同的当事人，总包单位与分包单位，都应严格履行分包合同规定的义务。具体要求如下。

（1）分包不能解除承包人任何责任与义务，承包人应在分包现场派驻相应的监督管理人员，保证本合同的正常履行。履行分包合同时，承包人应就承包项目（其中包括分包项目）向发包人负责，分包人就分包项目向承包人负责。分包人与发包人之间不存在直接的合同关系。

（2）分包人应按照分包合同的规定，实施和完成分包工程，修补其中的缺陷，提供所需的全部工程监督、劳务、材料、工程设备和其他物品，提供履约担保、进度计划，不得将分包工程进行转让或再分包。

（3）承包人应提供总包合同（工程量清单或费率所列承包人的价格细节除外）供分包人查阅。

（4）分包人应当遵守分包合同规定的承包人的工作时间和分包人的设备材料进出场的管理制度。承包人应为分包人提供施工现场及通道；分包人应允许承包人和监理工程师等在工作时间内合理进入分包工程的现场，并做好协助工作。

（5）分包人若想延长竣工时间应根据下列条件进行申请：承包人根据总包合同延长总包合同竣工时间；承包人指示延长；承包人违约。分包人必须在延长开始14天内将延长情况通知承包人，同时提交一份证明或报告，否则分包人无权获得延期。

（6）分包人仅从承包人处接受指示，并执行其指示。如果上述指示从总包合同来分析是监理工程师失误所致，则分包人有权要求承包人补偿由此导致的费用。

（7）分包人应根据下列指示变更、增补或删减分包工程：监理工程师根据总包合同做出的指示，再由承包人作为指示通知分包人。

（8）分包工程价款由承包人与分包人结算。发包人未经承包人同意不得以任何名义向分包单位支付各种工程款项。

（9）由于分包人的任何违约行为、安全事故或疏忽、过失导致的工程损害或给发包人造成的损失，承包人承担连带责任。

二、按合同标的性质划分承包合同类型

建筑装饰工程按合同标的性质划分承包合同类型，可划分为勘察设计合同、施工合同和监理合同。

（一）勘察设计合同

勘察设计合同是指建筑装饰工程勘察设计的发包方与勘察人、设计人为完成勘察设计任

务,明确双方的权利义务而签订的协议。签订勘察设计合同的作用主要体现在以下几个方面。

(1)有利于保证建设工程勘察设计任务按期、按质、按量顺利完成。

(2)有利于委托与承包双方明确各自的权利和义务的内容,以及违约责任,一旦发生纠纷,责任明确,可以避免许多不必要的争执。

(3)促使双方当事人加强管理与经济核算,提高管理水平。

(4)为监理工程师在项目设计阶段的工作提供了法律依据和监理内容。

1. 勘察设计合同主要条款

(1)工程名称、规模与地点

工程名称应当是建筑装饰工程的正式名称,而非该类工程的通用名称。规模包括栋数、面积(或占地面积)和层数等内容。

(2)委托方提供资料

委托方需要提供的资料通常包括建设工程设计委托书和建设工程地质勘察委托书,经批准的设计任务书或可行性研究报告,选址报告及原材料报告,有关能源方面的协议,以及其他能满足初步勘察设计要求的资料等。

(3)承包方勘察设计的范围、进度、质量

承包方勘察设计的范围通常包括工程测量、工程地质、水文地质的勘察等。详细言之,其包括工程结构类型、总荷重、单位面积荷重、平面控制测量、地形测量、高程控制测量、摄影测量、线路测量、水文地质测量、水文地质参数计算、地球物理勘探、钻探及抽水试验、地下水资源评价及保护方案等。

承包方勘察设计的进度是指勘察任务总体完成的时间或分阶段任务完成的时间界限。

承包方勘察设计的质量是指合同要求的勘察方所提交的勘察成果的准确性,或者设计方设计的科学合理性。

(4)勘察设计收费的依据与标准

为了规范工程勘察设计收费行为,维护发包人和勘察人、设计人的合法权益,建筑装饰工程勘察设计收费应根据《工程勘察设计收费管理规定》《工程勘察收费标准》和《工程设计收费标准》进行。

(5)勘察设计费用拨付办法

勘察合同生效后,委托方应向承包方支付定金,定金金额为勘察费的30%;勘察工作开始后,委托方应向承包方支付勘察费的30%;全部勘察工作结束后,承包方按合同规定向委托方提交勘察报告书和图纸,委托方收取资料后,在规定的期限内按实际勘察工作量付清勘察费。

设计合同生效后,委托方向承包方支付相当于设计费的20%作为定金,设计合同履行后,定金抵作部分设计费。设计费其余部分的支付由双方共同商定。

对于勘察设计费用的支付方式,我国法律规定合同用货币履行义务时,除法律或行政法规另有规定的以外,必须用人民币计算和支付。除国家允许使用现金履行义务的以外,必须通过银行转账或者票据结算。使用票据支付的,要遵守《票据法》的规定。此外,合同中还须明确勘察设计费的支付期限。

(6)违约责任

①委托方违约责任如下。

a. 按照《建设工程勘察设计合同条例》的规定,委托方若不履行合同,无权请求退回定金。

b. 由于变更计划、提供的资料不准确、未按期提供勘察设计工作必需的资料或工作条件而造成勘察设计工作的返工、窝工、停工或修改设计时，委托方应对承包方实际消耗的工作量增付费用。因委托方责任造成重大返工或重做设计的，应另增加勘察设计费。

c. 勘察设计的成果按期、按质、按量交付后，委托方要按《建设工程勘察设计合同条例》第 7 条的规定和合同的约定，按期、按量交付勘察设计费。委托方未按规定或约定的日期交付费用的，应偿付逾期违约金。

②承包方的违约责任如下。

a. 因勘察设计质量低劣引起返工或未按期提交勘察设计文件拖延工期造成损失的，由承包方继续完善勘察设计，并视造成的损失、浪费的大小，减收或免收勘察设计费。

b. 对于因勘察设计错误而造成工程重大质量事故的，承包方除免收受损失部分的勘察设计费外，还承担与直接损失部分勘察设计费相当的赔偿损失。

c. 如果承包方不履行合同，应双倍返还定金。

2. 勘察设计合同当事人的权利和义务

一般来说，建设工程勘察设计合同双方当事人的权利和义务是相互对应的，即发包方的权利往往是承包方的义务，而承包方的权利又往往是发包方的义务。

（1）建筑装饰工程勘察设计合同发包人的义务。

①勘察合同发包人

a. 在勘察现场范围内，不属于委托勘察任务而又没有资料、图纸的地区（段），发包人应负责查清地下埋藏物。

b. 若勘察现场需要看守，特别是在有毒、有害等危险现场作业时，发包人应派人负责安全保卫工作，按国家有关规定对从事危险作业的现场人员进行医疗防护并承担费用。

c. 工程勘察前，属于发包人负责提供的材料，应根据勘察人提出的工程用料计划，按时提供各种材料及其产品合格证明，并承担费用和运到现场，派人与勘察人的人员一起验收。

d. 勘察过程中的任何变更，经办理正式变更手续后，发包人应按实际发生的工作量交付勘察费。

e. 为勘察人提供必要的生产、生活条件，并承担费用；如不能提供时，应一次性付给勘察人临时设施费。

f. 发包人若要求在合同规定时间内提前完工时，发包人应按每提前一天向勘察人支付计算的加班费。

g. 发包人应保护勘察人的投标书、勘察方案、报告书、文件、资料图纸、数据、特殊工艺（方法）、专利技术和合理化建议。未经勘察人同意，发包人不得复制、泄露、擅自修改、传送、向第三人转让或用于本合同外的项目。

②设计合同发包人

a. 发包方按合同规定的内容，在规定的时间内向承包方提交资料及文件，并对其完整性、正确性及时限性负责。发包方提交上述资料及文件超过规定期限 15 天以内，承包方按本合同规定的交付设计文件时间顺延，超过规定期限 15 天以上，承包方有权重新确定提交设计文件的时间。

b. 发包方变更委托设计项目、规模、条件，或因提交的资料错误，或所提交资料做较大修改造成承包方设计需要返工时,双方除须另行协商签订补充合同、重新明确有关条款外,发包方还应按承包方所耗工作量向承包方支付返工费。

c. 在合同履行期间,发包方要求终止或解除合同,承包方未开始设计工作的,不退还发包方已付定金;已开始设计工作的,发包方应根据承包方已进行的实际工作量,不足一半时按该阶段设计费的一半支付,超过一半时按该阶段设计费的全部支付。

d. 发包方应按合同规定的金额和时间向承包方支付设计费用,每逾期1天,应承担一定比例金额的逾期违约金。逾期超过30天以上,承包方有权暂停履行下阶段工作,并书面通知发包方,发包方上级对设计文件不审批或合同项目停、缓建,发包方均应支付应付的设计费。

e. 由于设计人完成设计工作的主要地点不是施工现场,因此,发包人有义务为设计人在现场工作期间提供必要的工作、生活条件。发包人为设计人派驻现场的工作人员提供工作、生活和交通等方面的便利条件及必要的劳动保护装备。

f. 设计的阶段成果完成后,应由发包人组织鉴定和验收,并负责向发包人的上级或有管理资质的设计审批部门完成报批手续。

g. 发包人应保护设计人的投标书、设计方案、文件、资料图纸、数据、计算软件和专利技术。未经设计人同意,发包人对设计人交付的设计资料及文件不得擅自修改、复制、向第三人转让或用于本合同外的项目。

h. 如果发包人从施工进度的需要或其他方面的考虑要求设计人提前交付设计文件时,须征得设计人的同意。设计的质量是工程发挥预期效益的基本保障,发包人不应严重背离合理设计周期的规律,强迫设计人不合理地缩短设计周期的时间。双方经过协商达成一致并签订提前交付设计文件的协议后,发包人应支付相应的赶工费。

(2)建筑装饰工程勘察设计合同承包人的义务

见表5-1。

表5-1　勘察设计合同发包人义务

合同当事人	主要义务
勘察人	(1)勘察人应按照国家技术规范、标准、规程和发包人的任务委托书及技术要求进行工程勘察,按照合同规定的时间提交质量合格的勘察成果资料,并对其负责 (2)由于勘察人提供的勘察成果资料质量不合格,勘察人应无偿给予补充完善使其达到质量合格。若勘察人无力补充完善,须另委托其他单位,勘察人应承担全部勘察费用。因勘察质量造成重大经济损失或工程事故的,勘察人除应负法律责任和免收直接损失部分的勘察费外,还要根据损失程度向发包人支付赔偿金。赔偿金为发包人和勘察人在合同内约定实际损失的某一百分比 (3)勘察过程中,可根据工程的岩土工程条件(或工作现场地形地貌、地质和水文地质条件)及技术规范要求,向发包人提出增减工作量或修改勘察工作的意见,并办理正式变更手续
设计人	(1)保证设计质量 (2)配合施工 (3)保护发包人知识产权

3. 勘察设计合同订立程序

依法必须进行招标的建设工程勘察设计任务通过招标或设计方案的竞投确定勘察设计单位后,应遵循工程项目建设程序,签订勘察设计合同。

签订勘察设计合同由建设单位、设计单位或有关单位提出委托,经双方协商同意,即可签订。

建筑装饰工程勘察设计合同的订立程序如下。

(1)确定合同标的

合同标的是合同的中心。这里所谓的确定合同标的实际上就是决定勘察设计分开发包还是合在一起发包。

(2)选定承包商

依法必须招标的项目,按招标投标程序优选出中标人即为承包商。小型项目及可以不招标的项目由发包人直接选定承包商,但选定的过程为向几家潜在承包商询价、初步协商合同的过程,即发包人提出勘察设计的内容、质量等要求并提交勘察设计所需的资料,承包商据以报价、做出方案及进度安排的过程。

(3)商签勘察设计合同

如果是通过招标方式确定承包商的,则由于合同的主要条件都在招标文件和投标文件中得到确认,进入签约阶段需要协商的内容就不是很多。而通过协商、直接委托的合同谈判,则要涉及几乎所有的合同条款,必须认真对待。

勘察设计合同的当事人双方进行协商,就合同的各项条款取得一致意见,且双方法人或指定的代表在合同文本上签字,并加盖公章,这样合同才具有法律效力。

(二)施工合同

建筑装饰工程施工合同一经签订,即具有法律效力,是合同双方履行合同中的行为准则,双方都应以施工合同作为行为的依据。施工合同的作用主要体现在以下几点。

(1)施工合同是进行监理的依据和推行监理制的需要。

(2)施工合同有利于工程施工的管理。

(3)施工合同有利于建筑装饰市场的培育和发展。

1. 施工合同内容

建筑装饰工程本身的施工性质,决定了施工合同必须有很多条款。建筑装饰工程施工合同主要应具备以下几个主要内容。

(1)工程名称、地点、范围、内容,工程价款及开工和竣工日期。

(2)双方的权利和义务和一般责任。

(3)施工组织设计的编制要求和工期调整的处置办法。

(4)工程质量要求、检验与验收方法。

(5)合同价款调整与支付方式。

(6)材料、设备的供应方式与质量标准。

(7)设计变更。

(8)竣工条件与结算方式。

(9)违约责任与处置办法。

(10)争议解决方式。

（11）安全生产防护措施。

此外，关于索赔、专利技术使用、发现地下障碍和文物、工程分包、不可抗力、工程保险、工程停建或缓建、合同生效与终止等也是施工合同的重要内容。

2. 施工合同签订程序

建筑装饰工程施工承包企业在签订施工合同工作中，主要工作程序如下。

（1）市场调查，建立联系

①施工企业对建筑市场进行调查研究。

②追踪获取拟建项目的情况、信息及业主情况。

③当对某项工程有承包意向时，可进一步详细调查，并与业主取得联系。

（2）表明合作意愿，投标报价

①接到招标单位邀请或公开招标通告后，企业领导做出投标决策。

②向招标单位提出投标申请书，表明投标意向。

③研究招标文件，着手具体投标报价工作。

（3）协商谈判

①接受中标通知书后，组成包括项目经理的谈判小组，依据招标文件和中标书草拟合同专用条款。

②与发包人就工程项目具体问题进行实质性谈判。

③通过协商，达成一致，确立双方具体权利与义务，形成合同条款。

④参照施工合同示范文本和发包人拟定的合同条件与发包人订立施工合同。

（4）签署书面合同

①施工合同应采用书面形式的合同文本。

②合同使用的文字要经双方确定，用两种以上语言的合同文本，须注明几种文本是否具有同等法律效力。

③合同内容要详尽具体，责任义务要明确，条款应严密完整，文字表达应准确规范。

④确认甲方，即业主或委托代理人的法人资格或代理权限。

⑤施工企业经理或委托代理人代表承包方与甲方共同签署施工合同。

（5）签订与公证

①合同签署后，必须在合同规定的时限内完成履约保函、预付款保函和有关保险等保证手续。

②送交工商行政管理部门对合同进行鉴证并缴纳印花税。

③送交公证处对合同进行公证。

④经过鉴证、公证，确认了合同真实性、可靠性与合法性后，合同具有法律效力，并受法律保护。

（三）监理合同

建筑装饰工程监理合同是指委托人与监理人就委托的工程项目管理内容签订的明确双方权利和义务的协议。

建筑装饰工程监理制是我国在建筑装饰市场经济条件下保证工程质量、规范市场主体行为与提高管理水平的一项重要措施。监理合同不仅明确了双方的责任和合同履行期间应遵守的各项约定，成为了当事人的行为准则，还可以作为保护任何一方合法权益的依据。

1. 监理合同的形式

为了明确监理合同当事人双方权利和义务的关系,应当以书面形式签订监理合同,而不能采用口头形式。建筑装饰工程经常采用的监理合同有如下几种形式。

(1)双方协商签订的合同

以法律和法规的要求作为基础,双方根据委托监理工作的内容和特点,通过友好协商订立有关条款,达成一致后签字盖章生效。合同的格式和内容不受任何限制,双方就权利和义务所关注的问题以条款形式具体约定即可。

(2)信件式合同

由监理单位编制有关内容,由发包人签署批准意见,保留一份备案后退给监理单位执行。这种合同形式适用于监理任务较小或简单的小型工程,也可能是在正规合同的履行过程中,依据实际工作进展情况,监理单位认为需要增加某些监理工作任务时,以信件的形式请示发包人,经发包人批准后作为正规合同的补充合同文件。

(3)委托通知单

正规合同履行过程中,发包人以通知单形式把监理单位在订立委托合同时建议增加而当时未接受的工作内容进一步委托给监理方。这种委托只是在原定工作范围之外增加少量工作任务,一般情况下原订合同中的权利和义务不变。如果监理单位不表示异议,委托通知单就成为监理单位所接受的协议。

(4)标准化合同

为了使委托监理行为规范化,减少合同履行过程中的争议或纠纷,政府部门或行业组织制订出标准化的合同示范文本,供委托监理任务时作为合同文件采用。标准化合同通用性强,采用规范的合同格式,条款内容覆盖面广,双方只要将达成一致的内容写入相应的具体条款中即可。标准合同由于将履行过程中所涉及的法律、技术和经济等各方面问题都做出了相应的规定,合理地分担双方当事人的风险并约定了各种情况下的执行程序,不仅有利于双方在签约时讨论、交流和统一认识,而且有助于监理工作的规范化实施。

2. 监理合同订立程序

建筑装饰工程监理合同订立程序如下。

(1)签约双方应对对方的基本情况有所了解,包括资质等级、营业资格、财务状况、工作业绩和社会信誉等。

(2)监理人在获得委托人的招标文件或与委托人草签协议之后,应立即对工程所需费用进行预算,并提出报价,同时对招标文件中的合同文本进行分析、审查,为合同谈判和签约提供决策依据。

(3)无论何种方式招标中标,委托人和监理人都要就监理合同的主要条款进行谈判。谈判内容要具体,责任要明确,要有准确的文字记载。作为委托人,切忌因手中有工程的委托权,而不以平等的原则对待监理人。

(4)签订合同。经过谈判,双方就监理合同的各项条款达成一致后,即可正式签订合同文件。

三、按工程计价方法划分承包合同类型

所谓的工程计价方法是指采用何种方法来计算工程合同的价格。建筑装饰工程合同的计价方法可以按照总价计价、单价计价和成本酬金计价,所以按照工程计价方法,建筑装

饰工程合同可以分为总价合同、单价合同和成本加酬金合同。

(一)总价合同

总价合同,也称为约定总价合同或包干合同,一般要求投标人按照招标文件要求报一个总价,在所报总价下完成合同规定的全部项目。在总价合同中不考虑承包商对于所报的总价在各个分部分项工程上面的分配。建筑装饰工程总价合同通常包括固定总价合同和调价总价合同两种类型。

1. 固定总价合同

固定总价合同是指按商定的总价承包项目,其特点是明确承包内容。由于价格一笔包死,固定总价合同适用于规模小、技术不太复杂的项目。

固定总价合同对业主与承包商都是有利的。对于业主来说,比较简便;对承包者来说,如果计价依据相当详细,能据此比较精确地估算造价,签订合同时考察得比较周全,不致有太大的风险,也是一种比较简便的承包方式。

2. 调价总价合同

调价总价合同包括两层含义,其一是合同价是总价,其二是这个总价是可以调整的,调整的条件需要合同双方当事人在工程承包合同中约定。例如可以约定当工程材料的价格增加超过3%时,工程总价相应上调1%。这种合同由发包人承担通货膨胀这一不可预见的费用因素的风险,承包人承担其他风险。一般工期较长的项目,采用可调总价合同。可调价格合同中合同价款的调整因素主要包括下列情况。

(1)法律、行政法规和国家有关政策变化影响合同价款。

(2)工程造价管理部门公布的价格调整。

(3)一周内非承包人原因停水、停电、停气造成停工累计超过8小时。

(4)设计变更及发包方确定的工程量增减。

(5)双方约定的其他因素。

(二)单价合同

单价合同相对于总价合同,其特点是承包商需要就所报的工程价格进行分解,以表明每一分部分项工程的单价。单价合同中如果存在总价的话,这个总价仅仅是一个近似的价格,最后真正的工程价格是以实际完成的工程量为依据算出来的,而这个工程量一般来讲是不可能完全与工程量清单中所给出的工程量相同。建筑装饰工程单价合同通常包括估计工程量单价合同、纯单价合同和单价与包干混合式合同三种类型。

1. 估计工程量单价合同

发包人在准备估计工程量单价合同的招标文件时,委托咨询单位按分部分项工程列出工程量表并填入估算的工程量,承包人投标时在工程量表中填入各项的单价,根据承包人填入的各项单价计算出总价作为投标报价之用。但在每月结账时,以实际完成的工程量结算。在工程全部完成时,以竣工图最终结算工程的总价格。

估计工程量单价合同适用于图纸等技术资料比较完善的项目。

2. 纯单价合同

发包人准备招标文件时,只向投标人提供各分项工程内的工作项目一览表、工程范围及必要的说明,而不给出工程量。承包人只要给出表中各项目的单价即可,将来施工时按实际工程量计算。有时也可由发包人一方在招标文件中列出单价,而投标一方提出修改意见,双方磋商后确定最后的承包单价。

纯单价合同适用于施工图纸不完善的情况,因为此时还无法估计出相对准确的工程量。

3. 单价与包干混合式合同

单价与包干混合式合同中存在单价与包干两种计价方式,这里所说的包干其实就是总价。总体上以单价为基础,以包干为辅。对其中某些不易计算工程量的分项工程采用包干办法,而对能用某种单位计算工程量的,均要求报单价,按实际完成工程量及合同上的单价结账。

(三)成本加酬金合同

成本加酬金合同是指发包人向承包人支付实际工程成本中的直接费用,按事先协议好的某一种方式支付管理费用及利润的一种合同方式。

成本加酬金合同价格包括两部分,其一是成本部分,由建设单位按照实际的支出向承包商拨付工程款;其二是酬金部分,对于这部分,建设单位按照合同中约定的方式和数额支付给承包商。

成本加酬金合同适用于工程内容及其技术经济指标尚未完全确定而又急于上马的工程或是施工风险很大的工程。

成本加酬金合同的缺点是发包人对工程造价不易控制,而承包人在施工中也无法精打细算,因为是按照一定比例来提取管理费用及利润的,所以成本越高,管理费用及利润就越高。

第二节　承包合同内容

一、承包合同主要条款

确定建筑装饰工程承包合同主要条款时,要格外认真,总的来说应当做到条款表述准确、逻辑严密。建筑装饰施工承包合同应当具备的条款内容主要包括以下几项。

(1)合同双方当事人的姓名或单位名称、住所地和联系方式等。

(2)工程概况,包括工程名称、工程地点和工程范围等。

(3)承包方式,建筑装饰工程施工实践中常见的承包方式见表5-2。

表5-2　建筑装饰工程施工实践中常见的承包方式

承包方式	内　容
总价包干	在这种情形下,合同价款不因工程量的增减、设备和材料的浮动等原因而改变,对承包人来说,有可能获得较高利润,但也可能承担很高的风险
固定单价承包	在这种情形下,合同的单价是不变的,工程竣工之后根据实际发生的工程量确定工程造价
成本加酬金承包	在这种情形下,酬金的数额或比例是固定不变的,而成本则待工程竣工后才能确定

(4)合同工期,即开工至竣工所需的时间。

(5)双方的一般义务。

(6)材料、设备的供应方式与质量标准。

(7)工程款的拨付与结算。

(8)工程质量等级和验收标准。工程质量是履行合同易出现争议的地方,订立合同时,要严格按照有关工程质量的规定商定合同条款。法律没有规定的,当事人的约定更要严密、详尽。

(9)安全生产与相关责任。

(10)违约责任与承担违约责任的方式。

(11)争议的解决方式。

(12)其他当事人认为应当约定的条款。

二、承包合同主体

建筑装饰工程必须符合一定的质量、安全标准,能满足人们对装饰装修综合效果的要求,发包人、承包人是建筑装饰工程施工承包合同的当事人。发包人、承包人必须具备一定的资格,才能成为建筑装饰工程合同的合法当事人,否则建筑装饰工程合同可能因主体不合格而导致无效。

(一)发包人的主体资格

发包人有时也称发包单位、建设单位、业主或项目法人。发包人的主体资格也就是进行工程发包并签订建设工程合同的主体资格。发包人进行工程发包应当具备下列基本条件。

(1)应当具有相应的民事权利能力和民事行为能力。

(2)实行招标发包的,应当具有编制招标文件和组织评标的能力或者委托招标代理机构代理招标事宜。

(3)进行招标项目的相应资金或者资金来源已经落实。

(二)承包人的主体资格

建筑装饰工程合同的承包人分为勘察人、设计人和施工人。对于建设工程承包人,我国实行严格的市场准入制度,作为建筑装饰合同的承包方必须具备相应的资质等级。

三、承包合同内容

建筑装饰工程施工承包合同主要由《协议书》《通用条款》和《专用条款》三部分组成。

(一)协议书

协议书是施工合同的总纲领性法律文件,内容有以下几个方面。

(1)工程概况,包括工程名称、工程地点、工程内容、工程立项批准文告和资金来源。

(2)工程承包范围,即承包人承包的工作范围和内容。

(3)合同工期,包括开工日期、竣工日期,合同工期应填写总日历天数。

(4)质量标准,工程质量必须达到国家标准规定的合格标准,双方也可以约定达到国家标准规定的优良标准。

(5)合同价款。合同价款应填写双方确定的合同金额。

(6)组成合同的文件。合同文件应能相互解释,互为说明。除专用条款另有约定外,组成合同的文件及优先解释顺序如下:

①本合同协议书;

②中标通知书;

③投标书及其附件;

④本合同专用条款;

⑤本合同通用条款;

⑥标准、规范及有关技术文;

⑦图纸;

⑧工程量清单;

⑨工程报价单或预算书。

(7)本协议书中有关词语含义与本合同第二部分通用条款中分别赋予它们的定义相同。

(8)承包人向发包人承诺按照合同约定进行施工、竣工,并在质量保修期内承担工程质量保修责任。

(9)发包人向承包人承诺按照合同约定的期限和方式支付合同价款及其他应当支付的款项。

(10)合同的生效。

(二)通用条款

通用条款是指通用于一切建筑装饰工程,规范承包、发包双方履行合同义务的标准化条款。其内容包括词语定义及合同文件、双方一般权利和义务、施工组织设计和工期、质量与检验、安全施工、合同价款与支付、材料设备供应、工程变更、竣工验收与结算、违约、索赔和争议、其他。

(三)专用条款

专用条款是指反映具体招标工程具体特点和要求的合同条款,其解释优于通用条款。

四、合同的注意事项

建筑装饰工程当事人签订施工承包合同应注意以下几项。

1. 必须遵守现行法规

建筑装饰工程承包项目种类多,材料品种多,内容复杂,工期紧,签订合同时应严格遵守现行法规。

2. 必须确认合同的合法性与真实性

签订建筑装饰工程合同应注意装饰工程项目的合法性,了解该项目是否经有关招标投标管理部门批准;还要注意当事人的真实性,避免不具备法人资格、没有管理能力、没有施工能力(技术力量)的单位充当施工方的情况;另外还要注意是否具备装饰工程施工的条件;现场水、电、道路、通信是否畅通等。

3. 明确合同依据的规范标准

建筑装饰工程合同必须按照国家颁发的有关定额、取费标准、工期定额、质量验收规范标准执行,并经双方当事人核定清楚后方可进行签约。

4. 合同条款必须具体确切

建筑装饰工程合同条款必须具体明确,以免事后争议。对于双方当事人暂时都不能明确的合同条款,可以采用灵活的处理方式,留待施工过程中确定。

第六章　建筑施工安全与环境管理

第一节　概　　述

一、目的

建筑施工安全与环境管理是指为达到工程项目安全生产与环境保护的目的而采取各种措施的系统化管理活动,包括制订、实施、评审和保持安全与环境方针所需的组织机构、计划活动、职责、惯例、程序、过程和资源。

(一)安全管理的目的

建筑施工安全管理的目的是保护产品生产者和使用者的健康与安全;控制影响工作场所内员工、临时工作人员、合同方人员、访问者和其他有关部门人员的健康和安全的条件和因素;考虑和避免因使用不当,对使用者造成的健康和安全的危害。

(二)环境管理的目的

建筑施工环境管理的目的是保护生态环境,协调社会经济发展与人类的生存环境;控制作业现场的各种粉尘、废水、废气、固体废弃物,以及噪声、振动对环境的污染和危害,节约能源和避免资源的浪费。

二、特点

(一)复杂性

建筑施工生产的流动性多受外部因素影响,这决定了建筑施工安全与环境管理的复杂性。

(二)多样性

产品的多样性和生产的单件性决定了建筑施工安全与环境管理的多样性,其主要表现如下。

(1)不能按同一图纸、同一施工工艺和同一生产设备进行批量重复生产。

(2)施工生产组织及机构变动频繁,生产经营的"一次性"特征特别突出。

(3)生产过程中试验性研究课题多,所碰到的新技术、新工艺、新设备、新材料给建筑施工安全与环境管理带来不少难题。

(三)协调性

建筑产品不能像其他许多工业产品那样可以分解为若干部分同时生产,而必须在同一固定场地按严格程序连续生产,上一道工序不完成,下一道工序不能进行。上一道工序的结果往往会被下一道工序所掩盖,而且每一道程序由不同的人员和单位来完成。因此,在建筑施工安全与环境管理中要求各单位和各专业人员积极配合,协调工作,共同注意产品生产过程接口部分的安全与环境管理的协调性。

(四)持续性

一个建设项目从立项到投产使用要经历项目可行性研究阶段、设计阶段、施工阶段、竣工验收和试运行阶段。每个阶段都要十分重视项目的安全和环境问题,持续不断地对项目各个阶段可能出现的安全与环境问题实施管理。

(五)经济性

环境管理主要包括工程使用期内的成本,如能耗、水耗、维护、保养及改建更新的费用,并通过比较分析,判定工程是否符合经济要求。另外,环境管理要求节约资源,以减少资源消耗来降低环境污染,二者是完全一致的。

第二节　施工安全控制

一、安全生产和安全控制的概念

(一)安全生产的概念

安全生产是指使生产过程处于避免人身伤害、设备损坏及其他不可接受的损害风险的状态。不可接受的损害风险通常指以下三种情况。

(1)超出了法律、法规和规章的要求。

(2)超出了方针、目标和企业规定的其他要求。

(3)超出了人们普遍接受的要求。

因此,安全生产是一个相对性的概念。

(二)安全控制的概念

安全控制是通过对生产过程中涉及计划、组织、监控、调节和改进等一系列致力于满足生产安全所进行的管理活动。

二、安全控制的方针、目标与特点

(一)方针

安全控制的目的是为了安全生产,因此安全控制的方针也应符合安全生产的方针,即"安全第一,预防为主"。"安全第一"充分体现了"以人为本"的理念,"预防为主"是实现安全第一的最重要手段,是安全控制的最重要的思想。

（二）目标

安全控制的目标是减少和消除生产过程中的事故，保证人员健康安全和财产免受损失。其具体可包括减少或消除人的不安全行为的目标；减少或消除设备、材料的不安全状态的目标；改善生产环境和保护自然环境的目标。

（三）特点

1. 控制面的广泛性

由于建设工程规模较大，生产工艺复杂，建造过程中流动作业多，高处作业多，作业位置多变，不确定因素多，因此安全控制工作涉及范围大，控制面广。

2. 控制制度与措施的动态性

由于工程项目的单件性和施工的分散性，因此在面对具体的生产环境时，有些工作制度和安全技术措施也会有所调整。

3. 控制系统的交叉性

工程项目建造过程受自然环境和社会环境影响很大，安全控制需要把这些系统结合起来。

4. 控制措施的严谨性

安全状态一旦失控，损失较大，因而其控制措施必须严谨。

三、施工安全控制的程序和基本要求

（一）程序

（1）确定项目的安全控制目标。

（2）编制项目安全技术措施计划。

（3）安全技术措施计划的落实和实施。

（4）安全技术措施计划的验证。

（5）持续改进，直至完成工程项目的所有工作。

（二）基本要求

（1）必须取得安全行政主管部门颁发的安全施工许可证后才可施工。

（2）总承包单位和每个分包单位都应持有施工企业安全资格审查认可证。

（3）各类人员必须具备相应的执业资格才能上岗。

（4）所有新员工必须经过三级安全教育，即进厂、进车间和进班组的安全教育。

（5）特殊工种作业人员必须持有特种作业操作证，并严格按规定定期进行复查。

（6）对查出的安全隐患要做到"五定"，即定整改责任人、定整改措施、定整改完成时间、定整改完成人和定整改验收人。

（7）必须把好安全生产"六关"，即措施关、交底关、教育关、防护关、检查关和改进关。

（8）施工现场安全设施齐全，并符合国家及地方有关规定。

（9）施工机械（特别是现场安设的起重设备等）必须经过安全检查合格后方可使用。

四、施工安全技术措施计划的主要内容、编制原则及实施

(一)主要内容和编制原则

1. 主要内容

其具体包括工程概况、控制目标、控制程序、组织机构、职责权限、规章制度、资源配置、安全技术措施、检查评价和奖惩制度等。

2. 编制原则

(1)对结构复杂、施工难度大、专业性较强的工程项目,除制订项目总体安全保证计划外,还必须制订单位工程或分部分项工程的安全技术措施。

(2)对高处作业、井下作业等专业性强的作业,以及电器、压力容器等特殊工种作业,应制订单项安全技术规程,并对管理和操作人员的安全作业资格和身体状况进行合格检查。

(3)制订和完善施工安全操作规程,编制各施工工种,特别是危险性较大工种的安全施工操作要求,应作为规范和检查考核员工安全行为的依据。

(4)施工安全技术措施包括安全防护设施和安全预防措施,主要有防火、防毒、防爆、防洪、防尘、防雷击、防坍塌、防物体打击、防机械伤害、防起重设备滑落、防高空坠落、防交通事故、防寒、防暑、防疫、防环境污染等方面的措施。

(二)实施

1. 建立安全生产责任制

安全生产责任制是指企业对项目经理部各级领导、各个部门、各类人员所规定的在其各自职责范围内对安全应负责任的制度,是实施施工安全技术措施计划的重要保证。

2. 广泛开展安全教育

(1)全体员工应认识到安全生产的重要性,懂得安全生产的科学知识。

(2)把安全知识与技能、操作规程、安全法规等作为安全教育的主要内容。

(3)建立经常性的安全教育考核制度,考核成绩要记入员工档案。

(4)对电焊工、架子工、爆破工等特殊工种工人,除一般教育外,还要经过专业安全技能培训,经考试合格持证后,方可独立操作。

(5)对采用新技术、新设备施工和调换工作岗位时,也要进行安全教育和培训。

3. 安全技术交底

(1)安全技术交底的基本要求

安全技术交底是施工负责人向施工作业人员进行责任落实的法律要求,安全技术交底工作在正式作业前进行。安全技术交底必须具体、明确,针对性强,不能流于形式,不能千篇一律;对潜在危害和存在问题有预见性;应优先采用新的安全技术措施;不但要口头讲解,而且应有书面文字资料,并履行签字手续,施工负责人、生产班组、现场安全员三方各保留一份签字记录;对于多工种交叉施工,还应定期进行书面交底。

(2)安全技术交底的主要内容

本工程施工方案的要求;本工程的施工作业特点和危险点;针对危险点的具体预防措施;应注意的安全事项;相应的安全操作规程和标准;发生事故后应及时采取的避难和急救措施。

五、安全检查

安全检查的目的是为了消除隐患、防止事故、改善劳动条件及提高员工安全生产意识，是安全控制工作的一项重要内容和手段。通过安全检查可以发现工程中的危险因素，以便有计划地采取措施，保证安全生产。

（一）类型

安全检查分为日常性、专业性、季节性及节假日前后的检查和不定期检查。

（二）主要内容

1. 查思想

主要检查企业的领导和职工对安全生产工作的认识。

2. 查管理

主要包括安全生产责任制、安全技术措施计划、安全技术交底、安全教育、持证上岗、安全设施、安全标识、操作规程、违规行为和安全记录等。

3. 查隐患

主要检查作业现场是否符合安全生产、文明生产的要求。

4. 查整改

主要检查对过去提出问题的整改情况。

5. 查事故的处理

对安全事故的处理应查明事故原因，明确责任并对责任者做出处理，明确和落实整改措施要求。

安全检查的重点是违章指挥和违章作业。安全检查后应编制安全检查报告，说明已达标项目、未达标项目、存在问题、原因分析、纠正和预防措施。

（三）要求及主要规定

（1）根据施工过程的特点和安全目标的要求确定安全检查的内容。

（2）对安全控制计划的执行情况进行检查、评价和考核。对作业中存在的不安全行为和隐患，签发安全整改通知，制订整改方案，落实整改措施，实施整改后应予复查。

（3）安全检查应配合必要的设备或器具，确定检查负责人，并明确检查的要求。

（4）安全检查应采取随机抽样、现场观察和实地检测的方法，并记录检查结果。

（5）对检查结果进行分析，找出安全隐患，确定危险程度。

（6）编写安全检查报告并上报。

第三节　建筑施工安全事故

一、分类

建筑施工安全事故分为两大类型，即职业伤害事故与职业病。

（一）职业伤害事故

职业伤害事故是指因生产过程及工作原因或与其相关的其他原因造成的伤亡事故。

（二）职业病

经诊断因从事接触有毒有害物质或不良环境的工作而造成的急慢性疾病，属职业病。

二、处理

（一）安全事故处理的原则

（1）事故原因不清楚不放过。
（2）事故责任者和员工没有受到教育不放过。
（3）事故责任者没有处理不放过。
（4）没有制订防范措施不放过。

（二）安全事故处理的程序

（1）及时报告安全事故，迅速抢救伤员并保护好事故现场。
（2）排除险情，防止事故蔓延扩大。
（3）组织调查组，进行安全事故调查。
（4）现场勘察，分析事故原因。
（5）明确责任者，对事故责任者进行处理。
（6）写出调查报告，提出处理意见和防范措施建议。
（7）事故的审定、结案、登记。

第四节　文明施工与环境保护

一、文明施工的概念

文明施工是保持施工现场良好的作业环境、卫生环境和工作秩序的有效手段。

（一）主要内容

（1）规范施工现场的场容，保持作业环境的整洁卫生。
（2）科学组织施工，使生产有序进行。
（3）减少施工对周围居民和环境的影响。
（4）保证职工的安全和身体健康。

（二）意义

（1）文明施工能促进企业综合管理水平的提高。
（2）文明施工能减少施工对周围环境的影响，是适应现代化施工的客观要求。

（3）文明施工代表企业的形象。

（4）文明施工有利于员工的身心健康，有利于培养和提高施工队伍的整体素质。

二、文明施工的基本要求

（1）施工现场必须设置明显的标牌，标明工程项目名称、建设单位、设计单位、施工单位、项目经理和现场代表人的姓名、开工和竣工日期和施工许可证批准文号等。

（2）施工现场的管理人员在施工现场应当佩戴证明其身份的证卡。

（3）应当按照施工平面布置图设置各项临时设施。

（4）施工现场用电设施的安装和使用必须符合安装规范和安全操作规程，严禁任意拉线接电；施工现场必须设有保证施工安全要求的夜间照明。

（5）施工机械应当按照施工平面图规定的位置和线路设置，不得任意侵占场内道路。

（6）应保证施工现场道路畅通，排水系统处于良好的使用状态；保持场容场貌的整洁，随时清理建筑垃圾；在车辆、行人通行的地方施工，应当设置施工标志，并对沟井坎穴进行覆盖。

（7）施工现场的各种安全设施和劳动保护器具，必须定期进行检查和维护，及时消除隐患，保证其安全有效。

（8）施工现场应当设置各类必要的职工生活设施，并符合卫生、通风、照明等要求。职工的膳食、饮水供应等应当符合卫生要求。

（9）应当做好施工现场安全保卫工作，采取必要的防盗措施。

（10）应当严格依照消防条例的规定，在施工现场建立和执行防火管理制度，设置符合消防要求的消防设施，并保持完好的备用状态。在容易发生火灾的地区施工，或者储存、使用易燃易爆器材时，应当采取特殊的消防安全措施。

三、环境保护的概念

环境保护是按照法律、法规、各级主管部门和企业的要求，保护和改善作业现场的环境，控制现场的各种粉尘、废水、废气、固体废弃物、噪声和振动等对环境的污染和危害。环境保护也是文明施工的重要内容之一。环境保护的意义如下。

（1）保护和改善施工环境是保证人们身体健康和社会文明的需要。

（2）保护和改善施工环境是消除对外部干扰，保证施工顺利进行的需要。

（3）保护和改善施工环境是现代化大生产的客观要求。

（4）保护和改善施工环境是节约能源、保护人类生存环境、保证社会和企业可持续发展的需要。

施工现场环境保护的内容主要包括大气污染的防治、水污染的防治、噪声控制和固体废弃物的处理。

四、大气污染

（一）大气污染的分类

大气污染物的种类有数千种，已发现有危害作用的有 100 多种，其中大部分是有机物。大气污染物通常以气体状态和粒子状态存在于空气中。

1. 气体状态污染物

气体状态污染物具有运动速度较大,扩散较快,在周围大气中分布比较均匀的特点。气体状态污染物包括分子状态污染物和蒸气状态污染物。

(1)分子状态污染物

其指在常温常压下以气体分子形式分散于大气中的物质,如燃料燃烧过程中产生的二氧化硫、氮氧化物和一氧化碳等。

(2)蒸气状态污染物

其指在常温常压下易挥发的物质,以蒸气状态进入大气,如机动车尾气、沥青烟中含有的碳氢化合物等。

2. 粒子状态污染物

粒子状态污染物又称固体颗粒污染物,是分散在大气中的微小液滴和固体颗粒。施工工地的粒子状态污染物主要有锅炉、熔化炉和厨房烧煤产生的烟尘,还有建材破碎、筛分、碾磨、加料过程和装卸运输过程产生的粉尘等。

(二)大气污染的防治措施

大气污染的主要防治措施如下。

1. 除尘技术

在气体中除去或收集固态或液态粒子的设备称为除尘装置。工地的烧煤锅炉等应选用装有上述除尘装置的设备,工地其他粉尘可用遮盖、淋水等措施防治。

2. 气态污染物治理技术

大气中气态污染物的治理技术主要方法:吸收法、吸附法、催化法、燃烧法、冷凝法和生物法。

(三)施工现场空气污染的防治措施

(1)施工现场垃圾渣土要及时清理出现场。

(2)高大建筑物清理施工垃圾时,要使用封闭式的容器或者采用其他措施处理高空废弃物,严禁凌空随意抛撒。

(3)施工现场道路应指定专人定期洒水清扫,形成制度,防止道路扬尘。

(4)对于细颗粒散体材料(水泥、粉煤灰、白灰等)的运输、储存要注意遮盖、密封,防止或减少飞扬。

(5)车辆开出工地要做到不带泥沙、不撒土、不扬尘,减少对周围环境的污染。

(6)除设有符合规定的装置外,禁止在施工现场焚烧油毡、橡胶、塑料、皮革、树叶、枯草和各种包装物等废弃物品,以及其他会产生有毒、有害烟尘和恶臭气体的物质。

(7)机动车都要安装减少尾气排放的装置,确保符合国家标准。

(8)工地茶炉要尽量采用电热水器。若只能使用烧煤茶炉和锅炉时,应选用消烟除尘型茶炉和锅炉,大灶应选用消烟节能回风炉灶,使烟尘降至允许排放的范围为止。

(9)大城市市区的建设工程已不容许搅拌混凝土。在容许设置搅拌站的工地,应将搅拌站封闭严密,并在进料仓上方安装除尘装置,采用可靠措施控制工地粉尘污染。

(10)拆除旧建筑物时,应适当洒水,防止扬尘。

五、水污染的防治

(一)施工现场水污染的主要来源

施工现场废水和固体废物随水流流入水体部分,包括泥浆、水泥、油漆、各种油类、混凝土外加剂、重金属、酸碱盐和非金属无机物等。

(二)施工现场水污染的防治措施

(1)禁止将有毒有害废弃物作土方回填。

(2)施工现场搅拌站废水、现制水磨石的污水、电石(碳化钙)的污水必须经沉淀池沉淀合格后再排放,最好将沉淀水用于工地洒水降尘或采取措施回收利用。

(3)现场存放油料,必须对库房地面进行防渗处理,如采用防渗混凝土地面等措施。

(4)施工现场的临时食堂,污水排放时可设置简易有效的隔油池,防止污染。

(5)工地临时厕所、化粪池应采取防渗漏措施。中心城市施工现场的临时厕所可采用水冲式厕所,并有防蝇措施,防止污染水体和环境。

(6)化学用品、外加剂等要妥善保管,库内存放,防止污染环境。

六、固体废物的处理

(一)固体废物的概念

固体废物是生产、建设、日常生活和其他活动中产生的固态、半固态废弃物质。固体废物是一个极其复杂的废物体系,按照其化学组成可分为有机废物和无机废物;按照其对环境和人类健康的危害程度可以分为一般废物和危险废物。

(二)施工工地上常见的固体废物

(1)建筑渣土,包括砖瓦石渣、混凝土碎块、废钢铁、碎玻璃和废弃装饰材料等。

(2)废弃的散装建筑材料,包括散装水泥、石灰等。

(3)生活垃圾,包括炊厨废物、丢弃食品、废旧日用品、煤灰渣和废交通工具等。

(4)设备、材料等的废弃包装材料。

(5)粪便。

(三)固体废物的处理

固体废物处理的基本思想是采取资源化、减量化和无害化,主要处理方法如下。

1. 回收利用

回收利用是对个体废物进行资源化处理的主要手段之一。

2. 减量化处理

减量化是对已经产生的固体废物进行分选、破碎、压实浓缩、脱水等减少其最终处置量,减少对环境的污染。

3. 焚烧技术

焚烧用于不适于再利用且不宜直接予以填埋处置的废物,尤其是对于受到病菌、病毒污染的物品,可以用焚烧进行无害化处理。焚烧处理应使用符合环境要求的处理装置,注意避免对大气的二次污染。

4. 稳定和固化技术

利用水泥、沥青等胶结材料,将松散的废物包裹起来,减少废物的毒性和可迁移性,使污染减少。

5. 填埋

经过无害化、减量化处理的废物残渣要集中到填埋场进行处置。填埋应注意保护周围的生态环境,并注意废物的稳定性和长期安全性。

七、施工现场的噪声控制

(一)噪声的概念

1. 噪声

环境中对人类、动物及其他自然物造成不良影响的声音,称之为噪声。

2. 噪声的分类

(1)噪声按照振动性质可分为气体动力噪声、机械噪声和电磁性噪声。

(2)噪声按来源可分为交通噪声、工业噪声、建筑施工噪声和社会生活噪声等。

3. 噪声的危害

噪声是影响与危害非常广泛的环境污染问题。噪声环境可以干扰人的睡眠与工作、影响人的心理状态与情绪、造成人的听力损失,甚至引起许多疾病。

(二)噪声的控制措施

噪声的控制措施可从声源、传播途径和接收者防护等方面来考虑。

1. 声源控制

从声源上降低噪声,这是防止噪声污染的最根本措施。如尽量采用低噪声设备和工艺,在声源处安装消声器消声。

2. 传播途径的控制

在传播途径上控制噪声的方法主要有利用吸声材料或吸声结构吸收声能,降低噪声;应用隔声结构,阻碍噪声向空间传播;利用消声器阻止传播;通过降低机械振动减小噪声。

3. 接收者的防护

减少相关人员在噪声环境中的暴露时间,以减轻噪声对人体的危害。

4. 严格控制人为噪声

进入施工现场不得高声喊叫、无故摔打模板、乱吹哨及限制高音喇叭的使用等。

5. 控制强噪声作业的时间

凡在人口稠密区进行作业时,须严格控制作业时间,一般在晚上10点到次日早上6点之间停止强噪声作业。

(三)施工现场噪声的限值

根据国家标准《建筑施工场界环境噪声排放标准》(GB 12523—2011)的要求,不同建筑施工场界噪声限值如表6-1所示。在工程施工中,要特别注意不得超过国家标准的限值,尤其是夜间禁止打桩作业。

表 6 – 1　建筑施工场界噪声限值

施工阶段	主要噪声源	噪声限值 MB	
		昼间	夜间
土石方	推土机、挖掘机、装载机等	70	55
打　桩	各种打桩机械等	70	禁止施工
结　构	混凝土搅拌机、振捣棒、电锯等	70	55
装　修	吊车、升降机等	65	55

第五节　安全管理体系与环境管理体系

一、安全管理体系

(一)产生背景

职业健康安全管理体系是 20 世纪 80 年代后期在国际上兴起的现代安全生产管理模式,它与 ISO 9000 和 ISO 14000 等被称为后工业化时代的管理方法。在 20 世纪 80 年代,一些发达国家率先研究和实施职业健康安全管理体系活动。其中,英国在 1996 年颁布了 BS 8800《职业安全卫生管理体系指南》。此后,美国、澳大利亚、日本和挪威的一些组织也制定了相关的指导性文件。1999 年英国标准协会等 13 个组织提出了职业安全健康管理体系,尽管国际标准组织(ISO)决定暂不颁布这类标准,但许多国家和国际组织仍继续进行相关的研究和实践,并使之成为继 ISO 9000、ISO 14000 之后又一个国际关注的标准。

(二)特点

(1)采用 PDCA 循环,进行绩效控制。
(2)预防为主、持续改进和动态管理。
(3)法规的要求贯穿体系始终。
(4)适用于所有行业。
(5)自愿原则。

(三)作用

(1)为企业提供科学有效的职业健康安全管理规范和指导。
(2)杜绝事故,贯彻预防为主,全员、全过程、全方位安全管理原则的需要。
(3)推动职业健康安全法规和制度的贯彻执行。
(4)提高职业健康安全管理水平。
(5)促进进一步与国际标准接轨,消除贸易壁垒。

（6）有助于提高全民安全意识。

（7）改善作业条件，提高劳动者身心健康和工作效率。

（8）改进人力资源的质量，增强企业凝聚力和发展动力。

（9）使企业树立良好的品质、信誉和形象。

（四）基本内容

根据《职业健康安全管理体系要求》（GB/T 28001—2011）的规定，安全管理体系的基本内容由 5 个一级要素和 17 个二级要素构成。

二、环境管理体系

（一）产生背景

近代工业的发展过程中，由于人类过度追求经济效益而忽略了环境的重要性，导致水土流失、水体污染、空气质量下降、气候反常、生态环境严重破坏等问题出现。环境问题已成为制约经济发展和人类生存的重要因素，也成为企业生存和发展必须关注的问题。

国际标准化组织在汲取世界发达国家多年环境管理经验的基础上，制定并颁布了 ISO 14000 环境管理系列标准。

（二）特点

（1）注重体系的完整性，是一套科学的环境管理软件。

（2）强调对法律法规的符合性，但对环境行为不做具体规定。

（3）要求对组织的活动进行全过程控制。

（4）广泛适用于各类组织。

（5）与 ISO 9000 标准有很强的兼容性。

（三）作用

（1）获取国际贸易的"绿色通行证"。

（2）增强企业竞争力，扩大市场份额。

（3）树立优秀企业形象。

（4）改进产品性能，制造"绿色产品"。

（5）改革工艺设备，实现节能降耗。

（6）污染预防，环境保护。

（7）避免因环境问题所造成的经济损失。

（8）提高员工环保素质。

（9）提高企业内部管理水平。

（四）基本内容

环境管理体系的基本内容由 5 个一级要素和 17 个二级要素构成。

三、质量、环境和安全管理体系的一体化

ISO 9000、ISO 14000、OSHAS 18000 三大管理体系的建立、认证和持续改进，已成为现代

企业管理水平和持续发展能力的重要标志。但由于 ISO 9000、ISO 14000 及 OSHAS 18000 的体系标准问世时间的差异,每个体系又按各自的对象和目标,分别建立了各自的管理体系标准。通过实施和实践发现,其中有许多要素交叉、重叠,给组织带来了工作重复、资源浪费、管理效率低下的问题,不能适应企业发展和市场竞争的需要。有效的解决办法就是需要寻求一种综合的方法,将三大管理体系整合或综合一体化。

同时,三大管理体系也具有整合的条件,具体表现在以下几个方面。

(1)三大管理体系的内容要素多数是相同或相似的,充分体现了三大标准体系的相容性,为职业健康安全、环境和质量管理体系相结合提供了内在联系的基础。

(2)三大管理体系均遵照 PDCA 循环原则,不断提升和持续改进的管理思想;三者都运用了系统论、控制论、信息论的原理和方法,分目标相似,总目标一致;三者都是为了满足顾客或社会和其他相关方的要求,推动现代化企业的发展和取得最佳绩效。

(3)由于 ISO 14000 与 OSHAS 18000 的管理体系运作模式及标准条款名称基本相对应,形成了兼容和一体化的天然良机。在国内外石油、天然气行业管理中,都建立了环境与职业健康安全相融合的管理体系,并取得了成功经验。

(4)三大管理体系的整合及一体化已成为国际发展趋势,已成为企业获得最佳经营绩效的成功途径,成为国际管理及认证领域的重要拓展方向。

建立质量、环境和职业健康安全一体化管理体系,开展一体化认证,是诸多企业的共同需求,也是企业管理现代化和管理体系规范化、标准化的重要发展和时代新标志。

第七章　建筑工程质量管理

第一节　施工质量控制

一、概述

(一)目标

施工质量控制的总体目标是贯彻执行建设工程质量法规和标准,正确配置生产要素和采用科学管理的方法,实现工程项目预期的使用功能和质量标准。不同管理主体的施工质量控制目标如下。

(1)建设单位的施工质量控制目标是通过施工过程的全面质量监督管理、协调和决策,保证竣工项目达到投资决策所确定的质量标准。

(2)设计单位在施工质量控制上的目标是通过设计变更控制及纠正施工中所发现的设计问题等,保证竣工项目的各项施工结果与设计文件所规定的标准相一致。

(3)施工质量控制的目标是通过施工过程的全面质量自控,保证交付满足施工合同及设计文件所规定的质量标准的建设工程产品。

(4)监理单位在施工质量控制上的目标是通过审核施工质量文件、施工指令和结算支付控制等手段,监控施工承包单位的质量活动行为,正确履行工程质量的监督责任,以保证工程质量达到施工合同和设计文件所规定的质量标准。

(二)依据

施工质量控制的依据,包括工程合同文件、设计文件、国家及政府有关部门颁布的有关质量管理方面的法律法规性文件和有关质量检验与控制的专门技术法规性文件。

(三)阶段划分及内容

施工质量控制,包括施工准备质量控制、施工过程质量控制和施工验收质量控制三个阶段。

(1)施工准备质量控制是指工程项目开工前的全面施工准备和施工过程中各分部分项工程施工作业准备的质量控制。

(2)施工过程质量控制是指施工作业技术活动的投入与产出过程的质量控制,其内涵包括全过程施工生产及其中各分部分项工程的施工作业过程。

(3)施工验收质量控制是指对已完工工程验收时的质量控制,即工程产品的质量控制。

（四）工作程序

（1）在每项工程开始前，承包单位必须做好施工准备工作，然后填报工程开工报审表，附上该项工程的开工报告、施工方案及施工进度计划等，报送监理工程师审查。若审查合格，则由总监理工程师批复准予施工。否则，承包单位应进一步做好施工准备，待条件具备时，再次填报开工申请。

（2）在每道工序完成后，承包单位应进行自检，自检合格后，填报报验申请表交监理工程师检验。监理工程师收到报验申请后应在规定的时间内到现场检验，检验合格后，予以确认。只有上一道工序被确认质量合格后，方能准许下道工序施工。

（3）当一个检验批、分项、分部工程完成后，承包单位首先对其进行自检，填写相应质量验收记录表，确认工程质量符合要求，然后向监理工程师提交报验申请表并附上自检的相关资料，经监理工程师现场检查及对相关资料审核后，符合要求的予以签认验收；反之，则指令承包单位进行整改或返工处理。

（4）在施工质量验收过程中，涉及结构安全的试块、试件及有关材料，应按规定进行见证取样检测；对涉及结构安全和使用功能的重要分部工程，应进行抽样检测。承担见证取样检测及有关结构安全检测的单位应具有相应资质。

（5）通过返修或加固处理仍不能满足安全使用要求的分部工程、单位工程严禁验收。

（五）原理过程

（1）确定控制对象，例如一个检验批、一道工序、一个分项工程和安装过程等。

（2）规定控制标准，即详细说明控制对象应达到的质量要求。

（3）制订具体的控制方法，例如工艺规程、控制用图表等。

（4）明确所采用的检验方法，包括检验手段。

（5）实际进行检验。

（6）分析实测数据与标准之间差异的原因。

（7）解决差异所采取的措施、方法。

二、施工准备的质量控制

（一）施工承包单位资质的核查

1. 施工承包单位资质的分类

施工承包企业按照其承包工程能力，划分为施工总承包、专业承包和劳务分包三个序列。施工总承包企业的资质按专业类别共分为12个资质类别，每个资质类别又分成特、一、二、三级；专业承包企业的资质按专业类别共分为60个资质类别，每一个资质类别又分为一、二、三级；劳务承包企业有13个资质类别，有的资质类别分成若干级，如木工、砌筑、钢筋作业，劳务分包企业的资质分为一级、二级，有的则不分级，如油漆、架线等作业劳务分包企业。

2. 招投标阶段对承包单位资质的审查

根据工程类型、规模和特点，确定参与投标企业的资质等级。对符合投标的企业查对营业执照、企业资质证书、企业年检情况和资质升降级情况等。

3. 对中标进场的企业质量管理体系的核查

了解企业贯彻质量、环境、安全认证情况及质量管理机构落实情况。

（二）施工质量计划的编制与审查

（1）按照质量管理体系基础和术语（GB/T 19000—2016），质量计划是质量管理体系文件的组成内容。在合同环境下的质量计划是企业向顾客表明质量管理方针、目标及其具体实现的方法、手段和措施，体现企业对质量责任的承诺和实施的具体步骤。

（2）施工质量计划的编制主体是施工承包企业，审查主体是监理机构。

（3）目前我国工程项目施工质量计划常用施工组织设计或施工项目管理实施规划的形式进行编制。

（4）施工质量计划编制完毕，应经企业技术领导审核批准，并按施工承包合同的约定提交至工程监理或建设单位，经批准确认后执行。

由于施工组织设计已包含了质量计划的主要内容，因此，对施工组织设计的审查就包括了对质量计划的审查。

在工程开工前约定的时间内，承包单位必须完成施工组织设计的编制并报送项目监理机构，总监理工程师在约定的时间内审核签认。已审核签认的施工组织设计由项目监理机构报送建设单位。承包单位应按审定的施工组织设计文件组织施工，如需要对其内容做较大的变更，应在实施前将变更内容书面报送项目监理机构审核。

（三）现场施工准备的质量控制

现场施工准备的质量控制，包括工程定位及标高基准的控制、施工平面布置的控制和现场临时设施控制等。

（四）施工材料、构配件订货的控制

（1）凡由承包单位负责采购的材料或构配件，应按有关标准和设计要求采购订货，在采购订货前应向监理工程师申报，监理工程师应提出明确的质量检测项目、标准及对出厂合格证等质量文件的要求。

（2）供货厂方应向需方提供质量文件，用以表明其提供的货物能够达到需方提出的质量要求。质量文件主要包括产品合格证及技术说明书、质量检验证明、检测与试验者的资质证明、关键工序操作人员资格证明及操作记录、不合格品或质量问题处理的说明及证明和有关图纸及技术资料，必要时还应附有权威性认证资料。

（五）施工机械配置的控制

施工机械设备的选择，除应考虑施工机械的技术性能、工作效率、工作质量、可靠性、维修难易性、安全性及灵活性等方面对施工质量的影响与保证外，还应考虑其数量配置对施工质量的影响与保证条件。

（六）分包单位资格的审核确认

总承包单位选定分包单位后，应向监理工程师提交《分包单位资质报审表》。监理工程师审查时，主要是审查施工承包合同是否允许分包，分包单位是否具有按工程承包合同规

定的条件完成分包工程任务的能力。

（七）施工图纸的现场核对

施工承包单位应做好施工图纸的现场核对工作。对于存在的问题，承包单位以书面形式提出，在设计单位以书面形式进行确认后，才能施工。

（八）严把开工关

开工前，承包单位必须提交《工程开工报审表》。经监理工程师审查具备开工条件并由总监理工程师予以批准后，承包单位才能开始正式进行施工。

三、施工作业过程质量控制

一个工程项目是划分为工序作业过程、检验批、分项工程、分部工程和单位工程等若干层次进行施工的，各层次之间具有一定的先后顺序关系。因此工序施工作业过程的质量控制是最基本的质量控制，它决定了检验批的质量，而检验批的质量又决定了分项工程的质量。施工过程质量控制的主要工作是以施工过程质量控制为核心，设置质量控制点进行预控，严格施工过程质量检查，加强成品保护等。

（一）质量预控

质量预控，就是针对所设置的质量控制点或分部分项工程，事先分析在施工中可能发生的质量问题和隐患，分析可能的原因，并提出相应的对策，制订对策表，采取有效的措施进行预先控制，以防止在施工中发生质量问题。

质量预控一般按"施工作业准备技术交底、中间检查及质量验收、资料整理"的顺序，提出各阶段质量管理工作要求，其实施要点如下。

1. 确定工序质量控制计划，监控工序活动条件及成果

工序质量控制计划以完善的质量体系和质量检查制度为基础，明确规定质量监控的工作流程和质量检查制度，是监理单位和施工单位共同遵循的准则。

监控工序活动条件，应分清主次工序，重点监控影响工序质量的各因素，注意各因素或条件的变化，使它们的质量始终处于控制之中。

工序活动效果的监控，主要是指对工序活动的产品采取一定的检验手段进行检验，根据检验结果分析、判断该工序的质量效果，从而实现对工序质量的控制。

2. 设置工序活动的质量控制点

质量控制点是指为了保证工序质量而确定的重点控制对象、关键部位或薄弱环节。承包单位在工程施工前应根据施工过程质量控制的要求，列出质量控制点明细表，表中详细地列出各质量控制点的名称或控制内容、检验标准及方法等，提交监理工程师审查批准后，在此基础上实施质量预控。

（1）设置质量控制点应考虑的因素

①施工工艺，当施工工艺复杂时多设，当不复杂时少设。

②施工难度，当施工难度大时多设，当难度不大时少设。

③建设标准，当建设标准高时多设，当标准不高时少设。

④施工单位信誉，当施工单位信誉高时少设，当信誉不高时多设。

（2）选择质量控制点的原则

①施工过程中的关键工序、关键环节，如预应力结构的张拉。

②隐蔽工程，应重点设置质量控制点。

③施工中的薄弱环节或质量不稳定的工序、部位，如地下防水层施工。

④对后续工序质量有重大影响的工序或部位，如钢筋混凝土结构中的钢筋质量、模板的支撑与固定等。

⑤采用新工艺、新材料、新技术的部位或环节，应设置质量控制点。

⑥施工单位无足够把握的工序或环节，例如复杂曲线模板的放样等。

（3）质量控制点的重点控制对象

①人的行为，包括人的身体素质、心理素质和技术水平等均有相应的较高要求。

②物的质量与性能，如在基础的防渗灌浆中，灌浆材料细度及可灌性的控制。

③关键的操作过程，如预应力钢筋的张拉工艺操作过程及张拉力的控制。

④施工技术参数，如填土含水量、混凝土受冻临界强度等。

⑤施工顺序，如冷拉钢筋应当先对焊、后冷拉，否则会失去冷强；屋架固定一般应采取对角同时施焊，以免焊接应力使已校正的屋架发生变位等。

⑥技术间歇，如在砖墙砌筑与抹灰之间，应保证有足够的间歇时间。

⑦施工方法，如滑模施工中的支承杆失稳问题，可能引起重大质量事故。

⑧特殊地基或特种结构，如湿陷性黄土、膨胀土等特殊土地基的处理应予以特别重视。

（4）设置质量控制点的一般位置

按分项工程，一般工业与民用建筑中质量控制点设置的位置，见表7-1。

表7-1 质量控制点设置的位置

分项工程	质量控制点
工程测量定位	标准轴线桩、水平桩、龙门板、定位轴线、标高
地基基础	基坑尺寸、土质条件、承载力、基础及垫层尺寸、标高、预留洞孔等
砌体	砌体轴线、皮数杆、砂浆配合比、预留孔洞、砌体砌法
模板	模板位置、尺寸、强度及稳定性，模板内部清理及润湿度
钢筋混凝土	水泥品种、标号、砂石质量、混凝土配合比、外加剂比例、混凝土振捣、钢筋种类、规格、尺寸，预埋件位置，预留孔洞，预制件吊装
吊装	吊装设备起重能力、吊具、索具、地锚
装饰工程	抹灰层、镶贴面表面平整度，阴阳角、护角、滴水线、勾缝、油漆
屋面工程	基层平整度、坡度、防水材料技术指标，泛水与三缝处理
钢结构	翻样图、放大样
焊接	焊接条件、焊接工艺
装修	视具体情况而定

3. 工程质量预控对策的表达方式

质量预控和预控对策的表达方式主要有文字表达和图表表达的质量预控对策表。

（1）文字表达

如钢筋电焊焊接质量的预控措施用文字表达如下。

①可能产生的质量问题有焊接接头偏心弯折；焊条型号或规格不符合要求；焊缝的长、宽、厚度不符合要求；凹陷、焊瘤、裂纹、烧伤、咬边、气孔和夹渣等缺陷。

②质量预控措施有禁止焊接人员无证上岗；焊工正式施焊前，必须按规定进行焊接工艺试验；每批钢筋焊完后，承包单位自检并按规定对焊接接头见证取样进行力学性能试验；在检查焊接质量时，应同时抽检焊条的型号。

（2）图表表达

该图表分为两部分，一部分列出某一分部分项工程中各种影响质量的因素；另一部分列出对应各种质量问题影响因素所采取的对策或措施。

以混凝土灌注桩质量预控为例，用表格形式表达，见表7－2。

表7－2 混凝土灌注桩质量预控表

可能发生的质量问题	质量预控措施
孔斜	督促施工单位在钻孔前及开钻4小时后，对钻机认真整平
混凝土强度不足	随时抽查原料质量，试配混凝土配合比经监理工程师审批确认
缩颈、堵管	督促施工单位每桩测定混凝土坍落度2次
断桩	准备充分，保证连续不断地浇筑桩体
钢筋笼上浮	掌握泥浆比例（1.1～1.2）和灌注速度

4. 作业技术交底的控制

作业技术交底是对施工组织设计或施工方案的具体化，是更细致、明确与具体的技术实施方案，是工序施工或分项工程施工的具体指导文件。每一分项工程开始实施前均要进行交底。技术负责人按照设计图纸和施工组织设计编制技术交底书，并经项目总工程师批准，向施工人员交清工程特点、施工工艺方法、质量要求和验收标准，以及施工过程中需要注意的问题，可能出现意外的措施及应急方案。交底中要明确做什么、谁来做、如何做、作业标准和要求，以及什么时间完成等。

关键部位或技术难度大、施工复杂的检验批、分项工程在施工前，承包单位的技术交底书要报送监理工程师。经监理工程师审查后，如技术交底书不能保证作业活动的质量要求，承包单位要进行修改补充。没有做好技术交底的作业活动，不得进入正式实施。

5. 进场材料、构配件的质量控制

（1）凡运到施工现场的原材料或构配件，进场前应向监理机构提交工程材料、构配件报审表，同时附有产品出厂合格证及技术说明书。由施工承包单位按规定要求进行检验的检验试验报告，经监理工程师审查并确认其质量合格后，方准进场。如果监理工程师认为承包单位提交的有关产品合格证明文件及检验试验报告不足以说明到场产品的质量符合要求时，监理工程师可再行组织复检或见证取样试验，确认其质量合格后方允许进场。

（2）进口材料的检查与验收，应会同国家商检部门进行。

（3）材料、构配件的存放，应安排适宜的存放条件及时间，并且应实行监控。例如水泥应当防止受潮,存放时间一般不宜超过 3 个月,以免受潮结块。

(4)对于某些当地材料及现场配制的制品,一般要求承包单位事先进行试验,达到要求的标准方可使用。例如在混凝土粗骨料中,如果含有无定形氧化硅时,会与水泥中的碱发生碱—集料反应,并吸水膨胀,从而导致混凝土开裂,需要设法妥善解决。

6. 环境状态的控制

环境状态包括水电供应和交通运输等施工作业环境,施工质量管理环境,施工现场劳动组织及作业人员上岗资格,施工机械设备性能及工作状态环境,施工测量及计量器具性能状态,现场自然条件环境等。施工单位应做好充分准备和妥当安排,监理工程师检查确认其准备可靠、状态良好、材料有效后,方准许其进行施工。

(二)实时监控

1. 承包单位的自检系统与监理工程师的检查

承包单位是施工质量的直接实施者和责任者,其自检系统表现在以下几点。

(1)作业活动的作业者在作业结束后必须自检。

(2)不同工序交接、转换必须由相关人员交接检查。

(3)承包单位专职质检员的专检。

为实现上述三点,承包单位必须有整套的制度及工作程序仪器,配备数量满足需要的专职质检人员及试验检测人员。

监理工程师是对承包单位作业活动质量的复核与确认,但其检查决不能代替承包单位的自检。而且,监理工程师的检查必须是在承包单位自检并确认合格的基础上进行的,专职质检员没检查或检查不合格不能报监理工程师。

2. 施工作业技术的复核工作与监控

凡涉及施工作业技术活动基准和依据的技术工作,都应该严格进行专人负责的复核性检查,以避免因基准失误给整个工程质量带来难以补救的或全局性的危害,例如工程的定位、轴线、标高,预留空洞的位置和尺寸等。技术复核是承包单位应履行的技术工作责任,其复核结果应报送监理工程师复验确认后,才能进行后续相关的施工。

3. 见证取样、送检工作及其监控

见证是指由监理工程师现场监督承包单位某工序全过程完成情况的活动。见证取样是指对工程项目使用的材料、构配件的现场取样、工序活动效果的检查实施见证。

(1)承包单位在对进场材料、试块、钢筋接头等实施见证取样前要通知监理工程师,在工程师现场监督下,承包单位按相关要求完成取样过程。

(2)完成取样后,承包单位将送检样品装入木箱,由工程师加封,不能装入箱中的试件,如钢筋样品,则贴上专用加封标志,然后送往具有相应资质的试验室。

(3)送往试验室的样品,要填写"送验单",送验单要盖有"见证取样"专用章,并有见证取样监理工程师的签字。

(4)试验室出具的报告一式两份,分别由承包单位和项目监理机构保存,并作为归档材料,是工序产品质量评定的重要依据。

(5)见证取样不能代替承包单位应对材料、构配件进场时必须进行的自检。见证取样的频率和数量,包括在承包单位自检的频率和数量范围内,一般所占比例为 30%。另外,见证取样的试验费用由承包单位支付。

4. 见证点的实施控制

"见证点"是国际上对于重要程度不同及监督控制要求不同的质量控制点的一种区分方式。凡是被列为见证点的质量控制对象,在施工前,承包单位应提前通知监理人员在约定的时间内到现场进行见证和对其施工实施监督。如果监理人员未能在约定的时间内到现场见证和监督,则承包单位有权进行该点相应工序的操作和施工。

5. 工程变更的监控

施工过程中,由于种种原因会涉及工程变更。工程变更的要求可能来自建设单位、设计单位或施工承包单位,不同情况下,工程变更的处理程序不同。但无论是哪一方提出工程变更或图纸修改,都应通过监理工程师审查并经有关方面研究,确认其必要性后,由总监理工程师发布变更指令方能生效予以实施。

监理工程师在审查现场工程变更要求时,应持十分谨慎的态度,除非是原设计不能保证质量要求,或确有错误,或无法施工之外。一般情况下,即使变更要求可能在技术经济上是合理的,也应全面考虑,将变更以后对质量、工期和造价方面的影响,以及可能引起的索赔损失等加以比较,权衡轻重后再做出决定。

6. 质量记录资料的控制

质量记录资料包括以下三个方面的内容。

(1)施工现场质量管理检查记录资料,主要包括承包单位现场质量管理制度、质量责任制、主要专业工种操作上岗证书、分包单位资质及总包单位对分包单位的管理制度、施工图审查核对记录、施工组织设计及审批记录、工程质量检验制度等。

(2)工程材料质量记录,主要包括进场材料、构配件、设备的质量证明资料,各种试验检验报告,各种合格证,设备进场维修记录或设备进场运行检验记录。

(3)施工过程作业活动质量记录资料,施工过程可按分项、分部、单位工程建立相应的质量记录资料。在相应质量记录资料中应包含有关图纸的图号、质量自检资料、监理工程师的验收资料、各工序作业的原始施工记录等。

质量记录资料应真实、齐全、完整,相关各方人员的签字齐备、字迹清楚、结论明确,与施工过程的进展同步。在对作业活动效果的验收中,如缺少资料,监理工程师应拒绝验收。

(三)检查与验收

施工作业过程质量检查与验收包括基槽、基杭验收、隐蔽工程验收、工序交接验收、不合格品的处理和成品保护。

1. 基槽、基坑验收

基槽开挖质量验收主要涉及地基承载力的检查确认,地质条件的检查确认,开挖边坡的稳定及支护状况的检查确认,以及基槽开挖尺寸、标高等。由于是重要部位,基槽开挖验收均要有勘察设计单位的有关人员参加,并请当地或主管质量监督部门并参加,经现场检测确认其地基承载力是否达到设计要求,地质条件是否与设计相符。如相符,则共同签署验收资料,否则采取措施进行处理,经承包单位实施完毕后重新验收。

2. 隐蔽工程验收

隐蔽工程是指将被其后续工程施工所隐蔽的分项分部工程,在隐蔽前所进行的检查验收。它是对一些已完分项、分部工程质量的最后一道检查,由于检查对象将被其他工程覆盖,给以后的检查整改造成一定的困扰,故显得尤为重要。其程序如下。

（1）隐蔽工程施工完毕，承包单位按有关技术规程、规范、施工图纸先进行自检。自检合格后填写报验申请表，附上相应的隐蔽工程检查记录及有关材料证明、试验报告、复试报告等报送项目监理机构。

（2）监理工程师收到报验申请后首先对质量证明资料进行审查，并在合同规定的时间内到现场核查，承包单位的专职质检员及相关施工人员应随同一起到现场。

（3）经现场检查，如符合质量要求，监理工程师在报验申请表及隐蔽工程检查记录上签字确认，准予承包单位隐蔽、覆盖，进入下一道工序施工。如经现场检查发现不合格，监理工程师签发"不合格项目通知"，指令承包单位整改，整改后自检合格再报监理工程师复查。

3. 工序交接验收

工序交接验收是指作业活动中一种必要的技术停顿、作业方式的转换及作业活动效果的中间确认。上道工序应满足下道工序的施工条件和要求，相关专业工序之间也是如此。工序间的交接验收，使各工序间和相关专业工程之间形成一个有机整体。

4. 不合格品的处理

上道工序不合格，不准进入下道工序施工，不合格的材料、构配件、半成品不准进入施工现场且不允许使用，已经进场的不合格品应及时做出标识、记录，指定专人看管，避免用错，并限期清除出现场。不合格的工序或工程产品，不予计价。

5. 成品保护

成品保护是指在施工过程中，有些分项工程已经完成，而其他一些分项工程尚在施工；或者是在其分项工程施工过程中，某些部位已完成，而其他部位正在施工。在这种情况下，承包单位必须负责对已完成部分采取妥善措施予以保护，以免因成品缺乏保护或保护不善而造成操作损坏或污染，影响工程整体质量。

成品保护的一般措施如下。

（1）防护。针对被保护对象的特点采取各种防护的措施，如对于进出口台阶可垫砖或方木搭脚手板供人通过的方法来保护台阶。

（2）包裹。将被保护物包裹起来，以防损伤或污染，如对镶面大理石柱可用立板包裹捆扎保护；铝合金门窗可用塑料布包扎保护等。

（3）覆盖。用表面覆盖的办法防止堵塞或损伤，如落水口排水管安装后可以覆盖以防止异物落入而被堵塞；地面可用锯末覆盖以防止喷浆污染等。

（4）封闭。采取局部封闭的办法进行保护，如垃圾道完成后，可将其进口封闭起来，以防止建筑垃圾堵塞通道。

（5）合理安排施工顺序。其主要是通过合理安排不同工作间的施工顺序以防止后道工序损坏或污染已完成施工的成品。如采取房间内先喷涂而后装灯具的施工顺序可防止喷浆污染、损害灯具；先做顶棚装修而后做地面，可避免顶棚施工污染地面。

（四）检验方法与检验程度的种类

1. 检验方法

对于现场所用原材料、半成品、工序过程或工程产品质量进行检验的方法，一般可分为三类，即目测法、量测法及试验法。

（1）目测法

目测法，即凭借感官进行检查，也可以叫作观感检验。这类方法主要是根据质量要求，采用看、摸、敲、照等手法对检查对象进行检查。"看"就是根据质量标准要求进行外观检查，例如清水墙表面是否洁净，喷涂的密实度和颜色是否良好、均匀，工人的施工操作是否正常，混凝土振捣是否符合要求等；"摸"就是通过触摸手感进行检查、鉴别，例如油漆的光滑度，浆活是否牢固、不掉粉等；"敲"就是运用敲击方法进行观感检查，例如对墙面瓷砖、大理石镶贴、地砖铺砌等的质量均可通过敲击检查，根据声音虚实、脆闷判断有无空鼓等质量问题；"照"就是通过人工光源或反射光照射，仔细检查难以看清的部位。

（2）量测法

量测法，即利用量测工具或计量仪表，通过实际量测结果与规定的质量标准或规范的要求相对照，从而判断质量是否符合要求。量测的手法可归纳为靠、吊、量、套。"靠"就是用直尺检查诸如地面、墙面的平整度等；"吊"就是指用线锤检查垂直度；"量"就是指用量测工具或计量仪表等检查断面尺寸、轴线、标高、温度和湿度等数值并确定其偏差，例如大理石板拼缝尺寸与超差数量、摊铺沥青拌和料的温度等；"套"就是指以方尺套方辅以塞尺，检查诸如踏角线的垂直度、预制构件的方正和门窗口及构件的对角线等。

（3）试验法

试验法，即利用理化试验或借助专门仪器判断检验对象质量是否符合要求。

①理化试验

常用的理化试验包括力学、物理性能方面的检验和化学成分及含量的测定两个方面。力学性能检验，如抗拉强度、抗压强度的测定等；物理性能方面的测定，如密度、含水量和凝结时间等；化学试验，如钢筋中的磷、硫含量及抗腐蚀等。

②无损测试或检验

无损测试或检验，即借助专门的仪器、仪表等手段在不损伤被探测物的情况下了解被探测物的质量情况，如超声波探伤仪、磁粉探伤仪等。

2. 质量检验程度的种类

按质量检验的程度，即检验对象被检验的数量划分，可有以下几类。

（1）全数检验

全数检验主要是用于关键工序部位或隐蔽工程，以及那些在技术规程、质量检验验收标准或设计文件中有明确规定应进行全数检验的对象。如对安装模板的稳定性、刚度、强度和结构物轮廓尺寸等的检验。

（2）抽样检验

对于主要的建筑材料、半成品和工程产品等，由于数量大，通常大多采取抽样检验。抽样检验具有检验数量少，比较经济，检验所需时间较少等优点。

（3）免检

免检就是在某种情况下，可以免去质量检验过程，如对于实践证明其产品质量长期稳定、质量保证资料齐全者可考虑采取免检。

四、工程施工质量验收

(一)基本术语

1. 验收

验收是指在施工单位自行质量检查评定的基础上,参与建设的有关单位共同对检验批、分项工程、分部工程、单位工程的质量进行抽样复验。根据相关标准以书面形式对工程质量达到合格与否做出确认。

2. 检验批

检验批是指按同一生产条件或规定的方式汇总起来供检验用的,由一定数量样本组成的检验体。检验批是施工质量验收的最小单位,是分项工程验收的基础依据。构成一个检验批的产品,要具备以下基本条件:生产条件基本相同,包括设备、工艺过程、原材料等;产品的种类型号相同,如钢筋以同一品种、统一型号、统一炉号为一个检查批。

3. 主控项目

主控项目是指建筑工程中对安全、卫生、环境保护和公共利益起决定性作用的检验项目,如混凝土结构工程中"钢筋安装时,受力钢筋的品种、级别、规格和数量必须符合设计要求"。

4. 一般项目

除主控项目以外的检验项目都是一般项目,如混凝土结构工程中"钢筋的接头宜设置在受力较小处,钢筋接头末端至钢筋弯起点的距离不应小于钢筋直径的10倍"。

5. 观感质量

观感质量是指通过观察和必要的测量所反映的工程外在质量,如装饰石材面应无色差。

6. 返修

返修是指对工程不符合标准规定的部位采取整修等措施。

7. 返工

返工是指对不合格的工程部位采取的重新制作、重新施工等措施。

8. 工程质量不合格

凡工程质量没有满足某个规定的要求,就称之为质量不合格。

(二)质量验收的评定标准(质量验收合格条件)

在对整个项目进行验收时,应首先评定检验批的质量,以检验批的质量评定各分项工程的质量,以各分项工程的质量来综合评定分部(子分部)工程的质量,再以分部工程的质量来综合评定单位(子单位)工程的质量。在质量评定的基础上,再与工程合同及有关文件相对照,决定项目能否验收。

1. 检验批质量验收合格的条件

(1)主控项目和一般项目的质量经抽样检验合格。

(2)具有完整的施工操作依据、质量检查记录。

2. 分项工程质量验收合格的条件

(1)分项工程所含检验批均应符合合格质量的规定。

(2)分项工程所含检验批的质量验收记录应完整。

3. 分部(子分部)工程质量验收合格的条件

(1)分部(子分部)工程所含分项工程的质量均应验收合格。

(2)质量控制资料应完整。

(3)地基与基础、主体结构和设备安装等分部工程有关安全及功能的检验和抽样检测结果应符合有关规定。

(4)观感质量验收应符合要求。

4. 单位(子单位)工程质量验收合格的条件

(1)单位(子单位)工程所含分部(子分部)工程的质量均应验收合格。

(2)质量控制资料应完整。

(3)单位(子单位)工程所含分部工程有关安全和功能的检测资料应完整。

(4)主要功能项目的抽查结果应符合相关专业质量验收规范的规定。

(5)观感质量验收应符合要求。

(三)质量验收的组织程序

1. 检验批和分项工程质量验收的组织程序

检验批和分项工程验收前,施工单位先填好检验批和分项工程的验收记录;并由项目专业质量检验员和项目专业技术负责人分别在检验批和分项工程质量检验记录相关栏目中签字,然后由监理工程师组织,严格按规定程序进行验收。

检验批质量应由专业监理工程师(或建设单位项目专业技术负责人)组织施工单位项目专业质量检查员等进行验收;分项工程质量应由监理工程师(或建设单位项目专业技术负责人)组织施工单位项目专业技术负责人等进行验收。

2. 分部(子分部)工程质量验收的组织程序

分部(子分部)工程应由总监理工程师(或建设单位项目负责人)组织施工单位项目负责人和技术、质量负责人等进行验收。由于地基基础、主体结构技术性能要求严格、技术性强,关系到整个工程的安全,因此,规定与地基基础、主体结构分部工程相关的勘察设计单位工程项目负责人和施工单位技术、质量部门负责人也应参加相关分部工程验收。

3. 单位(子单位)工程质量验收的组织程序

单位(子单位)工程质量验收在施工单位自评完成后,由总监理工程师组织初验收,再由建设单位组织正式验收。单位(子单位)工程质量验收记录应由施工单位填写,验收结论由监理单位填写,综合验收结论由参加验收各方共同商定,由建设单位填写。具体程序如下。

(1)预验收

当单位工程达到竣工验收条件后,施工单位应在自查、自评工作完成后,填写工程竣工报验单,并将全部竣工资料报送项目监理机构,申请竣工验收。总监理工程师应组织各专业监理工程师对竣工资料及各专业工程的质量情况进行全面检查,对检查出的问题,应督促施工单位及时整改。对需要进行功能试验的项目(包括单机试车和无负荷试车),监理工程师应督促施工单位及时进行试验,并对重要项目进行监督、检查,必要时请建设单位和设计单位一并参加。监理工程师应认真审查试验报告单,并督促施工单位搞好成品保护和现场清理。

经项目监理机构对竣工资料及实物全面检查、验收合格后,由总监理工程师签署工程竣工报验单,并向建设单位提交质量评估报告。

（2）正式验收

建设单位收到工程验收报告后,应由建设单位（项目）负责人组织施工（含分包单位）、设计、监理等单位项目负责人进行单位（子单位）工程验收。单位工程由分包单位施工时,分包单位对所承包的工程项目应按规定的程序检查评定,总包单位应派人参加。分包工程完成后,应将工程有关资料交总包单位。建设工程经验收合格后,方可交付使用。

在一个单位工程中,对满足生产要求或具备使用条件、施工单位已预验且监理工程师已初验通过的子单位工程,建设单位可组织进行验收。有几个施工单位负责施工的单位工程,当其中的施工单位所负责的子单位工程已按设计完成,并经过了自行检验,也可组织正式验收,办理交工手续。在整个单位工程进行全部验收时,已验收的子单位工程验收资料应作为单位工程验收的附件。

第二节　工程质量问题和质量事故的处理

一、相关概念

工程质量问题和质量事故是指由工程质量不合格或质量缺陷而造成或引发经济损失、工期延误、危及人的生命和影响社会正常秩序的事件。

（一）工程质量问题

工程质量不合格必须进行返工、加固或报废处理,由此造成直接经济损失不足5 000元（不含5 000元）者。

（二）工程质量事故

工程质量不合格必须进行返工、加固或报废处理,由此造成直接经济损失5 000元（含5 000元）以上者。

二、成因分析

总体而言,工程质量问题与工程质量事故是由技术、管理、社会和经济原因引发的。常见的工程质量事故发生的原因如下。

（一）违反有关法规和工程合同的规定

如无证设计、无证施工、越级设计、越级施工、转包或分包和擅自修改设计等,投标过程中的不公平竞争等。

（二）违反基本建设程序

如未做好调查分析就拍板定案,未搞清地质情况就仓促开工,边设计、边施工等,常是导致重大工程质量事故的重要原因。

（三）地质勘察失真

如未认真进行地质勘察，或未查清地下软土层、孔洞等，均会导致采用错误的基础方案，引发建筑物倾斜、倒塌等质量事故。

（四）设计差错

如结构方案不正确、内力分析有误、沉降缝设置不当等。

（五）施工与管理不到位

如擅自修改设计，不按图施工，图纸未经会审就仓促施工；管理混乱，施工顺序错误，违章作业，疏于检查验收等，均可能导致质量事故。

（六）使用不合格的建筑材料及设备

如水泥安定性不良，造成混凝土爆裂等。

（七）自然环境因素

如空气温度、湿度、暴雨和雷电等均可能成为质量事故的诱因。

（八）使用操作不当

如任意对建筑物加层或拆除承重结构等也会引起质量事故。

三、特点和分类

（一）特点

1. 复杂性
质量事故原因错综复杂，增加了质量事故分析与处理的复杂性。
2. 严重性
工程项目一旦出现质量事故，造成人民财产巨大损失，危害极大。
3. 可变性
工程项目出现质量问题后，质量状态处于不断发展变化中。
4. 多发性
质量问题、质量事故经常发生，即使在同一项目上也会经常发生。

（二）分类

按照事故造成损失的严重程度，分类如下。
1. 一般质量事故
凡具备下列条件之一者，为一般质量事故。
（1）直接经济损失在 5 000 元（含 5 000 元）以上，50 000 元以下者。
（2）影响使用功能或结构安全，造成永久质量缺陷。

2. 严重质量事故

凡具备下列条件之一者,为严重质量事故。

(1)直接经济损失在 50 000 元(含 50 000 元)以上,100 000 元以下者。

(2)严重影响使用功能或结构安全,存在重大质量隐患的。

(3)造成重伤 2 人以下的。

3. 重大质量事故

凡具备下列条件之一者,为重大质量事故。

(1)直接经济损失在 100 000 元(含 100 000 元)以上,5000 000 元以下者。

(2)工程倒塌或报废。

(3)造成重伤 3 人以上或人员死亡的。

4. 特别重大质量事故

凡具备下列条件之一者,为特别重大质量事故。

(1)直接经济损失在 5000 000 元以上者。

(2)造成死亡 30 人以上。

(3)其他性质特别严重的。

四、防治

通常可以从工程技术、教育和管理三个方面采取预防措施。

(一)工程技术措施

工程技术措施内容广泛,具有代表性的有冗余技术和互锁装置。

冗余技术,通常也称为备用方式,是在系统中纳入了多余的个体单元而保证系统安全的技术。如工程实践中,采用安全帽、安全绳、安全网形成对人身安全的立体保护,不至于一种保护措施失效就酿成事故。

互锁装置是利用它的某一个部件作用,能够自动产生或阻止发生某些动作,一旦出现危险,能够保障作业人员及设备的安全,如采用保护接地来保护现场用电的安全。

(二)教育措施

安全教育可采取多种形式,但最重要的是落到实处。

(三)管理措施

1. 建立、健全建筑法律、法规。
2. 注重提高人员综合素质,建立培训制度。
3. 建立事故档案,追究事故责任,从事故中汲取经验教训。

五、依据和程序

(一)依据

进行工程质量事故处理的主要依据有以下四个方面。

1. 质量事故的实况资料

施工单位的质量调查报告及监理单位调查研究所获得的资料,其内容包括质量事故的情况、性质、原因,有关质量事故的观测记录及事故的评估,设计、施工,以及使用单位对事故的意见和要求,事故涉及的人员与主要责任者的情况。

2. 有关的合同文件

其主要有工程承包合同、设计委托合同、设备与材料购销合同、监理合同、分包合同等。

3. 有关的技术文件和档案

如施工图纸、施工组织设计、有关建筑材料的质量证明资料等。

4. 相关的建设法规

其包括法律、法规、规章及示范文本,如《建筑工程设计招标投标管理办法》等。

(二)程序

工程质量事故发生后,一般可以按以下程序进行处理。

(1)当出现质量缺陷或事故后,应停止有质量缺陷部位和其有关部位及下道工序施工,需要时还应采取适当的防护措施,同时要及时上报主管部门。

(2)进行质量事故调查,调查力求全面、准确、客观,主要目的是要明确事故的范围、缺陷程度、性质、影响和原因,为事故的分析处理提供依据。

(3)在事故调查的基础上进行事故原因分析,正确判断事故原因。

(4)组织有关单位研究制订事故处理方案,制订的事故处理方案应体现安全可靠、不留隐患、满足建筑物的功能和使用要求、技术可行与经济合理等原则。

(5)按确定的处理方案对质量缺陷进行处理,质量事故不论是何方的责任,通常都由施工单位负责实施。但如果不是施工单位的责任,应给予施工单位补偿。

(6)在质量缺陷处理完毕后,应组织有关人员对处理结果进行严格检查、鉴定和验收,由监理工程师写出质量事故处理报告,提交建设单位,并上报有关主管部门。

六、方案的确定

工程质量事故处理方案,应当在正确分析和判断事故原因的基础上进行。通常可以根据质量缺陷的情况,分为以下四类不同性质的处理方案。

(一)修补处理

当工程的某些部分的质量虽未达到规范、标准或设计规定的要求,存在一定的缺陷,但经过修补后还可达到标准要求,又不影响使用功能或外观要求,在此情况下可以做出进行修补处理的决定。属于修补处理的方案很多,有封闭保护、复位纠偏、结构补强、表面处理等。如某些结构混凝土发生表面裂缝,根据其受力情况,可仅作表面封闭保护。

(二)返工处理

当工程质量未达到规定的标准要求,有明显的严重质量问题,对结构的使用和安全有重大影响,而又无法通过修补的办法纠正所出现的缺陷情况,可以做出返工处理的决定。如某灰土垫层压实后,其压实土的干容重未达到规定的要求,可以进行返工处理,即挖除不合格土,重新填筑。十分严重的质量事故甚至要做出整体拆除的决定。

（三）限制使用

当工程质量缺陷按修补方式处理无法保证达到规定的使用要求和安全的情况下，可以做出结构卸荷或减荷及限制使用的决定。

（四）不做处理

某些工程质量缺陷虽然不符合规定的要求或标准，但如果情况不严重，对工程或结构的使用及安全影响不大，经过分析、论证和慎重考虑后，也可做出不做专门处理的决定。可以不做处理的情况，一般有以下几种。

1. 不影响结构安全和使用要求的

某建筑物出现放线定位偏差，若要纠正则会造成重大经济损失，经分析论证后，其偏差不大，不影响使用要求，可不做处理。

2. 有些不严重的质量缺陷，经过后续工序可以弥补的

如混凝土墙面轻微不平，可通过后续的抹灰、喷涂等工序弥补，可以不对该缺陷进行专门处理。

3. 出现的质量缺陷，经复核验算仍能满足设计要求的

如某结构构件断面尺寸有偏差，但复核后仍能满足设计的承载能力，可考虑不做处理。

七、鉴定验收

质量事故的处理是否达到了预期目的，是否仍留有隐患，应当通过检查验收和必要的鉴定做出确认。

（一）检查验收

应严格按施工验收规范及有关标准的规定进行。

（二）必要的鉴定

通过试验检测等方法获取必要的数据，进行鉴定。

（三）验收结论

检查和鉴定的结论可以有以下几种。

(1)事故已排除，可继续施工。

(2)隐患已消除，结构安全有保证。

(3)经修补、处理后，完全能够满足使用要求。

(4)基本上满足使用要求，但使用时应有附加的限制条件。

(5)对耐久性的结论。

(6)对建筑物外观影响的结论等。

(7)对短期难以做出结论者，可提出进一步观测检验的意见。

事故处理后，监理工程师还必须提交事故处理报告，其内容包括事故调查报告，事故原因分析，事故处理依据，事故处理方案、方法及技术措施，处理施工过程的各种原始记录资料，检查验收记录，事故结论等。

第八章　混凝土结构概述

第一节　基本概念

一、混凝土结构

混凝土结构是以混凝土为主制成的结构,包括素混凝土结构、钢筋混凝土结构和预应力混凝土结构等。混凝土结构是指无筋或不配置受力钢筋的混凝土结构;钢筋混凝土结构是指配置受力普通钢筋的混凝土结构;预应力混凝土结构是指配置受力的预应力钢筋,通过张拉或其他方法建立预加应力的混凝土结构。

钢筋混凝土结构和预应力混凝土结构在实际工程中应用较多,本书着重介绍钢筋混凝土和预应力混凝土结构构件的材料性能、设计原则、计算方法和构造措施等内容。

二、钢筋和混凝土的结合

混凝土由石、砂、水泥和水按一定比例拌和而成,混凝土硬化后抗压强度很高,而抗拉强度则很低(约为抗压强度的 $1/20 \sim 1/8$),同时混凝土在破坏时具有明显的脆性性质,这样就使得无筋或不配置受力钢筋的素混凝土在应用方面受到很大的限制。其主要应用于以受压为主的构件,如基础等。

钢材的抗拉和抗压强度均很高,且一般具有屈服性能,破坏过程有显著的塑性变形能力。但细长的钢筋易压曲,适宜于做受拉构件,而其他形式的受压构件承载力往往取决于其稳定承载力,钢材的强度一般不能得到充分发挥。

如果在受弯素混凝土构件的受拉区埋设适当数量的钢筋,则在荷载引起的内力使受拉区混凝土的拉应力超过其抗拉强度而开裂以后,钢筋将承担全部拉应力而使结构能继续承受增加的荷载。只有到受拉钢筋屈服、受压区混凝土的压应力到达其抗压强度,构件的承载力才达到极限,而且破坏以前将发生较大的变形,不像素混凝土结构那样具有明显的脆性,这种在混凝土中配置受力普通钢筋而制成的结构称为钢筋混凝土结构。钢筋混凝土受弯构件将混凝土和钢筋结合在一起,取长补短,可充分发挥混凝土的抗压性能和钢筋的抗拉性能,改变构件的破坏性质。

素混凝土简支梁,在外荷载作用下,中和轴上部受压,下部受拉,当荷载增加,中和轴下部的拉应力达到混凝土的极限抗拉强度,即出现裂缝,简支梁也随之破坏。这种破坏是很突然的,当荷载达到梁的开裂荷载,梁立即发生破坏,属于脆性破坏。此时,受压区混凝土的抗压强度还未被充分利用,显然材料的利用是很不经济的,而且破坏发展得太快,也不安全。因此,素混凝土梁不能在工程中应用,素混凝土在工程中应用也很少。

钢筋混凝土简支梁,在梁的受拉区配置受拉钢筋,在外荷载作用下,当截面受拉区混凝土开裂后,裂缝处的截面上受拉区混凝土的全部拉力由受拉钢筋承受。与素混凝土梁不同,钢筋混凝土梁开裂后仍可继续增加梁上所作用的外荷载,直至受拉钢筋应力达到屈服强度,随后截面受压区混凝土被压坏,梁也最终被破坏。配置在受拉区的钢筋显著地增强了受拉区的抗拉能力,并大大提高了梁的承载能力,梁中的钢筋和混凝土两种材料的材料强度都得到了较为充分的利用。另外,钢筋混凝土梁在破坏之前就有明显的预兆,裂缝显著开展,挠度明显增加,属于塑性破坏。

在钢筋混凝土结构中,钢筋和混凝土两种材料协同工作,各自的强度能得到充分利用,可以收到下列效果。

(1)结构的承载力显著地提高,已由实验和工程实践证实。

(2)结构的受力特性得到显著地改善,使结构具有较好的延性和抗震能力。

因此,钢筋混凝土结构的适用范围非常广泛。

素混凝土梁和钢筋混凝土梁两者开裂荷载接近,但钢筋混凝土梁开裂后荷载还能继续增加到其极限荷载,显然钢筋混凝土梁从开裂荷载到极限荷载是带裂缝工作的。通常情况下钢筋混凝土梁裂缝宽度很小,不影响梁的正常使用,但由于裂缝问题及开裂后导致梁刚度的显著降低等不利因素,使得钢筋混凝土梁不能应用于大跨结构。在钢筋混凝土结构中配置受力的预应力钢筋可解决这一问题,通过张拉或其他方法建立预加应力的混凝土结构,形成预应力混凝土结构构件。

受压构件中尽管混凝土受压强度高,但在受压混凝土柱中配置抗压强度较高的钢筋,可以协助混凝土承受压力,从而减小柱截面尺寸,也能改善混凝土的变形性能使其脆性有所降低。因此,即使在轴心受压柱中,亦常配置受压钢筋。

三、钢筋和混凝土的共同工作

钢筋与混凝土两种材料的物理力学性能差别较大,两者能结合在一起共同工作,其原因如下。

(1)混凝土硬化后,钢筋与混凝土之间产生良好的黏结力,使两者结为整体,从而保证在外荷载作用下,钢筋与周围混凝土能协调变形,共同工作。

(2)钢筋与混凝土两者之间线膨胀系数基本相同,钢筋为 $1.2 \times 10^{-5}/℃$,混凝土为 $1.0 \times 10^{-5} \sim 1.5 \times 10^{-5}/℃$。当温度变化时,两者之间不会发生相对的温度变形使黏结力遭到破坏。

(3)钢筋位于混凝土中,混凝土包围在钢筋外围,这可防止钢筋诱蚀,从而保证了钢筋混凝土具有良好的耐久性能。

第二节 特 点

(一)优点

混凝土结构在土木工程中应用十分广泛,主要有以下几个优点。

(1)材料利用合理。钢筋和混凝土的材料强度可以得到充分发挥,结构的承载力与其刚度比例合适,结构和构件基本无整体稳定和局部稳定问题,造价低,对于一般工程结构,经济指标优于钢结构。

（2）可模性好。混凝土可根据工程设计需要浇筑成各种形状和尺寸的结构构件,适用于各种形状复杂的结构,如曲线型梁、拱,空间薄壳,箱型结构等。

（3）耐久性好,维护费用低。钢筋与混凝土具有良好的化学相容性,混凝土属碱性性质,会在钢筋表面形成一层氧化膜,能有效地保护钢筋,防止钢筋锈蚀,同时还有混凝土作为钢筋的保护层,因此在一般环境下钢筋不会产生锈蚀。

（4）耐火性好。混凝土是不良导热体,使钢筋不致因发生火灾而很快丧失强度,一般30 mm厚的混凝土保护层可耐火约2.5 h;在常温至300 ℃范围,混凝土的抗压强度基本不降低。

（5）整体性好。现浇混凝土结构的整体性好,且通过合适的配筋,可获得较大的延性,适用于抗震、抗爆结构;同时防辐射性能较好,适用于防护结构。

（6）结构的刚度大、阻尼大,有利于结构的变形和振动控制,使用的舒适性好。

（7）就地取材,经济环保混凝土所用的大量砂、石易于就地取材。近年来,利用工业废料来制造人工骨料,或利用粉煤灰作为水泥的外加组分来改善混凝土性能已得到广泛应用,这既可废物利用,又可保护环境。

（二）缺点

混凝土结构也有一些缺点,缺点如下。

（1）自重大。混凝土不适用于建造超大跨、超高层结构,因此需研究和发展轻质混凝土、高性能混凝土,并可与各种形式的钢构件组合形成钢骨混凝土和钢管混凝土等各种巨型钢 – 混凝土组合构件。目前我国工程应用的高性能混凝土可达 C100 级;高强轻质混凝土可达 CL60 级,密度为 1 800 kg/m³左右(普通混凝土的密度一般为 2 400 kg/m³)。

（2）抗裂性差。由于混凝土的抗拉强度较小,普通钢筋混凝土结构在正常使用阶段往往是带裂缝工作的。一般情况下,因荷载作用产生的微小裂缝,不会影响混凝土结构的正常使用。但由于开裂,限制了普通钢筋混凝土用于大跨结构,也影响到高强钢筋的应用。近年来混凝土过多地使用各种外加剂,导致混凝土收缩过大,且由于环境温度、复杂边界约束、过多配筋等的影响,也十分容易导致混凝土结构开裂,这会影响正常使用或引起用户不安。此外,在露天、沿海、存在化学腐蚀等使用环境较差的情况下,裂缝的存在会影响结构的耐久性。采用预应力钢筋混凝土可较好地解决开裂问题,利用树脂涂层钢筋可防止在恶劣工作环境下因混凝土开裂而导致钢筋的锈蚀。

（3）承载力有限。与钢材相比,混凝土的强度还是很低,普通钢筋混凝土构件的承载力有限,对于承受重载结构和高层建筑底部结构,构件尺寸往往很大而影响到使用空间。发展高性能混凝土、钢骨混凝土、钢管混凝土等型钢 – 混凝土组合构件可较好地解决这一问题。

（4）施工效率低。施工复杂,工序多(支模、绑或焊钢筋、浇筑、养护、拆模),工期长,施工受季节和天气的影响大。利用钢模、飞模、滑模等先进施工技术,采用泵送混凝土、早强混凝土、商品混凝土、高性能混凝土、免振自密实混凝土等,可大大提高施工效率。

（5）混凝土结构修复、加固、补强较困难。近年来发展了很多新型高效的混凝土结构加固修复技术,如采用粘贴碳纤维布加固混凝土结构技术,不仅快速简便,而且不增加原结构的重量。

（6）回收再利用难度大。混凝土结构报废拆除后的建筑废料回收再利用困难较大。

2008 年汶川大地震中许多倒塌破坏建筑的混凝土废料处理问题引起广泛关注,同时许多远超过设计使用年限的老旧建筑的拆除也会产生大量的混凝土废料,近年来我国已研发出再生混凝土技术。

(7)消耗大。混凝土的生产会消耗大量的能源和资源。混凝土中用的水泥在生产中会消耗大量的能源,并产生大量的 CO_2,每吨水泥的碳排放量为 0.30 ~ 0.45 t,此外还会消耗石灰岩、黏土、河砂、石、水等自然资源,影响自然生态环境。2010 年我国水泥产量已经达到 18.68×10^8 t,占全世界产量的一半以上,因此在结构中合理高效地使用混凝土是节能减排的有效途径。同时各国研究者也在研发低碳水泥,改进水泥的生产工艺,减少碳排放量。

随着对混凝土结构的深入研究和工程实践经验的积累,混凝土结构的缺点在逐步克服,应用范围在不断扩大。采用高性能混凝土,可以改善混凝土防渗性能;采用轻质高强混凝土,可以减轻结构自重,并改善隔热、隔声性能;采用预制装配式结构,可以减少现场操作工序,克服气候条件限制,加快施工进度;采用型钢混凝土组合结构,可有效提高混凝土结构承载力;混凝土中掺入短纤维可减少混凝土破坏的脆性。

第三节　发展与应用

混凝土结构与砖石结构、木结构、钢结构相比,发展历史并不长,仅有不到 200 年的历史,但因其有就地取材的优势,发展比较迅速。目前混凝土结构已成为土木工程中最主要的结构,各种高性能混凝土材料和新型混凝土结构形式还在不断发展。

一、发展

1824 年英国人阿斯普丁正式制成了波特兰水泥。由于它可以塑造成任意形状,强度好,并能很快结硬,因此得到了很大的发展。但这种材料抗拉强度很低,为了弥补这种缺点,人们考虑以抗拉性能较好的材料来加强它。1850 年,法国人朗波(L. Lambot)用铁丝网涂以水泥制造了第一只混凝土小船。1854 年,英国人威金生(W. Wilkinson)最早在建筑中采用配置铁棒的钢筋混凝土楼板,1861 年,法国花匠蒙尼(J. Monier)用铁丝加固砂浆制造了花盆。后来,蒙尼又把这种新的材料正式推广到制造小型的梁、板及圆管等构件中。当时因对这种结构的性能不了解,仅凭实践的经验将钢筋置于板的中心,这显然是不合理的。

1886 年,德国人 Koenen 和 Wayss 发表了计算理论和计算方法;Wayss 和 J. Bauschinger 于 1887 年发表了试验结果。Wayss 等人提出了钢筋应配置在受拉区的概念和板的计算方法,此后,钢筋混凝土的推广应用才有了较快的发展。1891—1894 年,欧洲各国的研究者发表了一些理论和试验研究结果。但是在 1850—1900 年的整整 50 年内,由于工程师们将钢筋混凝土的施工和设计方法视为商业机密,因此,公开发表的研究成果不多。

在美国,ThaddensHyau 于 1850 年进行了钢筋混凝土梁的试验,但他的研究成果直到 1877 年才发表。E. L. Ransome 在 19 世纪 70 年代初使用过某些形式的钢筋混凝土,并且于 1884 年成为第一个使用(扭转)钢筋和获得专利的人。1872—1875 年,William E. Ward 在纽约建造了第一座钢筋混凝土房屋,1890 年,Ransome 在旧金山建造了一幢两层 95 m 长的钢筋混凝土美术馆。

混凝土结构的发展大体可分为以下三个阶段。

1. 第一阶段,从 1850 年到 20 世纪 20 年代

可以算是钢筋混凝土结构发展的初期阶段,采用的钢筋和混凝土的强度比较低,主要用于建造中小型楼板、梁、柱、拱和基础等构件。结构内力和构件截面计算均套用弹性理论,采用容许应力设计方法。

2. 第二阶段,从 20 世纪 20 年代到第二次世界大战后

随着混凝土和钢筋强度的不断提高,1928 年法国杰出的土木工程师弗雷西奈(E. Freyssnet)发明了锚具并成功解决了预应力混凝土结构的关键技术,这使得混凝土结构可以用来建造大跨度结构。在计算理论上,苏联著名的混凝土结构专家格沃兹捷夫(A. A. Gvozdev)提出了考虑混凝土塑性性能的破损阶段设计法,20 世纪 50 年代又提出了更为合理的极限状态设计法,奠定了现代钢筋混凝土结构的基本计算理论。

3. 第三阶段,从第二次世界大战后到现在

随着城市化建设速度的加快,大规模工程建设的迅速发展,对材料性能和施工技术提出了更高的要求,出现了装配式钢筋混凝土结构、泵送商品混凝土等工业化生产的混凝土结构。另外,高强混凝土和高强钢筋的发展,计算机技术的采用和先进施工机械设备的研制、发明,建造了一大批超高层建筑、大跨度桥梁、特长跨海隧道、高耸结构等大型结构工程,成为现代土木工程的标志。在设计计算理论方面,已发展到以概率理论为基础的极限状态设计法,基本建立了钢筋混凝土结构的计算理论和方法。随着混凝土材料本构模型的研究以及计算机硬、软件技术的发展,使得可以利用非线性分析方法对各种复杂混凝土结构进行全过程环境作用模拟。显然,新型混凝土材料及其复合结构形式的出现,给混凝土结构提出了新的课题,并不断促进混凝土结构的发展。

二、应用

目前混凝土结构已经成为土木工程中最主要的结构,混凝土结构计算理论和方法是土木工程专业的基础学科,是土木工程技术人员必须掌握的基础知识。下面就材料、结构两方面简要地叙述混凝土结构的应用。

(一)材料方面

混凝土强度随生产的发展而不断提高,目前 C50～C80 级混凝土已经得到广泛应用,甚至更高强度混凝土的应用已不仅仅局限于个别工程。近年来,国内外已采用加减水剂的方法制成强度为 200 N/mm² 以上的混凝土,在特殊结构的应用中可配制出 400 N/mm² 的混凝土。各种特殊用途的混凝土不断研制成功,并获得应用。例如超耐久性混凝土的使用可达 500 年,耐热混凝土可耐高温达 1 800 ℃;我国已能生产 400 级和 300 级超轻陶粒混凝土,其传热系数小,重量轻;钢纤维增强混凝土和聚合物混凝土等在国内外都获得一定的应用。在模板方面,除木模板外,国内外正大量推广使用钢模板和硬塑料模板。现浇钢筋混凝土结构常采用大模板或泵送混凝土施工,以加快施工进程,泵送混凝土高度已达 600 m。为了减轻结构自重,各国都在大力发展各种轻质混凝土,如加气混凝土、浮石混凝土等。轻质混凝土不仅可用作非承重构件,而且可用作承重结构。例如美国伊利诺伊大学 122 m 跨度的体育馆是用容重为 1.7 kN/m³ 的轻质混凝土建成的圆拱结构;我国北京两便门建造的两栋 20 层高层住宅楼采用了容重为 1.8 kN/m³ 的陶粒混凝土作为墙体材料。

（二）结构方面

由于材料强度的不断提高,钢筋混凝土结构和预应力混凝土结构的应用范围也不断扩大。近 20 年来,钢筋混凝土结构和预应力混凝土结构在大跨度结构和高层结构中的应用有了令人瞩目的发展。

在房屋工程中,多层住宅、办公楼多采用砌体结构作为竖向承重构件,然而楼屋面几乎全部采用预制或现浇混凝土结构楼盖;多层厂房和小高层房屋更多采用现浇框架结构和现浇混凝土楼盖;单层厂房也多采用钢筋混凝土排架、钢筋混凝土屋架或薄腹梁、预应力混凝土屋面板或 V 形折板等;高层建筑多采用钢筋混凝土结构。世界上最高的建筑是阿联酋哈利法塔,160 层,高 828 m,为钢骨混凝土结构;我国目前最高的高层建筑是 120 层的上海中心,塔尖高度 636 m,结构高度 574.6 m,其塔楼结构由钢筋混凝土筒、钢骨混凝土巨型柱和钢结构伸臂桁架组成;与上海中心毗邻的是 101 层的上海环球金融中心,高 492 m,其核心筒也为钢筋混凝土结构。

目前跨度最大的房屋结构是法国巴黎国家工业与技术中心,它的平面为三角形,每边跨度 218 m,采用仅 120 mm 厚度的双层双曲钢筋混凝土薄壳结构。

目前跨度最大的预制装配式混凝土结构是意大利都灵展览馆 B 厅,跨度达 97 m。

在桥梁工程中,中小跨桥梁大多采用钢筋混凝土结构,用钢筋混凝土拱建桥更具优势。我国 1997 年建成的四川万州长江大桥,为上承式拱桥,采用钢管和型钢骨架混凝土建成三室箱形截面,跨长 420 m,单孔跨江,全桥长 814 m,为世界上最大跨径混凝土拱桥。有些大跨桥梁,当跨度超过 500 m,采用钢悬索或钢制斜拉桥,但其桥墩、塔架和桥面结构都是采用钢筋混凝土结构。我国已建 100 多座斜拉桥,我国跨径最大、世界第二的斜拉桥是苏通大桥,主孔跨径 1 088 m。2012 年建成的俄罗斯岛大桥是目前世界最大跨径的斜拉桥,中心主孔跨径 1 104 m。目前,世界上长度最长桥为我国胶州湾大桥,全长 41.6 km。

在隧道工程中,据 1995 年的报道,我国已修建 4 800 座,总长 2 250 km 的铁道隧道。其中成昆铁路线中有隧道 427 座,总长 341 km。公路隧道仅上海就修建了 13 条过江隧道,向每洞双向双车道发展;我国秦岭终南山公路隧道就是双洞,单洞长 18.02 km,是世界最长的双洞高速公路隧道。地铁隧道整体式衬砌多为混凝土结构,我国现有 30 余个城市建有地铁,上海就有 16 条地铁线路,总长 705 km,居全球城市首位。

与此同时,我国正在大力发展高架高速铁路,客运专线已达 13 000 km,其中架空轨道线路也是混凝土结构。

在水利工程中,水利枢纽中的水电站、拦洪坝、引水渡槽等都是采用钢筋混凝土结构。世界上最高的重力坝是瑞士狄克桑斯大坝,坝高 285 m,坝顶宽 15 m,坝底宽 225 m,坝长 695 m。我国长江三峡工程由大坝、水电站和通航建筑物三部分组成,三峡大坝为我国最高混凝土重力坝,坝顶高程 185 m,坝顶总长 3 035 m,底宽 115 m,顶宽 40 m。南水北调是一项跨世纪大型工程,沿线就建有很多预应力混凝土渡槽。

除上述一些工程外,还有一些特种结构,如电线杆、烟囱、水塔、筒仓、储水池、电视塔、核电站反应堆安全壳、近海采油平台、码头沉箱、水下隧道、海上储油罐和海上机场等也多是用混凝土结构建造的,如宁波北仑火力发电厂有高度达 270 m 的筒中筒烟囱;我国曾建造过倒锥形水塔,容量为 1 500 m³;世界上容量最大的水塔是瑞典马尔默水塔,容量达 10 000 m³;我国山西云岗建设成两座预应力混凝土煤仓,容量 60 000 t。随着滑模施工技术的发展,很多高耸建筑采用钢筋混凝土结构,上海东方明珠电视塔由三个钢筋混凝土筒体组成独特造型,高 456 m;加拿大多伦多国际电视塔为钢筋混凝土构筑物,高 549 m;广州电视塔是由钢结构外框筒和钢筋混凝土核心筒组成,核心筒结构高度 450 m,外加无线电桅杆 150 m,总高度达 600 m。

第四节　形　式

以普通混凝土为主制成的结构,包括素混凝土结构、钢筋混凝土结构和预应力混凝土结构。素混凝土结构是主要用于承受压力的结构,如基础、支墩、挡土墙、堤坝、地坪路面等;钢筋混凝土结构适用于各种受拉、受压和受弯的结构,如各种桁架、框架、排架等;预应力混凝土由于抗裂性好、刚度大和强度高,更适宜建造一些跨度大、荷载重及有抗裂抗渗要求的结构,如大跨屋架、桥梁、水池等。

一、组成

混凝土结构按其构成的形式可分为实体结构和组合结构两大类。坝、桥墩、基础等通常为实体,称为实体结构;房屋上部结构、桥面结构等通常由若干基本构件按一定的组成原则连接组成,称为组合结构。连接基本构件的节点,如只能承受拉力、压力的称为铰接;如同时能承受弯矩等其他力作用,则称为刚接。前者有由压杆与拉杆铰接组成的桁架、梁与柱铰接的排架等;后者有梁与柱刚接的框架等。

若组成的结构与其所受的外力在同一平面之内,则称为平面结构,如平面排架、平面框架、平面拱等;若组成的结构可以承受不在同一平面内的外力,则称该结构为空间结构,如壳体结构及考虑双向作用时的框架,需按空间结构计算。

二、基本构件

混凝土结构由很多受力构件组合而成,主要受力构件有板、梁、柱、墙、基础等。

(一)板

将活荷载和恒荷载通过梁或直接传递到竖向支承结构(柱、墙)的主要水平构件,其形式可以是实心板、空心板、带肋板等。

(二)梁

将板上的荷载传递到立柱或墙上的构件。梁与板往往整浇在一起,中间的梁形成 T 形梁,边梁构成 L 形梁。

(三)柱

其作用是支撑楼面体系,属于受压构件。荷载有偏心作用时,柱受压的同时还会受弯。

(四)墙

与柱相似,是受压构件。承重的混凝土墙常用作基础、楼梯间墙,或在高层建筑中用于承受水平风载和地震作用的剪力墙,它受压的同时也会受弯。

(五) 基础

是将上部结构重量传递到地基(土层)的承重混凝土构件,其形式多样,有独立基础、桩基础、条形基础、平板式片筏基础和箱形基础等。

板、梁、柱、墙、基础等主要受力构件是组成混凝土结构的基本单元,称为混凝土基本构件。根据构件的主要受力形式,混凝土结构的基本构件有受弯构件、受压构件、受扭构件、受拉构件及节点,实际工程中许多构件通常同时承受弯矩、剪力、扭矩和轴力。

混凝土结构的每个构件都要满足设计荷载作用下的承载力大于荷载效应的计算值,确保构件承载力的安全,同时要满足一般使用功能和耐久性的要求,本教材介绍的正是基本构件各种受力性能及其计算原理。

第九章　钢筋混凝土材料的力学性能

第一节　混凝土

混凝土是用水泥、水、细骨料(如砂子)、粗骨料(如碎石、卵石)等原料按一定比例经搅拌后入模板浇筑,并经养护硬化后做成的人工石材。水泥和水在凝结硬化过程中形成水泥胶块,把细骨料和粗骨料黏结在一起。细骨料和粗骨料及水泥胶块中的结晶体组成弹性骨架承受外力。弹性骨架使混凝土具有弹性变形的特点,同时水泥胶块中的凝胶体又使混凝土具有塑性变形的性质。因混凝土内部结构复杂,故其力学性能也极为复杂,主要包括强度和变形性能。

一、混凝土的强度指标

(一)立方体抗压强度

抗压强度是混凝土的重要力学指标,与水泥强度等级、水胶比、配合比、龄期、施工方法及养护条件等因素有关。试验方法及试件形状、尺寸也会影响所测得的强度数值,因此在研究各种混凝土强度指标时必须以统一规定的标准试验方法为依据。我国以立方体抗压强度值作为混凝土最基本的强度指标及评价混凝土强度等级的标准,因为这种试件的强度比较稳定。我国国家标准《普通混凝土力学性能试验方法标准》中规定:以 150 mm × 150 mm ×150 mm 的立方体标准试件,在(20 ± 3) ℃的温度和相对湿度90%以上的潮湿空气中养护28 d,按标准制作和试验方法(以每秒0.3 ~ 0.8 N/mm^{2}的加荷速度)连续加载直至试件被破坏。试件的破坏荷载除以承压面积,即为混凝土的标准立方体抗压强度实测值。

混凝土的立方体抗压强度标准值指的是按上述规定所测得的具有95%保证率的立方体抗压强度,用$f_{uc \cdot k}$表示。其中,混凝土强度等级的保证率为95%是指按混凝土强度总体分布的平均值减1.645倍标准差的原则规定。混凝土强度范围分成14个强度等级,即C15、C20、C25、C30、C35、C40、C45、C50、C55、C60、C65、C70、C75、C80。如C40,其中C表示混凝土,40表示混凝土的立方体抗压强度标准值为$f_{uc \cdot k} = 40$ N/mm^2。而混凝土立方体抗压强度与试块表面约束条件、尺寸大小、龄期和养护情况有关。

(二)轴心抗压强度

实际工程中的受压构件,如柱的长度比其截面尺寸大得多,其抗压强度将比立方体抗压强度低。实验表明:用高宽比为2 ~ 3 的棱柱体测得的抗压强度与以受压力为主的混凝土构件中的抗压强度基本一致,因而常用150 mm ×150 mm ×300 mm 棱柱体的抗压强度作为以受压为主的混凝土抗压强度,并称为轴心抗压强度。

（三）轴心抗拉强度

混凝土的抗拉性能很差。混凝土轴心抗拉强度取棱柱体（100 mm × 100 mm × 500 mm，两端埋有钢筋）的抗拉极限强度为轴心抗拉强度。混凝土构件的开裂、变形以及受剪、受扭、受冲切等承载力均与抗拉强度有关，用符号 f_t 表示。

（四）混凝土的强度标准值

《混凝土结构设计规范》钢筋的强度标准值应具有不小于 95% 的保证率。

（五）混凝土的强度设计值

混凝土强度设计值为混凝土强度标准值除以混凝土的材料分项系数 r_c，《混凝土结构设计规范》规定 $r_c = 1.4$。

二、混凝土的变形性能

混凝土的变形分为两类，一类称为混凝土的受力变形，包括一次短期加荷的变形及荷载长期作用下的变形；另一类称为体积变形，包括混凝土由于收缩和温度变化产生的变形等。

（一）混凝土在一次短期加荷时的变形性能

1. 混凝土的应力－应变曲线

混凝土在一次单调加荷（荷载从零开始单调增加至试件破坏荷载）下的受压应力－应变关系是混凝土最基本的力学性能之一，它可以比较全面地反映混凝土的强度和变形特点，也是确定构件截面上混凝土受压区应力分布图形的主要依据。

测定混凝土受压的应力－应变曲线，通常采用标准棱柱体试件。由试验测得的典型受压应力－应变曲线，如图 9-1 所示。图中以 A、B、C 三点将全曲线划分为四个部分。

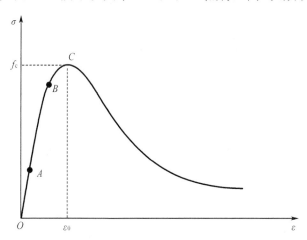

图 9-1　受压混凝土的应力－应变曲线

OA 段：σ_A 为 $(0.3 \sim 0.4)f_c$，对于高强混凝土 σ_A 可达 $(0.5 \sim 0.7)f_c$。混凝土基本处于弹

性工作阶段,应力－应变呈线性关系,其变形主要是骨料和水泥结晶体的弹性变形。

AB 段:裂缝稳定发展阶段。混凝土表现出塑性性质,纵向压应变增长开始加快,应力－应变关系偏离直线,逐渐偏向应变轴。这是由于水泥凝胶体的黏结流动、混凝土中微裂缝的发展及新裂缝不断产生的结果,但该阶段微裂缝的发展是稳定的,即当应力不继续增加时,裂缝不再延伸发展。

BC 段:应力达到 *B* 点,内部的一些微裂缝相互连通,裂缝发展已不稳定,且随着荷载的增加迅速发展,塑性变形显著增大。如果压应力长期作用,裂缝会持续发展,最终导致破坏,故通常取 *B* 点的应力 σ_B 为混凝土的长期抗压强度。普通强度混凝土 σ_B 可达 $0.95f_c$ 以上。*C* 点的应力达峰值应力,即 $\sigma_C = f_c$,相应于峰值应力的应变为 ε_0,其值在 0.0015 ~ 0.0025 之间波动,平均值为 $\varepsilon_0 = 0.002$。

C 点以后:试件承载力下降,应变继续增大,最终还会留下残余应力。

OC 段为曲线的上升段,*C* 点以后为下降段。试验结果表明,随着混凝土强度的提高,上升段的形状和峰值应变的变化不很显著,而下降段的形状有较大的差异。混凝土的强度越高,下降段的坡度越陡,即应力下降相同幅度时变形越小,延性越差,如图 9 - 2 所示。

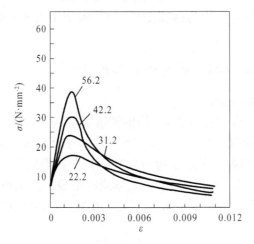

图 9 - 2　不同强度混凝土的应力 - 应变关系图

由上述混凝土的破坏机理可知,微裂缝的发展导致试件最终破坏。试验表明,对横向变形加以约束就可以限制微裂缝的发展,从而可提高混凝土的抗压强度,如螺旋钢筋柱和钢管混凝土柱。

混凝土受拉时的应力 - 应变曲线与受压相似,但其峰值时的应力、应变都较受压时的小得多。

2. 混凝土的弹性模量

混凝土的应力 σ 与其弹性应变 ε 之比,称为弹性模量,用符号 E_C 表示。根据大量试验结果,《混凝土结构设计规范》采用以下公式计算混凝土的弹性模量如下。

$$E_C = \frac{10^5}{2.2 + \dfrac{34.7}{f_{cu,k}}} (\text{N/mm}^2) \qquad (9-1)$$

（二）混凝土在长期荷载下的变形性能

混凝土受压后除产生瞬时压应变外,在维持其外力不变的条件下(即长期荷载不变),应变随时间继续增长的现象,称为混凝土的徐变。

图9-3所示为一施加的初始压力为 $\sigma=0.5f_c$ 时的徐变与时间的关系。徐变变形在徐变开始时增长较快,随时间的继续增长而减慢,在两年左右趋于稳定。

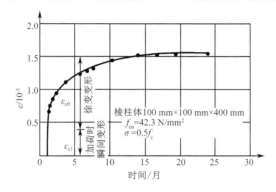

图9-3　混凝土的徐变时间

混凝土的徐变对混凝土结构构件的受力性能有重要的影响,它会增加结构构件的变形,在预应力混凝土结构构件中引起预应力损失等。因此,应对混凝土的徐变现象引起足够的重视。而影响混凝土徐变的主要因素如下。

（1）构件中截面上的应力越大,徐变越大;构件承载前混凝土的强度越高,徐变就越小。

（2）水灰比越大,徐变越大;骨料的级配越好,含量越高,徐变越小。

（3）构件浇捣越密实,养护条件越好,徐变越小;反之,徐变越大。

（三）混凝土的收缩变形

混凝土在空气中结硬时体积减小的现象称为收缩。混凝土收缩的主要分为由于混凝土硬化过程中凝胶体本身的体积收缩和混凝土内的自由水蒸发产生的体积收缩。混凝土的收缩对钢筋混凝土构件往往是不利的。例如混凝土构件受到约束时,混凝土的收缩将使混凝土产生拉应力,在使用前就可能因混凝土收缩应力过大而产生裂缝。而在预应力混凝土结构中,混凝土的收缩会引起预应力损失。

影响混凝土收缩变形的主要因素如下。

（1）水泥用量越多,水灰比越大,收缩越大。

（2）集料的弹性模量大、级配好,混凝土浇捣越密实收缩越小。

（3）养护条件好,使用环境湿度大,收缩小。

（四）混凝土的温度变形

和许多材料一样,当温度发生变化时混凝土的体积也具有热胀冷缩的性质。《规范》规定,当温度在 0 ℃到 100 ℃范围内时,混凝土线膨胀系数可采用 $1\times10^{-5}/℃$。温度变形将在超静定结构中产生温度次应力,甚至导致混凝土开裂,应认真对待。

三、混凝土的选用

根据《混凝土结构设计规范》，混凝土结构的混凝土应按下列规定选用。

（1）素混凝土结构的混凝土强度等级不应低于 C15，钢筋混凝土结构的混凝土强度等级不应低于 C20；采用强度等级为 400 MPa 及以上钢筋时，混凝土强度等级不应低于 C25。

（2）承受重复荷载的钢筋混凝土构件，混凝土强度等级不应低于 C30。

（3）预应力混凝土结构的强度等级不宜低于 C40，且不应低于 C30。

一般来说，以受弯为主的构件如梁、板，混凝土强度等级不宜超过 C30。这是因为加大混凝土强度等级对于提高构件刚度、承载能力效果不明显，同时等级高的混凝土也不便于施工；对于以受压为主的构件如柱、墙，混凝土强度等级不宜低于 C30，这样有利于减小构件截面尺寸，达到经济性的目的。

第二节 钢 筋

一、钢筋的种类及级别

目前，我国钢筋混凝土及预应力混凝土结构中采用的钢筋和钢丝按生产加工工艺的不同，可分为普通热轧带肋钢筋、细晶粒带肋钢筋、余热处理钢筋及预应力钢筋。

热轧钢筋是低碳钢、普通合金钢或细晶粒钢在高温状态下乳制而成的。按其强度由低到高分为一级钢：HPB300（工程符号为 φ）；二级钢：HRB335（工程符号为 $\underline{\Phi}$），HRBF335（工程符号为 $\underline{\Phi}^F$）；三级钢：HRB400（工程符号为 $\underline{\Phi}$），HRBF400（工程符号为 $\underline{\Phi}^F$），RRB400（工程符号为 $\underline{\Phi}^R$）；四级钢：HRB500（工程符号为 $\underline{\Phi}$），HRBF500（工程符号为 $\underline{\Phi}^F$）。其中，HPB300 为低碳钢筋，外形为光面圆形，称为光圆钢筋；HRB335 级、HRB400 级和 HRB500 级为普通低合金钢筋，HRBF335 级、HRBF400 级和 HRBF500 级为细晶粒带肋钢筋，为增强与混凝土的黏结，均在表面轧有月牙肋，称为变形钢筋；RRB400 级钢筋为余热处理月牙纹变形钢筋，是在生产过程中，钢筋热轧后经淬火提高其强度，再利用心部余热回火处理而保留一定延性的钢筋。其中，HRB335 表示屈服强度标准值为 335 N/mm^2，且随着钢筋强度的提高，塑性降低。

预应力钢筋分为中强度预应力钢丝、预应力螺纹钢筋、消除应力钢丝和钢绞线。高强钢丝的抗拉强度很高，可达 1 470 ~ 1 860 MPa；钢丝直径 5 ~ 9 mm，外面有光面、刻痕和螺旋肋三种。钢绞线则是由高强光面钢丝用绞盘绞在一起形成的，常用的钢绞线有 3 股和 7 股两种。

二、钢筋的力学性能

钢筋混凝土结构所用的钢筋，按其力学性能的不同可分为有明显屈服点的钢筋（如热轧钢筋）和无明显屈服点的钢筋（如各种钢丝）两类。

钢筋混凝土结构用钢筋一般具有明显的屈服点，其应力－应变关系如图 9－4 所示。

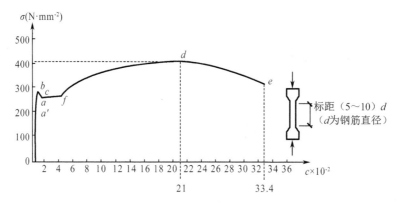

图9-4　有明显屈服点的应力-应变关系曲线

(1)a'点:比例极限,应力与应变成比例,卸荷后应变恢复为零。

(2)a点:弹性极限,$a'-a$段应变增长速度比应力增长速度略快,但卸荷后应变仍能恢复为零。

(3)b点:上屈服点(其值不够稳定)。

(4)c点:下屈服点(其值稳定),有对明显屈服点的钢筋,下屈服点的应力值为钢筋的屈服强度。

(5)$c-f$段:屈服台阶或流幅。

(6)$f-d$段:强化阶段,d点的应力称为极限抗拉强度,表示钢筋拉断时的实际强度。

(7)$d-e$:颈缩阶段。

无明显屈服点的钢筋应力-应变曲线如图9-5所示。

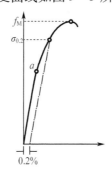

图9-5　无明显屈服点的应力-应变关系曲线

从图中可以看出:这类钢筋的抗拉强度一般都很高,但变形很小,也没有明显的屈服点。在实际设计中通常取相当于残余应变 $\varepsilon=0.2\%$ 时的应力 $\sigma_{0.2}$ 作为名义屈服点,即条件屈服强度,其值相当于极限抗拉强度 f_u 的 0.85 倍。

(1)a点:比例极限,约为 $0.65f_a$。

(2)a点前:应力-应变关系为线弹性。

(3)a点后:应力-应变关系为非线性,有一定塑性变形,且没有明显的屈服点。

(4)强度设计指标——条件屈服点 $\sigma_{0.2}$:残余应变为 0.2% 所对应的应力。

《混凝土结构设计规范》取 $\sigma_{0.2}=0.85f_a$,钢筋除了有足够的强度外,还应具有一定的塑性变形能力,反映钢筋塑性性能的基本指标是伸长率和冷弯性能。钢筋试件拉断后的伸长值与原来的比值称为伸长率。伸长率越大,塑性越好。

冷弯是将直径为 d 的钢筋绕直径为 D 的钢辊进行弯曲,弯成一定的角度而不发生断裂,并且无裂缝及起层现象,就表示合格。钢辊的直径 D 越小,转角 α 越大说明钢筋的塑性越好。

钢筋在弹性阶段应力和应变的比值,称为弹性模量,用 E_s 表示。

三、混凝土结构对钢筋性能的要求

(一)适当的强度和屈强比

如前所述,钢筋的屈服强度(或条件屈服强度)是计算构件承载力的主要依据,屈服强度高则节省材料,但实际结构中钢筋的强度并非越高越好。由于钢筋的弹性模量并不因其强度提高而增大,所以高强度钢筋在高应力下的大变形会引起混凝土结构的过大变形和裂缝宽度。所以对混凝土结构,宜优先选用 400 MPa 和 500 MPa 级钢筋,而不应采用高强度的钢丝和热处理钢筋;对预应力混凝土结构,可采用高强度钢丝,但其强度不应高于 1 860 MPa。屈服强度与极限强度之比称为屈强比,它代表钢筋的强度储备,也在一定程度上反映了结构的强度储备。屈强比小,则结构强度储备大,但比值太小则钢筋强度的有效利用率低,所以钢筋应具有适当的屈强比。

(二)耐久性和耐火性

细直径钢筋,尤其是冷加工钢筋和预应力钢筋,容易遭受腐蚀从而影响表面与混凝土的黏结性能,甚至削弱截面,降低承载力。环氧树脂涂层钢筋或镀锌铜丝均可提高钢筋的耐久性,但降低了钢筋与混凝土之间的黏结性能,设计时应注意这种不利影响。

预应力钢筋的耐久性最差,冷拉钢筋次之,热塑钢筋的耐久性最好。设计时注意设置必要的混凝土保护层厚度以满足构件耐久极限的要求。

(三)足够的塑性

在工程设计中,要求混凝土结构承载能力极限状态为具有明显预兆的塑性破坏,避免脆性破坏;抗震结构则要求具有足够的延性,这就要求其中的钢筋具有足够的塑性。另外,在施工时钢筋要弯转成形,因而应具有一定的冷弯性能。

(四)可焊性

钢筋要求具有良好的焊接性能,在焊接后不应产生裂纹及过大的变形,以保证焊接接头性能良好。我国生产的热轧钢筋可焊,而高强钢丝、钢绞线不可焊。冷加工和热处理钢筋在一定碳当量范围内可焊,但焊接引起的热影响区强度降低,应采取必要的措施。细晶粒热轧带肋钢筋以及直径大于 28 mm 的带肋钢筋,其焊接应经试验确定,余热处理钢筋,不宜焊接。

(五)与混凝土有良好的黏结性

黏结力是钢筋与混凝土共同工作的基础,钢筋凹凸不平的表面与混凝土间的机械咬合力是黏结力的主要部分,所以变形钢筋与混凝土的黏结性能最好,设计中宜优先选用变形钢筋。另外,钢筋会因低温冷脆而致破坏,因此在寒冷地区要求钢筋具备一定的抗低温性能。

四、钢筋的选用

根据《规范》,混凝土结构的钢筋应按下列规定选用。

(1)纵向受力普通钢筋可采用 HRB400、HRB500、HRBF400、HRBF500、HPB300、HRB335、RRB400 钢筋。

(2)梁、柱和斜撑构件纵向受力普通钢筋应采用 HRB400、HRB500、HRBF400、HRBF500 钢筋。

(3)箍筋宜采用 HRB400、HRBF400、HPB300、HRB500、HRBF500、HRB335 钢筋。

(4)预应力筋宜采用预应力钢丝、钢绞线和预应力螺纹钢筋。

第三节　钢筋与混凝土的黏结

一、黏结的作用及产生原因

在钢筋混凝土结构中,钢筋和混凝土这两种性质不同的材料之所以能有效地结合在一起共同工作,除了二者之间温度线膨胀系数相近及混凝土包裹钢筋具有保护作用之外,主要的原因是两者在接触面上具有良好的黏结作用。该作用可承受黏结表面上的剪应力,抵抗钢筋与混凝土之间的相对滑动。

试验表明,黏结力由三部分组成:一是因水泥颗粒的水化作用形成的凝胶体对钢筋表面产生的胶结力;二是因混凝土结硬时体积收缩,将钢筋紧紧握裹而产生的摩擦力;三是由于钢筋表面凹凸不平与混凝土之间产生的机械咬合力。其中,胶结力作用最小,光面钢筋以胶结力和摩擦力为主,带肋钢筋以机械咬合力为主。

二、黏结强度及影响因素

钢筋与混凝土的黏结面上所能承受的平均剪应力的最大值称为黏结强度,用 T_u 表示。黏结强度 T_u 可用拔出试验来测定。试验表明,黏结应力沿钢筋长度的分布是不均匀的,最大黏结应力产生在离端头某一距离处,越靠近钢筋尾部,黏结应力越小。如果埋入长度过长,则埋入端头处黏结应力很小,甚至为零。

试验结果表明,影响黏结强度的主要因素有以下几点。

(一)钢筋表面形状

变形钢筋表面凹凸不平,与混凝土间机械咬合力大,因而黏结强度高于光面钢筋。工程中通过将光面钢筋端部做弯钩来增加其黏结强度。

(二)保护层厚度及钢筋净距

混凝土保护层较薄时,其黏结力将降低,并易在保护层最薄弱处出现纵向劈裂裂缝,使黏结力提早被破坏。因此《规范》对保护层最小厚度和钢筋的最小间距均做了要求。

（三）混凝土的强度等级

混凝土强度等级越高,黏结强度越大,但不与立方体抗压强度 f_{cu} 成正比,而与混凝土的抗拉强度 f_t 大致成正比例关系。

（四）横向钢筋

构件中设置横向钢筋(如梁内箍筋),可延缓径向劈裂裂缝的发展和限制劈裂裂缝的宽度,从而提高黏结强度。因此,《规范》要求在钢筋的锚固区和搭接范围要增设附加箍筋。

第十章　高层混凝土结构施工

第一节　脚手架工程

一、概述

脚手架一直是建筑施工必不可少的施工装备,20 世纪 80 年代中期以来,随着我国经济建设的高速发展,高层、超高层建筑越来越多,搭设传统的落地式脚手架,不但不经济而且也很不安全。针对这种高层建筑,广西一建研制了"整体提升脚手架",上海和江苏地区推出了"套管"。这种脚手架仅需要搭设一定高度并附着于工程结构上,依靠自身的升降设备和装置,施工时可随结构施工逐层爬升,装修作业时再逐层下降。这种脚手架的出现提高了高层建筑外脚手架的施工技术水平,具有巨大的经济效益,因此,此技术一经推出便得到迅速推广。20 世纪 90 年代初,高层、超高层建筑的急速增加使这一新技术得到迅速发展,其结构形式和种类越来越多,名称也越来越杂,诸如"整体提(爬)升脚手架""导轨式爬架"等,因其特点均是"附着"在建筑物的梁或墙上,并且这种脚手架不仅能爬升还能下降,因此统称为附着式升降脚手架(简称"爬架")。

2010 年 3 月,住建部颁布《建筑施工工具式脚手架安全技术规范》(JGJ 202—2010),对附着式升降脚手架的设计计算、结构构造、生产、检测、施工操作、施工管理及监督检查等进行了明确规定。

二、附着式升降脚手架定义及原理

(一)定义及分类

JGJ 202—2010 对附着式升降脚手架的定义为:搭设一定高度并附着于工程结构上,依靠自身的升降设备和装置,可随工程结构逐层爬升或下降,具有防倾覆、防坠落装置的外脚手架。

附着式升降脚手架按升降方式可分为三类。

(1)自升降式脚手架,通过手动或电动倒链交替对活动架和固定架进行升降,一般 2 片1 组接成 1 个单元体,每个单元体有 8 个附墙栓与墙体锚固。

(2)互升降式脚手架,将架体分为甲、乙两种单元,交替附墙相互攀登爬升。

(3)整体升降式脚手架,搭设一定高度并附着于工程结构上,依靠自身的升降设备和装置,可随工程结构层逐层爬升和下降,具有防倾覆、防坠落的架子。

(二)原理

附着式升降脚手架的基本原理就是将专门设计的升降机构固定在建筑物上,将脚手架同升降机构连接在一起,但可相对运动,通过固定于升降机构上的动力设备将脚手架提升或下降,从而实现脚手架的爬升或下降。

第一步,将脚手架和升降机构分别固定在建筑结构上。

第二步,当建筑物已建混凝土的承载力达到一定要求时开始爬升,爬升前先将脚手架悬挂在升降机构上,解开脚手架同建筑物的连接,通过固定在升降机构上的升降动力设备将脚手架提升。

第三步,提升到位(一般提升一层)后,再将脚手架固定在建筑物上,这时可进行上一层结构施工。

第四步,当该层施工完毕,新浇筑混凝土达到爬架要求的强度时,解除升降机构同下层建筑物的固定约束,将其安装在该层爬升所需的位置。

第五步,再将脚手架悬挂其上准备下次爬升,这样通过脚手架和升降机构的相互支撑和交替附着即可实现爬架的爬升。

爬架的下降作业同爬升基本相同,只是每次下降前先将升降机构固定在下一层位置。

三、附着式升降脚手架的特点、构件组成及功能

(一)特点

附着式升降脚手架的出现为高层建筑外脚手架施工提供了更多的选择,同其他类型的脚手架相比,附着式升降脚手架具有如下特点。

1. 节省材料

仅需搭设4~5倍楼层高度的脚手架,同落地式脚手架相比可节约大量的脚手架材料。

2. 节省人工

爬架是从地面或者较低的楼层开始一次性组装4~5倍楼层高的脚手架,然后只需进行升降操作,中间不需要倒运材料,可节省大量的人工。

3. 独立性强

爬架组装完成后,依靠自身的升降设备进行升降,不需占用塔吊等垂直运输设备,升降操作具有很强的独立性。

4. 保证工期

由于爬架独立升降,可节省塔吊的吊次;爬架爬升后底部即可进行回填作业;爬架爬升到顶后即可进行下降操作进行装修,屋面工程和装修可同时进行,不必像吊篮要等到屋面强度符合要求后才能安装进行装修作业。

5. 防护到位

爬架的高度一般为4~5倍楼层高,这一高度刚好覆盖结构施工时支模绑筋和拆模拆支撑的施工范围,解决了挂架遇阳台、窗洞和框架结构时拆模拆支撑无防护的问题。

6. 安全可靠

爬架是在低处组装低处拆除,并配合防倾覆防坠落等安全装置,在架体防护内进行升降操作,施工安全可靠,而且避免了挑架反复搭拆可能造成的落物伤人和临空搭设带来的安全隐患。

7. 管理规范

由于爬架设备化程度高,可以按设备进行管理,因其只有4~5倍楼层高,附着支撑在固

定位置,很规律,便于检查管理,避免了落地式脚手架因检查不到连墙撑可能被拆而带来的安全隐患。

8.专业操作

爬架不仅包含脚手架,还有机械、电器设备、起重设备等,这就要求操作者须经专门培训,操作专业化既可提高施工效率,又保证了施工质量和施工安全。

（二）构件组成

附着式升降脚手架主要由架体结构、附着支撑结构、提升设备、安全装置和控制系统组成。

1.架体结构

该结构是附着式升降脚手架的主要组成结构,由架体构架、架体竖向主框架和架体水平桁架等三部分组成。架体构架一般采用普通脚手架杆件搭设的与竖向主框架和水平梁架连接的附着式升降脚手架架体结构部分。竖向主框架是用于构造附着式升降脚手架架体,垂直于建筑物外立面,与附着支撑结构连接,主要承受和传递竖向及水平荷载的竖向框架。架体水平桁架是用于构造附着式升降脚手架架体,主要承受架体竖向荷载并将竖向荷载传递到竖向主框架和附着支撑结构的水平结构。

2.附着支撑结构

该结构是直接与工程结构连接,承受并传递脚手架荷载的支撑结构,是附着式升降脚手架的关键结构,由升降机构及其承力结构、固定架体承力结构、防倾覆装置和防坠落装置组成。

3.提升设备

由升降动力设备及其控制系统组成,其中控制系统包括架体升降的同步性控制、荷载控制和动力设备的电器控制系统。

4.安全装置和控制系统

（三）功能

当前建筑市场上爬架种类有多个,其构造大同小异,功能都是一样的。

1.架体

（1）架体结构是爬架的主体,它具有足够的强度和适当的刚度,可承受架体的自重和施工荷载荷载。

（2）架体结构应沿建筑物施工层外围形成一个封闭的空间,并通过设置有效的安全防护,确保架体上操作人员的安全,及防止高空坠物伤人事故的发生。

（3）架体上应有适当的操作平台提供给施工人员操作和防护使用。

2.附着支撑

附着支撑是为了确保架体在升降过程中处于稳定状态,避免晃动和抵抗倾覆作用,满足各种工况下的支承、防倾和防坠落的承力要求。

3.提升设备

（1）提升设备包括提升块、提升吊钩以及动力设备（电动葫芦等）。

（2）主要功能是为爬架的升降提供有效的动力。

4. 安全和控制装置

（1）附着式升降脚手架的安全装置包括防坠装置和防倾装置。

（2）防坠装置是防止架体坠落的装置，防倾装置是采用防倾导轨及其他合适的控制架体水平位移的构造的装置。

（3）控制系统确保实现同步提升和限载保安全的要求。对升降同步性的控制应实现自动显示、自动调整和遇故障自停的要求。

四、附着式升降脚手架的安装与拆除

（一）爬架的搭设与安装前的准备工作

（1）根据工程特点与使用要求编制专项施工方案。对特殊尺寸的架体应进行专门设计，架体在使用过程中因工程结构的变化而需要局部变动时，应制订专门的处理方案。

（2）根据施工方案设计的要求，落实现场施工人员及组织机构，并进行安全技术交底。

（3）核对脚手架搭设材料与设备的数量、规格，查验产品质量合格证、材质检验报告等文件资料，必要时进行抽样检验，主要搭设材料应满足有关规定。

（4）脚手管外观质量平直光滑，没有裂纹、分层、压痕、硬弯等缺陷，应进行防锈处理。立杆最大弯曲变形应小于 L/500，横杆最大弯曲变形应小于 L/150。端面平整，切斜偏角应小于 1.70 mm。实际壁厚不得小于标准公称壁厚的 90%。

（5）安装需要施工塔吊配合时，应核验塔吊的施工技术参数是否满足需要。

（6）焊接件焊缝应饱满，焊缝高度符合设计要求，并满足《钢结构施工规范》（GB 50755—2012）、《钢结构焊接技术规程》（GB 50661—2011）要求，没有咬肉、夹渣、气孔、未焊透、裂纹等缺陷。

（7）螺纹连接件应无滑丝、严重变形、严重锈蚀等现象。

（8）扣件应符合《钢管脚手架扣件》（GB 15831—2006）的规定，安全围护材料及其他辅助材料应符合国家标准的有关规定。

（9）安装需要施工塔吊配合时，应核验塔吊的施工技术参数是否满足需要。注意事项如下。

①预留螺栓孔或预埋件的中心位置偏差应小于 15 mm。

②水平梁架及竖向主框架在相邻附着支承结构处的高差应不大于 20 mm。

③竖向主框架和防倾导向装置的垂直偏差应不大于 5‰和 60 mm。

（二）附着式升降脚手架的安装与搭设

（1）爬架安装搭设前，应核验工程结构施工时留设的预留螺栓孔或预埋件的平面位置、标高和预留螺栓孔的孔径、垂直度等，还应该核实预留螺栓孔或预埋件处混凝土的强度等级。预留孔应垂直于结构外表面。不能满足要求时应采取合理可行的补救措施。

（2）爬架在安装搭设前，应设置安全可靠的安装平台来承受安装时的竖向荷载。安装平台上应设有安全防护措施。安装平台水平精度应满足架体安装精度要求，任意两点间的高差最大值应不大于 20 mm。

（3）在地面进行爬架的拼装，用垫木把主框架下节、标准节垫平，穿好螺栓（M16×50、M16×90）、垫圈，并紧固所有螺栓。注意：

①拼接时要把每两节之间的导轨找正对齐。

②把导向装置组装好安装在相应位置。

③把支座(附着支撑结构)固定在主框架相应连接位置上,并紧固。

(4)爬架的吊装,当结构混凝土强度达到设计要求,把支座与结构进行可靠连接;用起重设备把拼接好的主框架吊起,吊点设在上部1/3位置上;按照爬架方案要求,把主框架临时固定在建筑结构上;安装底部桁架,并搭设架体。

(5)爬架架体构架的搭设,如图10－1所示。

立杆	●架体构架立杆纵矩≤1 500 mm,立杆轴向最大偏差应小于20 mm,相邻立杆接头不应在同一步架内
大横杆	●外侧大横杆步矩1 800 mm,内侧大横杆步矩1 800 mm,上下横杆接头应布置在不同立杆纵矩内。最下层大横杆搭设时应起拱30~50 mm
小横杆	●小横杆贴近立杆布置,搭于大横杆之上。外侧伸出立杆100 mm,内侧伸出立杆100~400 mm。内侧悬臂端可辅脚手板或翻板,使架体底部与建筑物封闭
剪刀撑	●架体外侧必须沿全高设置剪刀撑,剪刀撑跨度不得大于6 000 mm,其水平夹角为45°~60°,并应将竖向主框架、架体水平梁架和架体构架连成一体
脚手板	●脚手板设计铺设四层,最下层脚手板距离外墙不超过100 mm,并用翻板封闭。翻板保持架体底层脚手板与建筑物表面在升降和正常使用中的间隙,防止物料坠落
密目网	●架体底层的脚手板必须铺设严密,且应用大眼网(平网)和密眼网双层网进行兜底。整个升降架外侧满挂安全网,安全网应上下绷紧,每处均用16#铁丝绑牢,组与组之间应搭接好,不能留有空隙,转角处应用φ10~16钢筋压实,与立杆绑扎牢固。相邻安全网搭接长度不少于200 mm,底部密封板、翻板处在条件许可时将架子提升约1 500 mm后在其底部兜挂安全网,在翻板处上翻钉牢

图10－1　爬架架体构架的搭设过程

(6)注意事项如下。

①安装过程中应严格控制架体水平梁架与竖向主框架的安装偏差。架体水平梁架相邻两吊点处的高差应小于20 mm;相邻两榀竖向主框架的水平高差应小于20 mm;竖向主框架和防倾导向装置的垂直偏差应不大于60 mm。

②安装过程中架体与工程结构间应采取可靠的临时水平拉撑措施,确保架体稳定。

③扣件式脚手杆件搭设的架体,搭设质量应符合相关标准的要求。

④扣件螺栓螺母的预紧力矩应控制在40~60 N·m范围内。

⑤脚手杆端头扣件以外的长度应不小于100 mm,架体外侧小横杆的端头外露长度应不小于100 mm。

⑥作业层与安全围护设施的搭设应满足设计与使用要求。脚手架邻近高压线时,必须有相应的防护措施。

(三)附着式升降脚手架安装后的调试验收

架体搭设完毕后,应立即组织有关部门会同爬架单位对下列项目进行调试与检验,调试与检验情况应做详细的书面记录。

(1)架体结构中采用扣件式脚手杆件搭设的部分,应对扣件拧紧质量按50%的比例进行抽查,合格率应达到95%以上。

(2)对所有螺纹连接处进行全数检查。

(3)进行架体提升试验,检查升降机具设备是否正常运行。

(4)对架体整个防护情况进行检查。

(5)其他必需的检验调试项目。

架体调试验收合格后方可办理投入使用的手续。

(四)附着式升降脚手架的使用

1. 爬架的提升

提升的总体思路:第一步,插上防坠销,将提升支座提升至最上一层并固定;第二步,拆开调节顶撑,调整电动升降设备并预紧,拔下承重支座承重销,松开防坠器;第三步,提升架体,支座上部插防坠销,承重支座安装好承重销,防坠支座安装好调节顶撑,锁紧防坠器。

2. 爬架升降前的准备工作

爬架升降前的准备工作包括以下几项。

(1)由安全技术负责人对爬架提升的操作人员进行安全技术交底,明确分工,责任落实到位,并记录和签字。

(2)按分工清除架体上的活荷载、杂物与建筑的连接物、障碍物。

(3)安装电动升降装置,接通电源,空载试验,检查防坠器。

(4)准备操作工具,如专用扳手、手锤、千斤顶、撬棍等。

(5)安装平台的搭设。

在升降爬架之前,需对爬架进行全面检查,详细的书面记录内容包括以下部分。

(1)附着支撑结构附着处混凝土实际强度已达到脚手架设计要求。

(2)所有螺栓连接处螺母已拧紧。

(3)应撤去的施工活荷载已撤离完毕。

(4)所有障碍物已拆除,所有不必要的约束已解除。

(5)电动升降系统能正常运行。

(6)所有相关人员已到位,无关人员已全部撤离。

(7)所有预留螺栓孔洞或预埋件符合要求。

(8)所有防坠装置功能正常。

(9)所有安全措施已落实。

(10)其他必要的检查项目。

如上述检查项目有一项不合格,应停止升降作业,查明原因排除隐患后方可作业。

3. 爬架的提升

人员落实到位,架体操作的人员组织:

(1)以若干个单片提升作为一个作业组,做到统一指挥,分工明确,各负其责。

(2)下设组长1名,负责全面指挥;操作人员1名,负责电动装置管理、操作、调试、保养的全部责任。

(3)在一个工程中,根据工期要求,可组织几个作业组各自同时对架体进行提升,作业组完成一架体的提升时间约为45 min。

升降过程中必须统一指挥,指令规范,并应配备必要的巡视人员。

4. 爬架升降后的检查验收

检查验收内容包括以下几个部分。

(1)检查拆装后的螺栓螺母是否真正按扭矩拧到位,检查是否有应该安装的螺栓没有装上;架体上拆除的临时脚手杆及与建筑的连接杆要按规定搭接,检查脚手杆、安全网是否按规定围护好。

(2)检查承重销及顶撑是否安装到位。

(3)检查防坠器是否锁紧。

(4)架体提升后,要由爬架施工负责人组织对架体各部位进行认真的检查验收,每跨架体都要有检查记录,存在问题必须立即整改。

(5)检查合格达到使用要求后由爬架施工负责人填写《附着式升降脚手架施工检查验收表》,双方签字盖章后方可投入下一步使用。

5. 在提升过程中需要注意的事项

(1)升降过程中,若出现异常情况,必须立即停止升降进行检查,彻底查明原因、消除故障后方能继续升降。每一次异常情况均应做详细的书面记录。

(2)整体电动爬架升降过程中由于升降动力不同步(相邻两个主框架高差超过 50 mm)引起超载或失载过度时,应通过控制柜点动予以调整。

(3)邻近塔吊、施工电梯的爬架进行升降作业时,塔吊、施工电梯等设备应暂停使用。

(4)升降到位后,爬架必须及时予以固定。在没有完成固定工作且未办妥交付使用前,爬架操作人员不得交班或下班。

6. 爬架的使用

注意事项如下。

(1)爬架不得超载使用,不得使用体积较小而重量过重的集中荷载。如设置装有混凝土养护用水的水槽、集中堆放物料等。

(2)禁止下列违章作业:不得超载,不得将模板支架、缆风绳、泵送混凝土和砂浆的输送管等固定在脚手架上;严禁悬挂起重设备、任意拆除结构件或松动连接件、拆除或移动架体上的安全防护设施、起吊构件时碰撞或扯动脚手架;严禁使用中的物料平台与架体仍连接在一起;严禁在脚手架上推车。

(3)爬架穿墙螺栓应牢固拧紧(扭矩为 700~800 N·m)。检测方法:一个成年劳力靠自身重量以 1.0 m 加力杆紧固螺栓,拧紧为止。

(4)施工期间,定期对架体及爬架连接螺栓进行检查,若发现连接螺栓脱扣或架体变形现象,应及时处理。

(5)每次提升,使用前都必须对穿墙螺栓进行严格检查,若发现裂纹或螺纹损坏现象,必须予以更换。

(6)及时清理架体上的杂物、垃圾、障碍物。

(7)螺栓连接件、升降动力设备、防倾装置、防坠装置、电控设备等应至少每月维护保养一次。

(8)遇 5 级及以上大风、大雨、大雪、浓雾和雷雨等恶劣天气时禁止进行爬架升降和拆卸作业,并应事先对爬架架体采取必要的加固措施或其他应急措施。如将架体上部悬挑部位用钢管和扣件与建筑物拉结,以及撤离架体上的所有施工活荷载等。夜间禁止进行爬架的升降作业。

(9)当附着升降脚手架停用超过 3 个月时,应提前采取加固措施,如增加临时拉结、抗上翻装置、固定所有构件等,确保停工期间的安全;脚手架停用超过 1 个月或遇 6 级以上大风后复工时,应进行检查,确认合格后方可使用。

7. 作业过程中的检查保养

(1)施工期间,每次浇筑完混凝土后,必须将导向架滑轮表面的杂物及时清除,以便导轨自由上下。

(2)有关电动提升装置的维修与保养,详情请见《爬架电动系统使用说明书》。

(3)使用过程中应注意防坠、防水、防锈。

(4)每次使用前必须检查其灵敏度。

8. 爬架的下降

下降过程为提升的逆过程。

(五)附着式升降脚手架的拆除

1. 附着式升降脚手架的拆除步骤

(1)制订方案:根据施工组织设计和爬架专项施工方案,并结合拆除现场的实际情况,有针对性地编制爬架拆除方案,对人员组织、拆除步骤、安全技术措施提出详细要求。拆除方案必须经脚手架施工单位安全、技术主管部门审批后方可实施。

(2)方案交底:方案审批后,由施工单位技术负责人和脚手架项目负责人对操作人员进行拆除工作的安全技术交底;拆除人员需佩戴完备的安全防护,在拆除区域设立标志、警戒线及安检员。

(3)清理现场:拆除工作开始前,应清理架体上堆放的材料、工具和杂物,清理拆除现场周围的障碍物。

(4)人员组织:施工单位应组织足够的操作人员参加架体拆除工作。

2. 爬架拆除的原则

(1)架体拆除顺序为先搭后拆,后搭先拆,严禁按搭设程序拆除架体。

(2)拆除架体各步时应一步一清,不得同时拆除两步以上。每步上铺设的脚手板以及架体外侧的安全网应随架体逐层拆除,是操作人员又一个相对安全的作业条件。

(3)各杆件或零部件拆除时,应用绳索捆扎牢固,缓慢放至地面、群楼顶或楼面,不得抛掷脚手架上的各种材料及工具。

(4)拆下的结构件和杆件应分类堆放,并及时运出施工现场,集中清理保养,以备重复使用。

(5)拆除作业应在白天进行,遇 5 级及以上大风和大雨、大雪、浓雾和雷雨等恶劣天气时,不得进行拆除作业。

五、附着式升降脚手架应注意的安全问题

(一)规范对附着式升降脚手架的安全构造要求

(1)架体结构高度不应大于 5 倍楼层高度(2.9 m×5 =14.5 m)。

(2)架体宽度不应大于 1.2 m(本工程架体为 0.9 m)。

(3)直线布置的架体支撑跨度不应大于 7 m,折线或曲线不应大于 5 m。

（4）水平悬挑长度不大于 2 m，且不大于跨度的 1/2。

（5）架体全高与支撑跨度的乘积不大于 110 m²。

（6）竖向主框架每层应设置一道附墙支座，附墙支座与建筑物连接的螺栓螺母不少于 2 个。采用弹簧垫架单螺母时，螺杆漏丝不少于 3 扣，且不少于 10 mm。附墙支座支承的墙不小于 C10。

（7）转料平台严禁与爬架连接。

（8）水平支承桁架最底层应设置脚手板，并应铺满铺牢，与建筑物墙面之间也应设置脚手板全封闭、宜设置翻转的密封翻板。在脚手板的下面应用安全网兜底。

（9）物料平台不得与附着式升降脚手架各部位和各结构构件相连，其荷载应直接传递给建筑工程结构。

（10）当架体遇到塔吊、施工电梯、物料平台需断开或开洞时，断开处应加设栏杆和封闭，开口处应有可靠的防止人员及物料坠落的措施。

（11）附着式升降脚手架必须具有防倾覆、防坠落和同步升降控制的安全装置。

（12）防坠落装置必须符合下列规定。

①防坠落装置应设置在竖向主框架处并附着在建筑结构上，每一升降点不得少于一个防坠落装置，防坠落装置在使用和升降工况下都必须起作用。

②防坠落装置必须是机械式的全自动装置，严禁使用每次升降都需重组的手动装置。

③防坠落装置技术性能除应满足承载能力要求外，还应符合相关规定。

④防坠落装置应具有防尘、防污染的措施，并应灵敏可靠和运转自如。

⑤防坠落装置与升降设备必须分别独立固定在建筑结构上（也就是防坠装置不得与提升装置设置在同一附墙支座上）。

（二）爬架在使用过程中注意的安全事项

1. 遇到下列情况之一时，提升架不得进行升降作业。

（1）6 级以上大风。

（2）雨雪天气。

（3）夜间。

（4）钢梁安装处的混凝土强度低于 C15。

2. 防止葫芦链条翻链、咬链或错扭等。

3. 架体应有可靠的避雷措施。

4. 升降脚手架时，架子上严禁站人（包括架体操作人员）。

第二节 模板工程

一、大模板构造

随着我国经济迅速发展，高层建筑、大跨度建筑大量兴建，都促使高层脚手架和空间高、跨度大、荷载大的模板支架应用日渐增多，高大模板在施工中已经开始被广泛运用，本学习单元主要介绍大模板工程。

大模板施工,就是采用工具式大型模板,配以相应的吊装机械,以机械化生产方式在施工现场浇筑钢筋混凝土墙体。这种施工方法施工工艺简单,施工速度快,劳动强度低,装修的湿作业减少,而且房屋的整体性好,抗震能力强,因而有广阔的发展前途。

我国目前采用大模板施工的工程基本上分为三类:预制外墙板内墙现浇混凝土(简称内浇外板),内外墙全现浇和外墙砌体内墙现浇(简称内浇外砌)。

采用大模板施工,要求建筑结构设计标准化,预制构配件与大模板配套,以便能使大模板通用,提高重复使用次数,降低施工中模板的摊销费。在建筑方面,大模板施工要求设计参数简化,开间和进深尺寸的种类要减少,而且应符合一定的模数,层高要固定,在一个地区内墙厚也应当固定,这样就为减少大模板的使用类型创造了条件。此外,建筑物体型应力求简单,尽量避免结构刚度的突变,以减少扭转、振动及应力集中。

(一)大模板的分类

(1)按板面材料分为木质模板、金属模板、化学合成材料模板。

(2)按组拼方式分为整体式模板、模数组合式模板、拼装式模板。

(3)按构造外形分为平模、小角模、大角模、筒子模。

(二)大模板的构造形式

大模板主要是由板面系统、支撑系统、操作平台和附件组成,分为桁架式大模板、组合式大模板、拆装式大模板、筒形模板以及外墙大模板。

(1)板面系统:包括板面、加劲肋和竖楞。

(2)支撑系统:支撑系统作用是承受水平荷载,防止模板倾覆,每块大模板用 2~4 榀桁架形成支撑机构,桁架用螺栓或焊接的方法与竖楞连接起来。

(3)操作平台:施工人员操作的场所和运行的通道。

(4)附件:主要是指穿墙螺栓。穿墙螺栓的作用是加强模板的刚度,控制模板的间距。

(三)板面材料

大模板的板面是直接与混凝土接触的部分,它承受着混凝土浇筑时的侧压力,要求表面平整,加工精密,有一定刚度,能多次重复使用,其材料有钢、木、塑等。

1. 整块钢板面

一般用 4~6 mm(以 6 mm 为宜)钢板拼焊而成。这种板面具有良好的强度和刚度、能承受较大的混凝土侧压力及其他施工荷载、重复利用率高、一般周转次数在 200 次以上。另外,由于钢板面平整光洁、耐磨性好、易于清理,这些均有利于提高混凝土表面的质量。缺点是耗钢量大、重量大、易生锈、不保温、损坏后不易修复。

2. 组合钢模板组拼板面

这种板面一般以 2.75~3.0 mm 厚的钢板为板面,虽然也具有一定的强度和刚度、耐磨、自重较整块钢板面要轻、能做到一模多用,但拼缝较多、整体性差,周转使用次数不如整块钢板面多,在墙面质量要求不严的情况下可以采用。用中型组合钢模板拼制而成的大模板,拼缝较少。

3. 木质板面

可作板面的材料有多层胶合板、硬质夹心纤维板和酚醛薄膜胶合板等。青岛生产的

"熊猫牌"模板,主要规格为 2 440 mm×1 220 mm,是用 1.5 mm 厚的单板,由酚醛胶压制而成,表面敷以三聚氰胺树脂薄膜,具有表面平整、可作企口拼缝、重量轻、防水、耐磨、耐酸碱、保温性能好、易脱模(使用前 8 次可不涂脱模剂)、可两面使用等特点。

硬质夹心纤维板系用木条做芯材,以硬质纤维板做板面,用酚醛树脂胶热压而成,表面采用改性树脂胶进行增强处理,其厚度有 12 mm、14 mm、16 mm、18 mm,也可根据需要生产其他厚度。规格尺寸与木胶合板相同,性能相似。木质板面可用螺栓与大模板骨架连接。

4. 钢框胶合板板面

青岛瑞达模板公司生产的钢框胶合板板面,是以 60 mm × 80 mm 和 40 mm × 60 mm 薄壁空腹方钢做龙骨,以热轧型钢做边框的大模板。这种大模板自重轻、整体刚度好、可以修补。

5. 高分子合成材料板面

这种板面以玻璃钢或硬质塑料板做成。具有自重轻、拆装方便、表面平整光滑、容易脱模、不锈蚀、遇水不膨胀等特点。缺点是刚度小、怕撞击、容易变形。

(四)构造类型

1. 内墙模板

模板的尺寸一般相当于每面墙的大小,这种模板由于无拼接接缝,浇筑的墙面平整。内墙模板有以下几种。

(1)整体式大模板

又称平模,是将大模板的面板、骨架、支撑系统和操作平台组拼焊成一体。这种大模板由于是按建筑物的开间、进深尺寸加工制造的,通用性差,并需用小角模解决纵、横墙角部位模板的拼接处理,仅适用于大面积标准住宅的施工,目前已不多用。

(2)组合式大模板

组合式大模板是目前最常用的一种模板形式。它通过固定于大模板板面的角模把纵横墙的模板组装在一起,同时浇筑纵横墙的混凝土。并可利用模数条模板加以调整,适应不同开间、进深尺寸的需要。

面板骨架由竖肋和横肋组成,直接承受面板传来的荷载。竖肋,一般采用 60 mm × 6 mm 扁钢,间距 400 ~ 500 mm;横肋(横龙骨),一般采用 8 号槽钢,间距为 300 ~ 350 mm;竖龙骨采用成对 8 号槽钢,间距为 1 000 ~ 1 400 mm。

横肋与板面之间用断续焊,焊点间距在 20 cm 以内。竖龙骨与横肋之间要满焊,形成整体。

横墙模板的两墙,一端与内纵墙连接,端部焊扁钢,做连接件;另一端与外墙板或外墙大模板连接,通过长销孔固定角钢;或通过扁钢与外墙大模板连接。

纵墙大模板的两端,用角钢封闭。在大模板底部两端,各安装一个地脚螺栓,以调整模板安装时的水平度。

支撑系统由支撑架和地脚螺栓组成,其作用是承受风荷载和水平力,以防止模板倾覆,保持模板堆放和安装时的稳定。

支撑架一般用型钢制成,每块大模板设 2 ~ 4 个支撑架。支撑架上端与大模板竖龙骨用螺栓连接,下部横杆槽钢端部设有地脚螺栓,用以调节模板的垂直度。模板自稳角的大小与地脚螺栓的可调高度及下部横杆长度有关。

操作平台由脚手板和三角架构成，附有铁爬梯及护身栏。三脚架插入竖龙骨的套管内，组装及拆除都比较方便。护身栏用钢管做成，上下可以活动，外挂安全网。每块大模板设置铁爬梯一个，供操作人员上下使用。

（3）拆装式大模板

其板面与骨架以及骨架中各钢杆件之间的连接全部采用螺栓组装，这样比组合式大模板便于拆改，也可减少因焊接而变形的问题。

板面与横肋用 M6 螺栓连接固定，其间距为 35 cm。为了保证板面平整，板面材料在高度方向拼接时，应拼接在横肋上；在长度方向拼接时，应在接缝处后面铺一木龙骨。

横肋及周边边框全用 M16 螺栓连接成骨架，连接螺孔直径为 18 mm。为了防止木质板面四周损伤，可在其四周加槽钢边框，槽钢型号应比中部槽钢大一个板面厚度。若采用 20 mm 厚胶合板，普通横肋为 8 号槽钢，则边框应采用 10 号槽钢；若采用钢板板面，其边框槽钢与中部槽钢尺寸相同。各边框之间焊以 8 mm 厚钢板，钻 08 的螺孔，用以互相连接。

竖龙骨采用 10 号槽钢成对放置，用螺栓与横龙骨连接。

骨架与支撑架及操作平台的连接方法与组合式模板相同。

2. 外墙模板

全现浇剪力墙混凝土结构的外墙模板结构与组合式大模板基本相同，但有所区别。除其宽度要按外墙开间设计外，还要解决以下几个问题。

（1）门窗洞口的设置

这个问题的习惯做法是将门窗洞口部位的骨架取掉，按门窗洞口尺寸，在模板骨架上做一边框，并与模板焊接为一体。门、窗洞口的开洞宜在内侧大模板上进行，以便于捣固混凝土时进行观察。

另一种做法是在外墙内侧大模板上，将门、窗洞口部位的板面取掉，同样做一个型钢边框，并采取以下两种方法支设门、窗洞口模板。

①散装散拆方法，按门、窗洞口尺寸先加工洞口的侧模和角模，钻连接销孔。在大模板骨架上按门、窗洞口尺寸焊接角钢边框，其连接销孔位置要和门、窗洞口模板一致。支模时，将门、窗洞口模板用 U 形卡与角钢固定。

②板角结方法，在模板面门、窗洞口各个角的部位设专用角模，门、窗洞口的各面做条形板模，各板模用合页固定在大模板板面上。支模时用钢筋钩将其支撑就位，然后安装角模。角模与侧模用企口缝连接。

目前最新的做法是将大模板板面不再开门窗洞口，门洞和窄窗采用假洞口框固定在大模板上，装拆方便。

（2）衬模的选择

外墙采用装饰混凝土时，要选用适当的衬模。装饰混凝土是利用混凝土浇筑时的塑性，依靠衬模形成有花饰线条和纹理质感的装饰图案，是一种新的饰面技术。它的成本低，耐久性好，能把结构与装修结合起来施工。

目前国内应用的衬模材料及其做法如下。

①铁木衬模：用 2 mm 厚铁皮加工成凹凸形图案，与大模板用螺栓固定。在铁皮的凸槽内，用木板填塞严实。

②角钢衬模：用 30 mm×30 mm 角钢，按设计图案焊接在外墙外侧大模板板面即可，焊

缝须磨光。角钢端部接头、角钢与模板的缝隙及板面不平处,均应用环氧砂浆嵌填、刮平、磨光,干后再涂刷两遍环氧清漆。

③橡胶衬模:若采用油类脱模剂,应选用耐热、耐油橡胶做衬模。一般在工厂按图案要求辊轧成型,在现场安装固定。线条的端部应做成45°斜角,以利于脱模。

④梯形塑料条:将梯形塑料条用螺栓固定在大模板上。横向放置时要注意安装模板的标高,使其水平一致;竖向放置时,可长短不等,疏密相同。

(3)外墙上下层和以及相邻模板的处理

保证外墙上下层不错台、不漏浆和相邻模板平顺问题。为了解决外墙竖线条上下层不顺直的问题,防止上下楼层错台和漏浆,要在外墙外侧大模板的上端固定一条宽175 mm、厚30 mm、长度与模板宽度相同的硬塑料板,在其下部固定一条宽145 mm、厚30 mm的硬塑料板。为了能使下层墙体作为上层模板的导墙,在其底部连接固定一条12号槽钢,槽钢外面固定一条宽120 mm、厚32 mm的橡胶板。浇筑混凝土后,墙体水平缝处形成两道腰线,可以作为外墙的装饰线。上部腰线的主要功能是在支模时将下部的橡胶板和硬塑料板卡在里边做导墙,橡胶板起封浆条的作用。所以浇筑混凝土时,既可保证墙面平整,又可防止漏浆。

为保证相邻模板平整,要在相邻模板垂直接缝处用梯形橡胶条、硬塑料条或L30×4做堵缝条,用螺栓固定在两大模板中间。这样既可防止接缝处漏浆,又使相邻外墙中间有一条过渡带,拆模后可以作为装饰线或抹平。

(4)外墙大角的处理

外墙大角处相邻的大模板,采取在边框上钻连接销孔,将1根80 mm×80 mm的角模固定在一侧大模板上。两侧模板安装后,用U形卡与另一侧模板连接固定。

(5)外墙外侧大模板的支设

一般采用外支安装平台方法。安装平台由三角挂架、平台板、安全护身栏和安全网所组成,是安放外墙大模板、进行施工操作和安全防护的重要设施。在有阳台的地方,外墙大模板安装在阳台上。

三角挂架是承受模板和施工荷载的构件,必须保证有足够的强度和刚度。各杆件用2L50×5焊接而成,每个开间内设置两个,通过料φ40的L形螺栓挂钩固定在下层外墙上。

平台板用型钢做横梁,上面焊接钢板或铺脚手架,宽度要满足支模和操作需要。其外侧设有可供两个楼层施工用的护身栏和安全网。为了方便施工,还可在三角挂架上用钢管和扣件做成上、下双层操作平台。即上层作结构施工用,下层作为墙面修补用。

3. 电梯井模板

用于高层建筑的电梯井模板,其井壁外围模板可以采用大模板,内侧模板可采用筒形模板(筒形提模)。

(1)组合式提模

组合式提模由模板、门架和底盘平台组成。模板可以做成单块平模,也可以将四面模板固定在支撑架上。整体安装模板时,将支撑架外撑,模板就位;拆除模板时,吊装支撑架,模板收缩移位,即可将模板随支架同时拆除。

电梯井内的底盘平台可做成工具式,伸入电梯间筒壁内的支撑杆可做成活动式、拆除时将活动支撑杆缩入套筒内即可。

（2）组合式铰接筒形模

组合式铰接筒形模的面板由钢框胶合板模板或组合式钢模板拼装而成，在每个大角用钢板铰链拼成三角铰，并用铰链与模板板面连成一体，通过脱模器使模板启合，达到支拆模板的目的。筒形模的吊点设在4块墙模的上部，由4个吊索起吊。

大模板由钢框覆面胶合板模板组成，连同铰接角膜一起，可组成任意规格尺寸的大模板。模板背面用50 mm×100 mm方钢管连接，横向方钢管龙骨外侧再用同样钢管做竖龙骨。

铰接式角模除作为筒模的一个组成部分外，其本身还具有支模和拆模的功能。支模时，角模张开，两翼呈90°；拆模时，两翼收拢。角模有三个铰链轴，即 A、B_1、B_2，如图 10-2（b）所示，当脱模时，脱模器牵动相邻的大模板，使其脱离相应墙面的内链板 B_1、B_2 轴，同时外链板移动时 A 轴也脱离墙面，这样就完成了脱模工作。

角膜和脱模器构造，如图 10-2 所示。

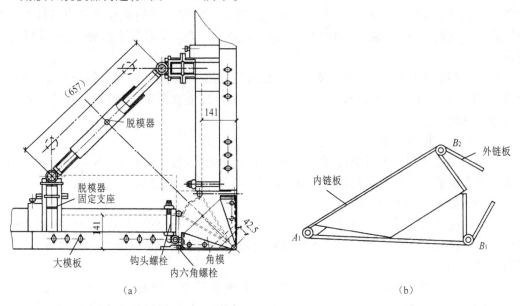

（a）

（b）

图 10-2 角模及脱模器构造

（a）角横；（b）脱模器构造

二、模板设计

（一）设计原则

（1）模板的设计应与建筑设计配套。规格类型要少，通用性要强，能满足不同平面组合的需要。

（2）力求构造简单合理，装拆灵活方便。

（3）模板的组合，尽量做到纵、横墙体能同时浇筑混凝土。

（4）坚固耐用，经济合理。大模板的设计首先要满足刚度要求，确保大模板在堆放、组装、拆除时自身稳定，以增强其周转使用次数。同时应采用合理的结构，恰当地选用钢材规格，以减少一次投资量。

（二）大模板的配制

1. 按建筑平面确定模板型号

根据建筑平面和轴线尺寸,凡外形尺寸和节点构造相同的模板均可列为同一型号。当节点相同、外形尺寸变化不大时,则以常用的开间尺寸为基准模板,另配模板条。

2. 按施工流水段确定模板数量

为了便于大模板周转使用,常温情况下一般以一天完成一个流水段为宜。所以,必须根据一个施工流水段轴线的多少来配置大模板。同时还必须考虑特殊部位的模板配置问题,如电梯间墙体、全现浇筑工程中山墙和伸缩缝部位的模板数量。

3. 根据房间的开间、进深、层高确定模板的外形尺寸

（1）模板高度。与层高和模板厚度有关,一般可以通过下式确定:

$$H = h - h_1 - C_1 \qquad (10-1)$$

式中,H 为模板高度（mm）;h 为楼层高度（mm）;H_1 为楼板厚度（mm）;C_1 为余量,考虑到模板找平层砂浆厚度及模板安装不平等因素而采用的一个常数,通常取 20~30 mm。

（2）横墙模板长度。横墙模板长度与进深轴线、墙体厚度以及模板的搭接方法有关,按下式计算:

$$L = L_1 - L_2 - L_3 - C_2 \qquad (10-2)$$

式中,L 为内横墙模板长度（mm）;L_1 为进深轴线尺寸（mm）;L_2 为外墙轴线至外墙内表面的尺寸（mm）;L_3 为内墙轴线至墙面的尺寸（mm）;C_2 为拆模方便,外端设置一角模,其宽度通常取 50 mm。

（3）纵墙模板长度。纵墙模板长度与开间轴线尺寸、墙体厚度以及横墙模板厚度有关,按下式确定:

$$B = b_1 - b_2 - b_3 - C_3 \qquad (10-3)$$

式中,B 为纵墙模板长度（mm）;b_1 为开间轴线尺寸（mm）;b_2 内横墙厚度（mm）,端部纵横墙模板设计时,此尺寸为内横墙厚度的 1/2 加外轴线到内墙皮的尺寸;b_3 为横墙模板厚度的 2 倍（mm）;C_3 为模板搭接余量,为使模板能适应不同的墙体厚度,故取一个常数,通常取 20 mm。

4. 加工质量要求

（1）加工制作模板所用的各种材料与焊条,以及模板的几何尺寸必须符合设计要求。

（2）各部位焊接牢固,焊缝尺寸符合设计要求,不得有漏焊、夹渣、咬肉、开焊等现象。

（3）毛刺、焊渣要清理干净,防锈漆涂刷均匀。

（4）质量允许偏差应符合规定。

三、施工要点及注意事项

（一）施工流水段划分的原则

流水段的划分,要根据建筑物的平面、工程量、工期要求和机具设备条件综合考虑。一般应注意以下几点。

（1）尽量使各流水段的工程量大致相等,模板的型号、数量基本一致,劳动力配备相对稳定,以利于组织均衡施工。

（2）要使各流水段的吊装次数大致相等，以便充分发挥垂直起重设备的能力。

（3）采取有效的技术组织措施，做到每天完成一个流水段的支模、拆模工序，使大模板得到充分的利用。即配备一套大模板，按日夜两班制施工，每24 h完成一个施工流水段，其流水段的范围是几条轴线（指内横轴线）。另外，根据流水段的范围，首先计算全部工程量和所需的吊装次数，以确定起重设备（一般采用塔式起重机）的台数；其次是确定施工周期。由于大模板工程的施工周期与结构施工的一些技术要求（如墙体混凝土达到 1 N/mm^2，方可拆模；达到 4 N/mm^2，方可安装楼板）有关，因此施工周期的长短与每个施工流水段能否实现24 h完成有密切关系。如一栋全现浇大模板工程共为5个单元（每个单元5条轴线），流水段的范围定为5条轴线，则施工周期为5天一层。

（二）内墙大模板的安装和拆除

（1）大模板运到现场后，要清点数量，核对型号。清除表面锈蚀和焊渣，板面拼缝处要用环氧树脂腻子嵌缝。背面涂刷防锈漆，并用醒目字体注明编号，以便安装时对号入座。

大模板的三角挂架、平台、护身栏以及背面的工具箱，必须经全部检查合格后，方可组装就位。对模板的自稳角要进行调试，检测地脚螺栓是否灵便。

（2）大模板安装前，应将安装处的楼面清理干净。为防止模板缝隙偏大出现漏浆，一般可采取在模板下部抹平层砂浆，待砂浆凝固后再安装模板；或在墙体部位用专用模具，先浇筑高 5～10 cm 的混凝土导墙，然后再安装模板。

（3）安装模板时，应按顺序吊装就位。先安装横墙一侧的模板，靠吊垂直后，放入穿墙螺栓和塑料套管，然后安装另一侧的模板，并经靠吊垂直后才能旋紧穿墙螺栓。横墙模板安装完毕后，再安装纵墙模板。墙体的厚度主要靠塑料套管和导墙来控制，因此，塑料套管的长度必须和墙体厚度一致。

（4）靠吊模板的垂直度，可采用 2 m 长双十字靠尺检查。如板面不垂直或横向不水平，必须通过支撑架地脚螺栓或模板下部的地脚螺栓进行调整。

（5）大模板安装后，如底部仍有空隙，应用水泥纸袋或木条塞紧，以防漏浆。但不可将其塞入墙体内，以免影响墙体的断面尺寸。

（6）楼梯间墙体模板的安装，可采用楼梯间支模平台方法。为了解决好上下墙体接槎处不漏浆，可采用以下几种方法。

①把圈梁模板与墙体大模板连接为一体，同时施工。做法是：针对圈梁高13 cm，把1根 24 号槽钢切割成 140 mm 和 100 mm 高，长度依据楼梯休息平台到外墙的净空尺寸下料，然后将切割的槽钢搭接 30 mm 对焊在一起。在槽钢下侧打孔，用 $\phi6$ 螺栓和 $3 \text{ mm} \times 50 \text{ mm}$ 的扁钢固定两道 b 字形橡皮条。在圈梁槽钢模板与楼梯平台相交处，根据平台板的形状做成企口，并留出 20 mm 空隙，以便于支拆模板。圈梁模板要与大模板用螺栓连接固定在一起，其缝隙应用环氧树脂腻子嵌平。

②直接用 20 号或 16 号槽钢与大模板连接固定，槽钢外侧用扁钢固定 b 形橡皮条。

③楼梯间墙模板支设，要注意直接引测轴线，以保证放线精度。先安装一侧模板，并将圈梁模板与下层墙体贴紧，靠吊垂直后，用 100 mm × 100 mm 的木方撑牢。

（7）大模板连接固定圈梁模板后，与后支架高低不一致。为保证安全，可在地脚螺栓下部嵌 100 mm 高的垫木，以保持大模板的稳定，防止倾倒伤人。

(三)外墙大模板的安装和拆除

(1)施工时要弹好模板的安装位置线,保证模板就位准确。安装外墙大模板时,要注意上下楼层和相邻模板的平整度和垂直。要利用外墙大模板的硬塑料条压紧下层外墙,防止漏浆。并用倒链和钢丝绳将外墙大模板与内墙拉接固定,严防振捣混凝土时模板发生位移。

(2)为了保证外墙面上下层平整一致,还可以采用"导墙"的做法。即将外墙大模板加高(视现浇楼板厚度而定),使下层的墙体作为上层大模板的导墙,在导墙与大模板之间,用泡沫条填塞,防止漏浆,可以做到上下层墙体平整一致。

(3)外墙后施工时,在内横墙端部要留好连接钢筋,做好堵头模板的连接固定。

(4)如果外墙采用装饰混凝土,拆模时不能沿用传统的方法。可在外侧模板后支架的下部安装与板面垂直的滑动轨道,使模板做前后和左右移动。每根轨道上均有顶丝,模板就位后用顶丝将地脚顶住,防止前后移动。滑动轨道两端滚轴位置的下部,各设1个轨枕,内装与轨道滚动轴承方向垂直的滚动轴承。轨道坐落在滚动轴承上,可左右移动。滑动轨道与模板地脚连接,通过模板后支架与模板同时安装和拆除。这样,在拆除外侧模板时,可以先水平向外移动一段距离,使大模板与墙面脱离,防止因拆模碰坏装饰混凝土。

(四)安全要求

(1)大模板的存放应满足自稳角的要求,并采取面对面存放。长期存放模板,应将模板连成整体。没有支架或自稳角不足的大模板,要存放在专用的插放架上,或平卧堆放,不得靠在其他物体上,防止滑移倾倒。在楼层内存放大模板时,必须采取可靠的防倾倒措施。遇有大风天气,应将大模板与建筑物固定。

(2)大模板必须有操作平台、上入梯道、防护栏杆等附属设施,如有损坏应及时补修。

(3)大模板起吊前,应将吊装机械位置调整适当,稳起稳落,就位准确,严禁大幅度摆动。

(4)大模板安装就位后,应及时用穿墙螺栓、花篮螺栓将全部模板连接成整体,防止倾倒。

(5)全现浇大模板工程在安装外墙外侧模板时,必须确保三角挂架、平台或爬模提升架安装牢固。外侧模板安装后,应立即穿好销杆,紧固螺栓。安装外侧模板、提升架及三角挂架的操作人员必须挂好安全带。

(6)模板安装就位后,要采取防止触电保护措施,将大模板串联起来,并同避雷网接通,防止漏电伤人。

(7)大模板组装或拆除时,指挥和操作人员必须站在安全可靠的地方,防止意外伤人。

(8)模板拆模起吊前,应检查所有穿墙螺栓是否全都拆除。在确无遗漏、模板与墙体完全脱离后,方准起吊。拆除外墙模板时,应先挂好吊钩,绷紧吊索,门、窗洞口模板拆除后,再行起吊。待起吊高度越过障碍物后,方准行车转臂。

(9)大模板拆除后,要加以临时固定,面对面放置,中间留出60 cm宽的人行道,以便清理和涂刷脱模剂。

(10)提升架及外模板拆除时,必须检查全部附墙连接件是否拆除,操作人员必须挂好安全带。

(11)筒形模可用拖车整体运输,也可拆成平板用拖车重叠放置运输。平板重叠放置时,垫木必须上下对齐,绑扎牢固。

第三节　剪力墙钢筋施工

剪力墙钢筋现场绑扎工艺流程如下:弹墙体线、剔凿墙体混凝土浮浆、修理预留搭接、绑纵向筋、绑横向筋、绑拉接筋或支撑筋。

根据墙边线调整墙插筋的位置使其满足绑扎要求。每隔2~3 m绑扎一根竖向钢筋,在高度1.5 m左右的位置绑扎一根水平钢筋,然后把其余竖向钢筋与插筋连接,将竖向钢筋的上端与脚手架做临时固定并校正垂直。

在竖向钢筋上画出水平钢筋的间距,从下往上绑扎水平钢筋。墙的钢筋网,除靠近外围两行钢筋的相交点全部扎牢外,中间部分交叉点可间隔交错扎牢,但应保证受力钢筋不产生位置偏移;双向受力的钢筋,必须全部扎牢。绑扎应采用八字扣,绑扎丝的多余部分应弯入墙内(特别是有防水要求的钢筋混凝土墙、板等结构,更应注意这一点)。如剪力墙中有暗梁、暗柱时,应先绑暗梁、暗柱再绑周围横筋。

应根据设计要求确定水平钢筋是在竖向钢筋的内侧还是外侧,当设计无要求时,按竖向钢筋在里、水平钢筋在外布置。墙筋的拉结筋应勾在竖向钢筋和水平钢筋的交叉点上,并绑扎牢固。为方便绑扎,拉结筋一般做成一端135°弯钩、另一端90°弯钩的形状,所以在绑扎完后还要用钢筋扳子把90°的弯钩弯成135°。

剪力墙绑扎完后,棚上保护层垫块或塑料支架,以确保钢筋保护层厚度。

第四节　高强混凝土工程施工

一、高强混凝土施工

(一)高强混凝土的特点

1. 抗压强度高

由于高强混凝土抗压强度高,一般为普通强度混凝土的4~6倍,可在相同荷载作用下减小构件截面,从而降低结构自重,增加使用面积或有效空间。例如深圳贤成大厦,该建筑原设计计用C40级混凝土,改用C60级混凝土后,其底层面积可增大1 060 m²。

2. 耐久性好

由于高强混凝土的密实性高,因此它的抗渗、抗冻性能均优于普通混凝土。国外高强混凝土除高层和大跨度工程外,还大量用于海洋和港口工程,它们耐海水侵蚀和海浪冲刷的能力大大优于普通混凝土,可以提高工程使用寿命。

3. 变形小

由于具有变形小的特性,可提高构件的刚度,对于预应力混凝土构件,可以施加更大的预应力,早施加预应力,可因徐变小而减少预应力损失。

4. 简化施工工艺

用高效减水剂配制的高强混凝土,一般具有坍落度大和早强的特点,不但便于浇筑,而且能加快模板周转。在工程中同时使用不同强度的混凝土,还可尽量统一构件尺寸,为统一施工模板提供了可能。

5. 水泥用量大、收缩率高

生产高强混凝土应使用与之相匹配强度等级的水泥。鉴于目前高标号水泥的生产情况,大多 C50、C60 高强混凝土用 42.5 级水泥制备,因此水泥用量偏大,一般为 $400 \sim 600$ kg/m^3,因而混凝土收缩率大,开裂的可能性增加,并且高强混凝土的延性降低,要考虑适当的构造配筋。

6. 要注意过快的坍落度损失

在高强混凝土中掺加高效减水剂,能减少水灰比、加大流动性,达到增强的目的。但同时带来坍落度损失过快,30 min 即可损失 50% 甚至更高,难以泵送的问题。

7. 对施工管理要求较高

由于高强混凝土对各种原材料的要求比较严格,其质量易受生产、运输、浇筑和养护过程中环境因素的影响,因此对施工的每一环节都要仔细规划和检查,加强施工质量管理。

(二)高强混凝土原材料的选用

1. 水泥

宜选用质量稳定的硅酸盐水泥或普通硅酸盐水泥,不得采用结块的水泥,也不宜采用出厂超过 3 个月的水泥。配制 C80 及以上强度等级的混凝土时,水泥 28 d 胶砂强度不宜低于 50 MPa。生产高强混凝土时,水泥温度不宜高于 60 ℃。

2. 矿物掺合料

用于高强混凝土的矿物掺合料可包括粉煤灰、粒化高炉矿渣粉、硅灰、钢渣粉和磷渣粉,粉煤灰宜采用 I 级或 E 级的 F 类。配制 C80 及以上强度等级的高强混凝土掺用粒化高炉矿渣粉时,粒化高炉矿渣粉不宜低于 S95 级。当配制 C80 及以上强度等级的高强混凝土掺用硅灰时,硅灰的 SiO_2 含量宜大于 90%,表面积不宜小于 15×10^3 m^2/kg。

3. 细骨料

配制高强混凝土宜采用细度模数为 $2.6 \sim 3.0$ 的 E 区中砂,砂的含泥量和泥块含量应分别不大于 2.0% 和 0.5%。砂宜为非碱活性,不宜采用再生细骨料。

4. 粗骨料

粗骨料应采用连续级配,最大公称粒径不宜大于 25 mm。粗骨料的含泥量不应大于 0.5%,泥块含量不应大于 0.2%。粗骨料的针片状颗粒含量不宜小于 5%,且不应大于 8%。岩石抗压强度应比混凝土强度等级标准值高 30%。粗骨料宜为非碱活性,不宜采用再生粗骨料。

5. 外加剂

配制高强混凝土宜采用高性能减水剂,配制 C80 及以上等级混凝土时,高性能减水剂的减水率不宜小于 28%。外加剂应与水泥和矿物掺合料有良好的适应性,高强混凝土不应采用受潮结块的粉状外加剂。

6. 水

高强混凝土拌和用水和养护用水应符合《混凝土用水标准》(JGJ 63—2006)的规定。

混凝土搅拌与运输设备洗刷水不宜用于高强混凝土,未经淡化处理的海水不得用于高强混凝土。

(三)高强混凝土的配合比设计

高强混凝土的配制与普通混凝土相同,应根据设计要求的强度等级、施工要求的和易性进行配制,并应符合合理使用材料和经济的原则。

高强混凝土配合比设计应符合《普通混凝土配合比设计规程》(JGJ 55—2011)的规定,并应满足设计和施工要求。

高强混凝土配合比应经试验确定,在缺乏试验依据的情况下宜符合下列规定。

(1)水胶比、胶凝材料用量和砂率可按表 10 - 1 选取,并应经试配确定。

(2)外加剂和矿物掺合料的品种、掺量应通过试配确定,矿物掺合料掺量宜为 25% ~ 40%,硅灰掺量不宜大于 10%。

(3)大体积高强混凝土配合比试配和调整时,宜控制混凝土绝热温升不大于 50 ℃。

表 10 - 1 高强混凝土水胶比、胶凝材料用量和砂率

强度等级	水胶比	胶凝材料用量/(kg·m^{-3})	砂率/%
≥C60,<CC80	0.28 ~ 0.34	480 ~ 560	
≥C80,<C100	0.26 ~ 0.28	520 ~ 580	35 ~ 42
C100	0.24 ~ 0.26	550 ~ 600	

4. 高强混凝土设计配合比应在生产和施工前进行适应性调整,应以调整后的配合比作为施工配合比。生产过程中,应及时测定粗、细骨料的含水率,并根据其变化情况及时调整称量。

(四)高强混凝土的施工

高强混凝土的施工要求严于常规的普通混凝土,在符合《混凝土结构工程施工规范》(GB 50666—2011)和《混凝土质量控制标准》(GB 50164—2011)的基础上,还应符合《高强混凝土应用技术规程》(JGJ/T 281—2012)的规定。

高强混凝土施工技术方案可分为两个方面:一方面是搅拌站的生产技术方案(涉及原材料、混凝土制备和运输等),即进行生产质量控制;另一方面是工程现场的施工技术方案(涉及浇筑、成型、养护及相关的工艺和技术等),即进行现场施工质量控制。当然,这两个方面可以合为一体。

1. 原材料控制

按前述各种组成材料的性能要求选用好材料并按配合比设计要求准确计量,其称量允许偏差不应超过以下数值:水泥 ±2%,掺和料 ±1%,粗细骨料 ±3%,水及外加剂 ±1%。

2. 混凝土的搅拌

拌制高强混凝土应采用强制式搅拌机,搅拌时间可较普通混凝土适当延长,搅拌时投料顺序按常规做法。高效减水剂的投放时间应采取后掺法,宜在其他材料充分拌和后,即混凝土搅拌 1 ~ 2 mm 后掺入。搅拌时应严格、准确控制用水量,并应仔细测定砂石中的含水量,从用水量中扣除。

3. 混凝土的运输

高强混凝土坍落度的经时损失较普通混凝土大,因此,施工中应尽量缩短运输时间,以保证混凝土拌和物有较好的工作度。混凝土拌和物中的空气含量,在长时间的搅拌和运输过程中有可能增加,必要时应进行测试。对于水灰比大于 0.35 的高强混凝土,空气含量每增加 1%,抗压强度损失约 5%;水灰比低的高强混凝土损失则更大。因此,在运输过程中要尽量避免含气量的增加。

4. 混凝土的浇筑与振捣

无论是普通混凝土还是高强混凝土均要求在混凝土初凝前浇筑完毕,否则会形成施工缝或施工冷缝,影响结构的整体性。高强混凝土因坍落度经时损失较快,因此要严密制订混凝土的浇筑方案,准确掌握混凝土的初凝、终凝时间,随时根据现场情况,尤其是在高温期(温度超过 28 ℃)测定混凝土的坍落度,以便调整浇筑方案,使混凝土在良好的流动状态浇筑振捣完毕。高强混凝土的振捣宜采用高频振动器,振捣必须充分。对于使用高效减水剂后具有较大坍落度的混凝土,也应充分振捣。

注意:高强度混凝土中强度对用水量的变化极其敏感,因此,在运输和浇筑成型过程中往混凝土拌和物中加水会明显影响混凝土强度,同时也会对高强混凝土的耐久性能和其他力学性能产生影响,对工程质量有很大危害。所以在高强混凝土拌和物的运输和浇筑过程中,严禁往拌和物中加水。

5. 混凝土的养护

高强混凝土水灰比小,含水量少,浇筑后的养护好坏对混凝土强度的影响比普通混凝土大,同时加强养护也是避免产生温度裂缝的重要措施。

高强混凝土浇筑完毕后,必须立即覆盖养护或立即喷洒或涂刷养护剂,以保持混凝土表面湿润,养护日期应不少于 7 天。为保证混凝土质量,高强混凝土的入模温度应根据环境状况和构件所受的内、外约束程度加以限制。养护期间混凝土的内部最高温度不宜高于 75 ℃,并应采取措施使混凝土内部与表面、表面与大气的温度差均小于 25 ℃。

6. 混凝土的质量检查

在高强混凝土配制与施工前,应规定质量控制和质量保证实施细则,并明确专人监督执行。混凝土生产单位必须对混凝土的原材料条件及所配制的混凝土性能提出报告,待各方认可后方可施工。高强混凝土的质量检查验收按混凝土结构工程施工质量验收标准,但宜结合高强混凝土的特点,经各方事先商定,对其中强度验收方法做出适当的修正。对大尺寸的高强混凝土结构构件,应监测施工过程中混凝土的温度变化,并采取措施防止开裂及水化热造成的其他有害影响。对于重要工程,应同时抽取多组标准立方体试件,分别进行标准养护、密封下的同温养护(养护温度随结构构件内部实测温度变化)和密封下的标准温度养护,以对实际结构中的混凝土强度做出正确评估。

二、高性能混凝土施工

高性能混凝土是指采用常规材料和工艺生产,具有混凝土结构所要求的各项力学性能,且具有高耐久性、高工作性和高体积稳定性的混凝土。这种混凝土的拌和物具有大流动性和可泵性,不离析,而且保塑时间可根据工程需要来调整,便于浇捣密实。它是一种以耐久性和可持续发展为基本要求并适合工业化生产与施工的混凝土,是一种环保型、集约型的绿色混凝土。

（一）高性能混凝土原材料的选用

1. 水泥

宜选用与外加剂相容性好，强度等级大于 42.5 级的硅酸盐水泥、普通硅酸盐水泥或特种水泥［调粒水泥、球状水泥为保证混凝土体积稳定，宜选用 C_3S 含量高、而 C_3A 含量低（小于 8%）的水泥］。一般不宜选用 C_3A 含量高、细度小的早强型水泥。在含碱活性骨料应用较集中的环境下，应限制水泥的总碱含量不超过 0.6%。

2. 矿物掺合料

在高性能混凝土中加入较大量的磨细矿物掺合料，可以起到降低温升、改善工作性、增进后期强度、改善混凝土内部结构、提高耐久性、节约资源等作用。常用的矿物掺合料有粉煤灰、粒化高炉矿渣微粉、沸石粉、硅粉等。矿物掺合料不仅有利于提高水化作用、强度、密实性和工作性，降低空隙率，改善孔径结构，还对抵抗侵蚀和延缓性能退化等均有较大的作用。

高性能混凝土中，矿物微细粉等量取代水泥的最大用量宜符合下列要求。

（1）硅粉不大于 10%，粉煤灰不大于 30%，磨细矿渣粉不大于 40%，天然沸石粉不大于 10%，偏高岭土粉不大于 15%，复合微细粉不大于 40%。

（2）粉煤灰超量取代水泥时超量值不宜大于 25%。

3. 细骨料

混凝土中骨料体积约占混凝土总体积的 65%～85%。粗骨料的岩石种类、粒径、粒形、级配以及软弱颗粒和石粉含量将会影响拌和物的和易性及硬化后的强度，而细骨料的粗细和级配对混凝土流变性能的影响更为显著。

高性能混凝土采用的细骨料应选择质地坚硬、级配良好的中、粗河砂或人工砂，细度模量为 2.6～3.2，通过公称粒径为 315 mm 筛孔的砂不应少于 15%，含泥量不大于 1.0%，泥块含量不大于 0.5%。当采用人工砂时，更应注意控制砂子的级配和含粉量。

4. 粗骨料

粗骨料宜选用质地坚硬、级配良好的石灰岩、花岗岩、辉绿岩、玄武岩等碎石或碎卵石，母岩的立方体抗压强度应比所配制的混凝土强度至少高 20%；粗骨料中针片状颗粒含量应小于 10%，且不得混入风化颗粒；含泥量不大于 0.5%；泥块含量不大于 0.2%；粗骨料的最大粒径不宜大于 25 mm，宜采用 15～25 mm 和 5～15 mm 两级粗骨料配合。在一般情况下，不采用碱活性骨料。

配制 C60 以上强度等级高性能混凝土的粗骨料，应选用级配良好的碎石或碎卵石。岩石的抗压强度与混凝土的抗压强度之比不宜低于 1.5，或其压碎值 Q_e 宜小于 10%。

5. 外加剂

外加剂要有较好的分散减水效果，能减少用水量，改善混凝土的工作性，从而提高混凝土的强度和耐久性。高效减水剂是配制高性能混凝土必不可少的，高性能混凝土中宜选用减水率高（减水率不宜低于 20%）、与水泥相容性好、含碱量低、坍落度经时损失小的品种，如聚羟基羧酸、接枝共聚物等。

6. 水

高性能混凝土的单方用水量不宜大于 175 kg/m^3。

(二)高性能混凝土的施工

高性能混凝土的形成不仅取决于原材料、配合比以及硬化后的物理力学性能,也与混凝土的制备与施工有决定性关系。高性能混凝土的施工与普通混凝土相类似,但又有其不同的特点,如混凝土拌和物的水灰比小、结构黏度大、坍落度损失快、早期自收缩大等。高性能混凝土施工中要注意使其具有高流动性,坍落度不小于 20 cm 且 1.0～1.5 h 内基本上无坍落度损失;要注意早期养护,防止在塑性阶段就发生自收缩开裂,高性能混凝土的湿养护时间要比普通混凝土长。

高性能混凝土的浇筑应采用泵送施工,高频振捣器振动成型。混凝土浇筑时应加强施工组织和调度,混凝土的供应必须确保在规定的施工区段内连续浇筑的需求量。混凝土的自由倾落高度不宜超过 2 m;在不出现分层离析的情况下,最大落料高度应控制在 4 m 以内。泵送混凝土前应根据现场情况合理布管,在夏季高温时应采用湿草帘或湿麻袋覆盖降温,冬季施工时应采用保温材料覆盖。混凝土搅拌后 120 min 内应泵送完毕,如因运送时间不能满足要求或气候炎热,应采取经试验验证的技术措施,防止因坍落度损失影响泵送。浇筑高性能混凝土应振捣密实,宜采用高频振捣器垂直点振。当混凝土较黏稠时,应加密振点分布。应特别注意二次振捣和二次振捣的时机,确保有效地消除塑性阶段产生的沉缩和表面收缩裂缝。

高性能混凝土必须加强保湿养护,特别是底板、楼面板等大面积混凝土浇筑后,应立即用塑料薄膜严密覆盖。二次振捣和压抹表面时可卷起覆盖物操作,然后及时覆盖,混凝土终凝后可用水养护。采用水养护时,水的温度应与混凝土的温度相适应,避免因温差过大混凝土出现裂缝,保湿养护期不应少于 14 天。当高性能混凝土中胶凝材料用量较大时,应采取覆盖保温养护措施。保温养护期间应控制混凝土内部温度不超过 75 ℃,可通过控制入模温度控制混凝土结构内部最高温度。可通过保湿蓄热养护控制结构内外温差,确保混凝土内外温差不超过25 ℃。另外还应防止混凝土表面温度因环境影响(如暴晒、气温骤降等)而发生剧烈变化。

三、清水混凝土施工

(一)清水混凝土概述

1. 概念及分类

清水混凝土是直接利用混凝土成型后的自然质感作为饰面效果的混凝土。清水混凝土可分为普通清水混凝土、饰面清水混凝土和装饰清水混凝土。

表面颜色无明显色差,对饰面效果无特殊要求的清水混凝土称为普通清水混凝土。表面颜色基本一致,由有规律排列的对拉螺栓孔眼、明缝、蝉缝、假眼等组合形成的、以自然质感为饰面效果的清水混凝土称为饰面清水混凝土。表面形成装饰图案、镶嵌装饰片或彩色的清水混凝土称为装饰清水混凝土。

2. 优点

清水混凝土同普通混凝土相比,具有如下优势。

(1)清水混凝土不需要装饰,舍去了涂料、饰面等化工产品,是名副其实的绿色混凝土。

(2)清水混凝土结构一次成型,不剔凿修补、不抹灰,减少了大量建筑垃圾,有利于保护环境。

(3)消除了诸多质量通病,清水装饰混凝土避免了抹灰开裂、空鼓甚至脱落的质量隐患,减轻了结构施工的漏浆、楼板裂缝等质量通病。

(4)促使工程建设的质量管理进一步提升。清水混凝土的施工,不可能有剔凿修补的空间,每一道工序都至关重要,迫使施工单位加强对施工过程的控制,使结构施工的质量管理工作得到全面提升。

(5)降低工程总造价,清水混凝土的施工需要投入大量的人力、物力,势必延长工期,但因其最终不用抹灰、吊顶、装饰面层,从而减少了维保费用,最终降低了工程总造价。

(二)清水混凝土的施工

1. 与普通混凝土施工的不同点

清水混凝土与普通混凝土工程相比,从施工角度看主要有以下不同。

(1)清水混凝土结构精度要求大幅度提高。

(2)模板接缝、对拉螺栓和施工缝预留设有规律性,墙面无错台。

(3)清水混凝土表面无蜂窝、麻面、裂纹和露筋现象,表面粗糙度达到手感光滑。

(4)模板接缝与施工缝处无挂浆、漏浆。

(5)尺寸准确,无缺棱掉角、不粘模。

(6)表面无明显气泡、砂带和黑斑,每平方米不应出现多于 8 个直径大于 2mm 的气泡。

(7)穿墙孔排列整齐、美观,锥体及穿墙洞的边角无缺棱掉角。

(8)表面平整、清洁、色泽一致。

2. 清水混凝土施工的一般规定

清水混凝土施工应进行全过程质量控制,对于饰面效果要求相同的清水混凝土,材料和施工工艺应保持一致。有防水和人防等要求的清水混凝土构件,必须采取防裂、防渗、防污染及密闭等措施,其措施不得影响混凝土饰面效果。处于潮湿环境和干湿交替环境的混凝土,应选用非碱活性骨料。清水混凝土关键工序应编制专项施工方案。饰面清水混凝土和装饰清水混凝土施工前,宜做样板。

3. 清水混凝土材料准备

模板面板可采用胶合板、钢板、塑料板、铝板、玻璃钢等材料,应满足强度、刚度和周转使用要求,且加工性能好。模板骨架材料应顺直、规格一致,应有足够的强度、刚度,且满足受力要求。对拉螺栓套管及堵头应根据对拉螺栓的直径进行确定,可选用塑料、橡胶、尼龙等材料。

钢筋连接方式不应影响保护层厚度,钢筋绑扎材料宜选用 20 ~ 22 号无锈绑扎钢丝,钢筋垫块应有足够的强度、刚度,颜色应与清水混凝土的颜色接近。

饰面清水混凝土原材料除应符合 GB 50204—2015《混凝土结构工程施工质量验收规范》等的规定外,尚应符合下列规定。

(1)应有足够的存储量,原材料的颜色和技术参数宜一致。

(2)宜选用强度等级不低于 42.5 级的硅酸盐水泥、普通硅酸盐水泥,同一工程的水泥宜为同一厂家、同一品种、同一强度等级。

(3)粗骨料应采用连续料级,颜色应均匀,表面应洁净,并应符合表 10 - 2 的规定。

表 10-2　粗骨料质量要求

混凝土强度等级	≥C50	<C50
含泥量(按质量计)/%	≤0.5	≤1.0
泥块含量(按质量计)/%	≤0.2	≤0.5
针、片状颗粒含量(按质量计)/%	≤8	≤15

(4)骨料宜采用中砂,并应符合表 10-3 的规定。

表 10-3　细骨料质量要求

混凝土强度等级	≥C50	<C50
含泥量(按质量计)/%	≤2.0	≤3.0
泥块含量(按质量计)/%	≤0.5	≤1.0

(5)同一工程所用的掺合料应来自同一厂家、同一规格型号。宜选用 I 级粉煤灰。

4. 清水混凝土施工

(1)模板工程

模板下料尺寸应准确,切口应平整,组拼前应调平、调直。模板龙骨不宜接头,当确需接头时,有接头的主龙骨数量不应超过主龙骨总数量的 50%。模板加工后宜预拼,应对模板平整度、外形尺寸、相邻板面高低差以及对拉螺栓组合情况等进行校核,校核后应对模板进行编号。

模板安装前应进行下列工作:①检查面板清洁度;②清点模板和配件的型号、数量;③核对明缝、蝉缝、装饰图案的位置;④检查模板内侧附件连接情况,附件连接应牢固;⑤复核基层上内外模板控制线和标高涂刷脱模剂,脱模剂应均匀。

模板安装时应注意:应根据模板编号进行安装,模板之间应连接紧密,模板拼接缝处应有防漏浆措施。对拉螺栓安装应位置准确、受力均匀。应对模板面板、边角和已成型清水混凝土表面进行保护。

清水混凝土模板的拆除,除应符合《混凝土结构工程施工质量验收规范》(GB50204—2015)和《建筑工程大模板技术规程》(JGJ 74—2003)的规定外,尚应符合下列规定:①应适当延长拆模时间;②应制订清水混凝土墙体、柱等的保护措施;③模板拆除后应及时清理、修复。

(2)钢筋工程

钢筋应清洁,无明显锈蚀和污染。钢筋保护层垫块宜呈梅花形布置。饰面清水混凝土定位钢筋的端头应涂刷防锈漆,并宜套上与混凝土颜色接近的塑料套。每个钢筋交叉点均应绑扎,绑扎钢丝不得少于两圈,扎扣及尾端应朝向构件截面的内侧。饰面清水混凝土对拉螺栓与钢筋发生冲突时,宜遵循钢筋避让对拉螺栓的原则。钢筋绑扎后应有防水冲淋等措施。

(3)混凝土工程

应根据结构特点进行构件分区,同一构件分区应采用同批混凝土,并应连续浇筑。同层或同区内混凝土构件所用材料牌号、品种、规格应一致,并应保证结构外观、色泽符合要求。竖向构件浇筑时应严格控制分层浇筑的间歇时间,避免出现混凝土层间接缝痕迹。

清水混凝土浇筑前,应清理模板内的杂物,保持模板内清洁、无积水,同时应完成钢筋、管线的预留预埋,施工缝的隐蔽工程验收工作。

竖向构件浇筑时,混凝土浇筑先在根部浇筑 30 ~ 50 mm 厚与混凝土同配比的水泥砂浆,后随铺砂浆随浇混凝土。应严格控制分层浇筑的间隔时间,分层厚度不宜超过 500 mm。门窗洞口宜从两侧同时浇筑清水混凝土。

清水混凝土振点应从中间向边缘分布,且布棒均匀,层层搭扣,遍布浇筑的各个部位,并应随浇筑连续进行,严禁漏振、过振、欠振,振动棒插入下层混凝土表面的深度大于 50 mm。振捣过程中应避免敲振模板、钢筋,每一振点的振动时间,应以混凝土表面不再下沉、无气泡逸出时为止,一般为 20 ~ 30 s,避免过振发生离析。

后续清水混凝土浇筑前,应先剔除施工缝处松动石子或浮浆层,剔除后应清理干净。

清水混凝土拆模后应立即养护,对同一视觉范围内的清水混凝土应采用相同的养护措施。清水混凝土养护时,不得采用对混凝土表面有污染的养护材料和养护剂。

普通清水混凝土表面宜涂刷透明保护涂料,饰面清水混凝土表面应涂刷透明保护涂料。

四、混凝土的泵送与浇筑

(一)泵送混凝土概述

1. 泵送混凝土的概念及特点

高层建筑混凝土施工的特点是混凝土浇筑量大、垂直运输高度高水平运距长、浇筑强度高、浇筑时间长,因此如何正确选用混凝土的运输工具和浇筑方法尤其重要,它往往能决定施工质量的优劣、工期的长短和劳动量消耗的大小。混凝土的泵送施工已经成为高层建筑和大体积混凝土施工过程中的重要方法,泵送施工不仅可以改善混凝土施工性能、提高混凝土质量,还可以改善劳动条件、降低工程成本。随着商品混凝土应用的普及,各种性能要求不同的混凝土均可泵送,如高性能混凝土、补偿收缩混凝土等。

泵送混凝土是在混凝土泵的压力推动下沿输送管道进行运输并在管道出口处直接浇筑的混凝土。

混凝土泵能一次连续地完成水平运输和垂直运输,效率高、劳动力省、费用低,尤其对于一些工地狭窄和有障碍物的施工现场、用其他运输工具难以直接靠近施工工程,混凝土泵则能有效地发挥作用。混凝土泵运输距离长,单位时间内的输送量大,三四百米高的高层建筑可一泵到顶,上万立方米的大型基础也能在短时间内浇筑完毕,非其他运输工具所能比拟,优越性非常显著,因而在建筑行业已推广应用多年。尤其是预拌混凝土生产与泵送施工相结合,彻底改变了施工现场混凝土工程的面貌。

2. 混凝土输送泵的类型

常用的混凝土输送泵有汽车泵、拖泵(固定泵)、车载泵三种类型。

按驱动方式,混凝土泵分为两大类,即活塞式(也称柱塞式)泵和挤压式泵。目前我国主要应用活塞式混凝土泵,它结构紧凑、传动平稳,又易于安装在汽车底盘上组成混凝土泵车。

根据其能否移动和移动的方式,分为固定式、拖式和汽车式。汽车式泵移动方便,灵活机动,到新的工作地点不需进行准备作业即可进行浇筑,因而是目前大力发展的机种。汽车式泵又分为带布料杆和不带布料杆的两种,大多数是带布料杆的。

挤压式泵按其构造形式,又分为转子式双滚轮型、直管式三滚轮型和带式双槽型三种,目前尚在应用的为第一种。挤压式泵一般均为液压驱动,将液压活塞式混凝土泵固定安装在汽车底盘上,使用时开至需要施工的地点进行混凝土泵送作业,称为混凝土汽车泵或移动泵车。这种泵车使用方便,适用范围广,它既可以利用在工地配置装接的管道输送到较远、较高的混凝土浇筑部位,也可以发挥随车附带的布料杆作用,把混凝土直接输送到需要浇筑的地点,混凝土泵车的输送能力一般为 80 m^3/h。

拖泵使用时,需用汽车将它拖带至施工地点,然后进行混凝土输送。这种形式的混凝土泵主要由混凝土推送机构、分配闸机构、料斗搅拌装置、操作系统、清洗系统等组成。它具有输送能力大、输送高度高等特点,一般最大水平输送距离超过 1 000 m,最大垂直输送高度超过 400 m,输送能力为 85 m^3/h 左右,适用于高层及超高层建筑的混凝土输送。

(二)混凝土泵送设备及管道的选择与布置

1. 混凝土泵的选型和布置

混凝土泵的选型,应根据混凝土工程特点、要求的最大输送距离、最大输出量及混凝土浇筑计划确定。

混凝土输送管的水平换算长度,可按表 10-4 换算。

表 10-4　混凝土输送管的水平换算长度表

类别	单位	规格	水平换算长度/m
向上垂直管	每米	100 mm	3
		125 mm	4
		150 mm	5
锥形管	每根	175→150 mm	4
		150→125 mm	8
		125→100 mm	16
弯管	每根	$R=0.5$ m	12
		90°	9
		$r=1.0$ m	
软管	每 5~8 m 长的 1 根		

注:①R 为曲率半径。②弯管的弯曲角度小于 90°时,需将表列数值乘以该角度与 90°角的比值。③向下垂直管,其水平换算长度等于其自身长度。④斜向配管时,根据其水平及垂直投影长度,分别按水平、垂直配管计算。

混凝土泵设置处应场地平整坚实、道路畅通、供料方便、距离浇筑地点近,便于配管,接近排水设施和供水、供电方便。在混凝土泵的作业范围内,不得有高压线等障碍物。当高层建筑采用接力泵泵送混凝土时,接力泵的设置位置应使上、下泵的输送能力匹配。设置接力泵的楼面应验算其结构所能承受的荷载,必要时应采取加固措施。

2. 配管设计

混凝土输送管应根据工程和施工场地特点、混凝土浇筑方案进行配管。宜缩短管线长度,少用弯管和软管。输送管的铺设应保证安全施工,便于清洗管道、排除故障和装拆维修。

在同一条管线中,应采用相同管径的混凝土输送管;同时采用新、旧管段时,应将新管布置在泵送压力较大处;管线宜布置得横平竖直。另外应绘制布管简图,列出各种管件、管连接环、弯管等的规格和数量,提出备件清单。

混凝土输送管应根据粗骨料最大粒径、混凝土泵型号、混凝土输出量和输送距离以及输送难易程度等进行选择。输送管应具有与泵送条件相适应的强度,应使用无龟裂、无凹凸损伤和无弯折的管段。输送管的接头应严密,有足够强度,并能快速装拆。

垂直向上配管时,地面水平管长度不宜小于垂直管长度的 1/4,且不宜小于 15 m,或遵守产品说明书中的规定。在混凝土泵机 V 形管出料口 3~6 m 处的输送管根部应设置截止阀,以防混凝土拌和物反流。

泵送施工地下结构物时,地上水平管轴线应与 V 形管出料口轴线垂直。

倾斜向下配管时,应在斜管上端设排气阀;当高差大于 20 m 时,应在斜管下端设 5 倍高差长度的水平管;如条件限制,可增加弯管或环形管,满足 5 倍高差长度要求。

混凝土输送管的固定,不得直接支承在钢筋、模板及预埋件上,应符合下列规定:水平管宜每隔一定距离用支架、台垫、吊具等固定,以便于排除堵管,装拆和清洗管道;垂直管宜用预埋件固定在墙和柱或楼板顶留孔处,在墙及柱上每节管不得少于 1 个固定点;在每层楼板预留孔处均应固定;垂直管下端的弯管,不应作为上部管道的支撑点,宜设钢支撑承受垂直管重量;当垂直管固定在脚手架上时,根据需要可对脚手架进行加固;管道接头卡箍处不得漏浆。

当水平输送距离超过 200 m,垂直输送距离超过 40 m,输送管垂直向下或斜管前面布置水平管,混凝土拌和物单位水泥用量低于 300 kg/m³ 时,必须合理选择配管方法和泵送工艺,宜用直径大的混凝土输送管和长的锥形管,少用弯管和软管。

当输送高度超过混凝土泵的最大输送距离时,可用接力泵(后继泵)进行泵送。

3. 配置布料设备的要求

应根据工程结构特点、施工工艺、布料要求和配管情况等,选择布料设备。应根据结构平面尺寸、配管情况和布料杆长度布置布料设备,且其应能覆盖整个结构平面,并能均匀、迅速地进行布料,布料设备应安设牢固和稳定。

(三)混凝土泵送施工技术

1. 混凝土泵送一般规定

应先进行泵水检查,并湿润输送泵的料斗、活塞等直接与混凝土接触的部位;泵水检查后,应清除输送泵内积水;输送混凝土前,应先输送水泥砂浆对输送泵和输送管进行润滑,然后开始输送混凝土;输送混凝土速度应先慢后快、逐步加速,应在系统运转顺利后再按正常速度输送;输送混凝土过程中,应设置输送泵集料斗网罩,并应保证集料斗有足够的混凝土余量。

当采用输送管输送混凝土时,应由远而近浇筑。同一区域的混凝土,应按先竖向结构后水平结构的顺序,分层连续浇筑。当不允许留施工缝时,区域之间、上下层之间的混凝土浇筑间歇时间不得超过混凝土初凝时间。当下层混凝土初凝后,浇筑上层混凝土时,应先按留施工缝的规定处理。

在浇筑竖向结构混凝土时,布料设备的出口离模板内侧面不应小于 50 mm,且不得向模板内侧面直冲布料,也不得直冲钢筋骨架。浇筑水平结构混凝土时,不得在同一处连续布料,应在 2～3 m 范围内水平移动布料,且宜垂直于模板布料。

混凝土浇筑分层厚度宜为 300～500 mm。当水平结构的混凝土浇筑厚度超过 500 mm 时,可按 1∶6～1∶10 坡度分层浇筑,且上层混凝土应超前覆盖下层混凝土 500 mm 以上。

振捣泵送混凝土时,振动棒移动间距宜为 400 mm 左右,振捣时间宜为 15～30 s,且隔 20～30 min 后,进行第二次复振。

2. 超高泵送混凝土的施工工艺

在混凝土泵启动后,按照水、水泥砂浆的顺序泵送,以湿润混凝土泵的料斗、混凝土缸及输送管内壁等直接与混凝土拌和物接触的部位。其中,润滑用水、水泥砂浆的用量根据每次具体泵送高度进行适当调整,控制好泵送节奏。

泵水的时候,要仔细检查泵管接缝处,防止漏水过猛,较大的漏水在正式泵送时会造成漏浆而引起堵管。一般的商品混凝土在正式泵送混凝土前,都只是泵送水和砂浆作为润管之用,根据施工超高层的经验,可以在泵送砂浆前加泵纯水泥浆。纯水泥浆在投入泵车进料口前,先添加少量的水搅拌均匀。在泵管顶部出口处设置组装式集水箱来收集泵管在润管时产生的污水和水泥砂浆等废料。

开始泵送时,要注意观察泵的压力和各部分工作的情况。开始时混凝土泵应处于慢速、匀速并随时可反泵的状态,待各方面情况正常后再转入正常泵送。正常泵送时,应尽量不停顿地连续进行,遇到运转不正常的情况时,可放慢泵送速度。当混凝土供应不及时,宁可降低泵送速度,也要保持连续泵送,但慢速泵送的时间不能超过混凝土浇筑允许的延续时间。不得已停泵时,料斗中应保留足够的混凝土,作为间隔推动管路内混凝土之用。在临近泵送结束时,可按混凝土、水泥砂浆、水的顺序泵送收尾。

3. 超高结构混凝土泵送施工过程控制

施工前应编制混凝土泵送施工方案,计算现场施工润滑用水、水泥浆、水泥砂浆的数量及混凝土实际浇筑量,并制订泵送混凝土浇筑计划,内容包括混凝土浇筑时间、各时间段浇筑量及各施工环节的协调搭接等。

在泵送过程中,要定时检查活塞的冲程,使其不超过允许的最大冲程。为了减缓机械设备的磨损程度,宜采用较长的冲程进行运转。在泵送过程中,还应注意料斗的混凝土量,应保持混凝土面不低于上口 20 cm,否则易吸入空气形成阻塞。遇到该情况时,宜进行反泵将混凝土反吸到料斗内,除气后再进行正常泵送。

在混凝土泵送中,若需接长输送管时,应预先用水、水泥浆、水泥砂浆进行湿润和润滑内壁等工作。

泵送结束前要估计残留在输送管路中的混凝土量,该部分混凝土经清洁处理后仍能使用。对泵送过程中废弃的和多余的混凝土拌和物,应送至预先设定场地进行处理和安置。

当泵送混凝土中掺有缓凝剂时,缓凝时间不宜太短,否则不仅会降低混凝土工作性能,还会使浇筑时模板侧压力大,造成拆模困难从而影响施工进度。

（四）混凝土泵送的质量控制

混凝土运送至浇筑地点，如混凝土拌和物出现离析或分层现象，应对混凝土拌和物进行二次搅拌。

混凝土运至浇筑地点时，应检测其稠度，所测稠度值应符合设计和施工要求，其允许偏差值应符合有关标准的规定。

混凝土拌和物运至浇筑地点时的入模温度，最高不宜超过 35 ℃，最低不宜低于 5 ℃。

第十一章　预应力混凝土构件施工

第一节　先张法预应力混凝土施工

先张法是在混凝土构件浇筑前先张拉预应力筋,并用夹具将其临时锚固在台座或钢模上,再浇筑构件混凝土,待其达到一定强度后(约75%)放松并切断预应力筋,预应力筋产生弹性回缩,借助混凝土与预应力筋间的黏结,对混凝土产生预压应力。

先张法主要应用于房屋建筑中的空心板、多孔板、槽形板、双T板、V形折板、托梁、檩条、槽瓦、屋面梁等;道路桥梁工程中的轨枕、桥面空心板、简支梁等,基础工程中的预应力方桩及管桩等。

先张法生产时,可采用台座法和机组流水法。采用台座法时,预应力筋的张拉、锚固,混凝土的浇筑、养护及预应力筋放松等均在台座上进行;预应力筋放松前,其拉力由台座承受。采用机组流水法时,构件连同钢模通过固定的机组,按流水方式完成(张拉、锚固、混凝土浇筑和养护)每一生产过程;预应力筋放松前,其拉力由钢模承受。

一、台座

台座是先张法施工中主要的设备之一,它必须有足够的强度、刚度和稳定性,以免因台座的变形、倾覆和滑移而引起预应力值的损失。

台座按构造形式不同可分为墩式台座、槽式台座和钢模台座。

(一)墩式台座

墩式台座由现浇钢筋混凝土浇筑的承力台墩、台面和横梁三部分组成,其长度宜为50~150 m。

目前常用的是台墩与台面共同受力的墩式台座。台座的宽度主要取决于构件的布筋宽度、张拉与浇筑混凝土是否方便,一般不大于2 m。在台座的端部应留出张拉操作用地和通道,两侧要有构件运输和堆放的场地。台座应具有足够的强度、刚度和稳定性,台座的设计应进行抗倾覆验算与抗滑移验算。

承力台墩一般埋置在地下,台面一般是在夯实的碎石垫层上浇筑一层厚度为60~100 mm的混凝土而成。台面可采用预应力混凝土滑动台面,不留伸缩缝。预应力滑动台面是在原有的混凝土台面或新浇筑的混凝土基层上刷隔离剂,张拉预应力筋、浇筑混凝土面层,待混凝土达到放张强度后切断预应力筋,台面就发生滑动。

台座的两端设置有固定预应力筋的横梁,一般用型钢制作。设计时,除应要求横梁在张拉力的作用下达到一定的强度外,还特别需要注意变形,以减少预应力的损失。

(二)槽式台座

槽式台座由钢筋混凝土压杆、上下槽梁及台面组成。台座的长度一般不大于 76 m,宽度随构件外形及制作方式而定,一般不小于 1 m。为便于浇筑和蒸汽养护,槽式台座多低于地面。在施工现场还可利用已预制好的柱、桩等构件装配成简易槽式台座。槽式台座既可承受张拉力和倾覆力矩,加盖后又可作为蒸汽养护槽,适用于张拉吨位较大的吊车梁、屋架、箱梁等大型预应力混凝土构件。

(三)钢模台座

钢模台座主要运用在工厂流水线上,是将制作构件的模板作为预应力钢筋锚固支座的一种台座。模板具有相当的刚度,可将预应力钢筋放在模板上进行张拉。

二、张拉机具及夹具

(一)张拉机具

预应力张拉设备主要有电动张拉设备和液压张拉设备两大类,电动张拉设备仅用于先张法,液压张拉设备可用于先张法与后张法。

先张法施工中,常用的电动张拉机械主要有电动螺杆张拉机、电动卷扬张拉机等。

液压张拉设备是由液压张拉千斤顶、电动油泵和张拉油管等组成。张拉设备应由经专业操作培训且合格的人员使用和维护,并按规定进行有效标定。

(二)夹具

先张法中夹具分两类:一类是将预应力筋锚固在台座或钢模上的锚固夹具;另一类是张拉时夹持预应力筋用的张拉夹具。锚固夹具与张拉夹具都是可以重复使用的工具。

先张法生产的构件中,常采用的预应力筋有钢丝和钢筋两种。张拉预应力钢丝时,一般采用的锚固夹具有圆锥齿板式、圆锥槽式和楔形三种;张拉预应力钢筋时,钢筋锚固夹具多用螺丝端杆锚具、镦头锚和销片夹具。销片式夹具由圆套筒和圆锥形销片组成,套筒内壁呈圆锥形,与销片锥度吻合。销片有两片式和三片式,钢筋就夹紧在销片的凹槽内。

三、一般先张法施工工艺

一般先张法的施工工艺流程包括预应力筋的加工、铺设,预应力筋张拉,预应力筋放张,质量检验等。

预应力混凝土先张法工艺的特点是:预应力筋在浇筑混凝土前张拉,预应力的传递主要依靠预应力筋与混凝土之间的黏结力。

(一)预应力筋的加工与铺设

预应力钢丝和钢绞线下料,应采用砂轮切割机,不得采用电弧切割。长线台座台面(或胎膜)在铺设预应力筋前应涂隔离剂,隔离剂不应玷污预应力筋,以免影响预应力筋与混凝土的黏结。如果预应力筋遭受污染,应使用适宜的溶剂加以清洗干净。在生产过程中也应防止雨水冲刷台面上的隔离剂。

(二)预应力筋的张拉

1. 预应力钢丝张拉

(1)单根张拉:台座法多进行单根张拉,由于张拉力较小,一般可采用 10 ~ 20 kN 电动螺杆张拉机或电动卷扬机单根张拉,弹簧测力计测力,优质锥销式夹具锚固。

(2)整体张拉:台模法多进行整体张拉,可采用台座式千斤顶设置在台墩与钢横梁之间进行整体张拉,优质夹片式夹具锚固。要求钢丝的长度相等,事先调整初应力。

在预制厂生产预应力多孔板时,可在钢模上用镦头梳筋板夹具进行整体张拉。方法是:钢丝两端镦粗,一端卡在固定梳筋板上,另一端卡在张拉端的活动梳筋板上。用张拉钩钩住活动梳筋板,再通过连接套筒将张拉钩和拉杆式千斤顶连接。

(3)钢丝张拉程序:预应力钢丝由于张拉工作量大,宜采用一次张拉程序。0→(1.03 ~ 1.05)σ_{con}(锚固),其中 1.03 ~ 1.05 是考虑测力误差、温度影响、台座横梁或定位板刚度不足、台座长度不符合设计取值、工人操作影响等因素进行调整的数值范围。

2. 预应力钢绞线张拉

(1)单根张拉:在两横梁式台座上,单根钢绞线可采用与钢绞线张拉力配套的小型前卡式千斤顶张拉,单孔夹片工具锚固定。但为了节约钢绞线,也可采用工具式拉杆与套筒式连接器。

(2)整体张拉:在三横梁式台座上,可采用台座式千斤顶整体张拉预应力钢绞线。台座式千斤顶与活动横梁组装在一起,利用工具式螺杆与连接器将钢绞线挂在活动横梁上。张拉前,宜采用小型千斤顶在固定端逐根调整钢绞线初应力。张拉时,台座式千斤顶推动活动横梁带动钢绞线整体张拉,然后用夹片锚或螺母锚固在固定横梁上。为了节约钢绞线,其两端可再配置工具式螺杆与连接器。对预制构件较少的工程,可取消工具式螺杆,直接将钢绞线用夹片式锚具锚固在活动横梁上。

(3)钢绞线张拉程序:采用低松弛钢绞线时,可采取一次张拉程序。对单根张拉:0→σ_{con}(锚固);对整体张拉:0→初应力调整→σ_{con}(锚固)。多根预应力筋同时张拉时,应预先调整初应力,使其相互之间的应力一致。

3. 预应力张拉值校核与注意事项

预应力筋的张拉力,一般采用张拉力控制、伸长值校核,张拉时预应力筋的理论伸长值与实际伸长值的允许偏差为 ±6% 。

预应力筋张拉锚固后实际建立的预应力值与工程设计规定检验值的允许偏差为 ±5% 。预应力钢丝内力的检测,一般在张拉锚固后 1 小时内进行。此时,锚固损失已完成,钢筋松弛损失也部分产生,一般采用伸长值校核。张拉时预应力的实际伸长值与设计计算理论伸长值的相对允许偏差为 ±6% 。

预应力筋的张拉控制应力 σ_{con} 应符合设计要求,但不宜超过表 11 - 1 中的控制应力限值。对于要求提高构件在施工阶段的抗裂性能而在使用阶段受压区设置的预应力筋,或当要求部分抵消由于应力松弛、摩擦、钢筋分批张拉以及预应力筋与张拉台座之间的温差等引起的应力损失时,可提高 0.05f_{pyk} 或 0.05f_{ptk}。施工中预应力筋需要超张拉时,其最大张拉控制应力应符合表 11 - 1 的规定。

表 11 -1　张拉控制应力允许值和最大张拉控制应力

钢筋种类	张拉控制应力限值		超张拉最大张拉
	先张法	后张法	控制应力
消除应力钢丝、钢绞线	$0.75 f_{pck}$	$0.75 f_{pck}$	$0.80 f_{pck}$
冷轧带肋钢筋	$0.70 f_{pck}$	—	$0.75 f_{pck}$
精轧螺纹钢筋	—	$0.85 f_{pyk}$	$0.95 f_{pyk}$

注:f_{pck}指根据极限抗拉强度确定的强度标准值;指根据屈服强度确定的强度标准值。

张拉时,张拉机具与预应力筋应在一条直线上,同时在台面上每隔一定距离放一根圆钢筋头或相当于保护层厚度的其他垫块,以防预应力筋因自重下垂,破坏隔离剂,沾污预应力筋。张拉过程中应避免预应力筋断裂或滑脱;先张法预应力构件,在浇筑混凝土前发生断裂或滑脱的预应力筋必须予以更换。预应力筋张拉锚固后,对设计位置的偏差不得大于 5 mm,且不得大于构件截面最短边长的 4%。张拉过程中,应按规范要求填写预应力张拉记录表,以便检查。

施工时应注意安全,台座两端应有防护设施。张拉时沿台座长度方向每隔 4～5 m 放一个防护架,两端严禁站人,也不准进入台座。

(三)预应力筋放张

预应力筋放张时,混凝土的强度应符合设计要求;如设计无规定,不应低于设计的混凝土强度标准值的 75%。放张过早会由于混凝土强度不足产生较大的混凝土弹性回缩或滑丝,从而引起较大的预应力损失。

1. 放张顺序

预应力筋的放张顺序,应按设计与工艺要求进行。如无相应规定,可按下列要求进行。

(1)轴心受预压的构件(如压杆、桩等),所有预应力筋应同时放张。

(2)偏心受预压的构件(如梁等),应先同时放张预应力较小区域的预应力筋,再同时放张预压力较大区域的预应力筋。

(3)如不能满足以上两项要求时,应分阶段、对称、交错地放张,防止在放张过程中构件产生弯曲、裂纹和预应力筋断裂。

放张后预应力筋的切断顺序,宜由放张端开始,逐次切向另一端。

2. 放张方法

预应力筋的放张,应采取缓慢释放预应力的方法进行,防止对混凝土结构的冲击。常用的放张方法如下。

(1)千斤顶放张,用千斤顶拉动单根拉杆或螺杆,松开螺母。放张时由于混凝土与预应力筋已结成整体,松开螺母所需的间隙只能是最前端构件外露钢筋的伸长,因此,所施加的应力需要超过控制应力值。

采用两台台座式千斤顶整体缓慢放松,应力均匀,安全可靠。为防止台座式千斤顶长期受力,可采用垫块顶紧,替换千斤顶承受压力。

(2)机械切割或氧炔焰切割,对先张法板类构件的钢丝或钢绞线,放张时可直接用机械切割或氧炔焰切割。放张工作宜从生产线中间处开始,以减少回弹量且有利于脱模。对每一块板,应从外向内对称放张,以免构件扭转而端部开裂。

3. 放张注意事项

(1)为了检查构件放张时钢丝与混凝土的黏结是否可靠,切断钢丝时应测定钢丝往混凝土内的回缩数值。

(2)放张前,应拆除侧模,使放张时构件能自由变形,否则将损坏模板或使构件开裂。对有横肋的构件(如大型屋面板),其端部横肋内侧面与板面交接处做出一定的坡度或做成大圆弧,以便预应力筋放张时端部横肋能沿着坡面滑动。必要时在胎膜与台面之间设置滚动支座,这样在预应力筋放张时,构件与胎膜可随着钢筋的回缩一起自由移动。

(3)用氧炔焰切割时,应采取隔热措施,防止烧伤构件端部混凝土。

(四)混凝土的浇筑与养护

预应力筋张拉完成后,应尽快进行钢筋绑扎、模板拼装和混凝土浇筑等工作。混凝土浇筑时,振动器不得碰撞预应力筋。混凝土未达到强度前,也不允许碰撞或踩动预应力筋。

当构件在台座上进行湿热养护时,应防止温差引起的预应力损失。先张法在台座上生产混凝土构件,其最高允许的养护温度应根据设计规定的允许温差(张拉与养护时的温度之差)计算确定。当混凝土强度达到 7.5 N/mm^2(粗钢筋配筋)或 10 N/mm^2(钢丝、钢绞线配筋)以上时,则可不受设计规定的温差限制。

第二节　后张法预应力混凝土施工

后张法是先制作构件,在构件中预先留出相应的孔道,待构件混凝土强度达到设计规定的数值后,在孔道内穿入预应力筋,用张拉机具进行张拉,并利用锚具把张拉后的预应力筋锚固在构件的端部。预应力筋的张拉力,主要靠构件端部的锚具传给混凝土,使其产生压应力。张拉锚固后,立即在预留孔道内灌浆,使预应力筋不受锈蚀,并与构件形成整体。后张法预应力施工,不需要台座设备,灵活性大,广泛用于施工现场生产大型预制预应力混凝土构件和现场预应力混凝土结构。后张法预应力施工黏结方式可以分为有黏结预应力、无黏结预应力和缓黏结预应力三种形式。

一、预应力筋及锚具

锚具是后张法预应力混凝土构件中或结构中为保持预应力筋的拉力并将其传递到混凝土上所用的永久性锚固装置(夹具是先张法预应力混凝土构件施工时为保持预应力筋拉力并将其固定在张拉台座上的临时锚固装置)。后张法张拉用的夹具又称工具锚,是将千斤顶的张拉力传递到预应力筋上的装置。连接器是在预应力施工中将预应力从一根预应力筋传递到另一根预应力筋上的装置。在后张法施工中,预应力筋锚固体系包括锚具、锚垫板、螺旋筋等。

(一)预应力钢材

预应力混凝土中,常用的预应力钢材主要有单根粗钢筋、高强钢丝束和钢绞线。目前,工程中常用钢绞线。

高强钢丝是由高碳镇静钢轧制盘圆后经冷拔而成,又称为碳素钢丝。碳素钢丝直径一般为 3~5 mm,建筑施工中多采用料和邦,直径细,强度高。

钢绞线是由多根平行高强钢丝以一根直径稍粗的钢丝为轴心,沿同一方向扭转,并经低温回火处理而成。其规格有 2 股、3 股、7 股、19 股等,最常用的是 7 股钢绞线。

预应力钢材在运输、储存期间必须有包装,以便防止水分侵入和污染;吊运时也应防止受到损伤。

预应力钢丝、钢绞线进厂时应按批号及直径分批检验,检查内容包括:查对标牌、外观检查。钢材的抗拉强度、屈服负荷或者屈服强度、伸长率、钢丝弯曲次数及直径的检验方法按 GB 5223、GB 5224、GB 2103、GB 228 有关规定执行。

(二)锚具

1. 单根粗钢筋锚具

单根粗钢筋的预应力筋,如果采用一端张拉,则在张拉端有螺丝端杆锚具,固定端用帮条锚具或镦头锚具。如果采用两端张拉,则两端均采用螺丝端杆锚具,镦头锚具由镦头和垫板组成。

2. 钢筋束、钢绞线锚具

钢筋束、钢绞线通常采用的锚具有 JM 型、XM 型、QM 型和镦头锚具等。

钢筋束所用钢筋是成圆盘工艺,不需要对焊接头。钢筋束或钢绞线束预应力筋的制作包括冷拉、下料、编束等工序,预应力钢筋束下料应在冷拉后进行。当采用镦头锚具时,应增加镦头工序。

当采用 JM 型或 XM 型锚具,用穿心式千斤顶张拉时,钢筋束和钢丝束的下料长度 L 应等于构件孔道长度加上两端为张拉、锚固所需的外露长度。

3. 钢丝束锚具

当钢丝束用作预应力筋时,是由几根到几十根直径 3~5 mm 的平行碳素钢丝组成。采用的锚具有钢质锥形锚具、锥形螺杆锚具、XM 型锚具、QM 型锚具和钢丝束镦头锚具等。

锥形螺杆锚具、钢丝束镦头锚具宜用拉杆式千斤顶(YL60 型)或穿心式千斤顶(YC60 型)张拉锚固。钢质锥形锚具应用锥锚式双作用千斤顶(常用 YZ60 型)张拉锚固。

钢丝束制作一般需经调制、下料、编束和安装锚具等工序。当用钢质锥形锚具、XM 型锚具时,钢丝束的制作和下料长度计算基本上与预应力钢筋束相同。钢丝束镦头锚具锚固时,如采用镦头锚具一端张拉时,应考虑钢丝束张拉锚固后螺母位于锚环中部。用钢丝束镦头锚具锚固钢丝束时,其下料长度力求精确。编束是为了防止钢筋扭结。采用镦头锚具时,内圈和外圈钢丝分别用铁丝按次序编排成片,然后将内圈放在外圈内绑扎成钢丝束。

二、预应力筋的制作

(一)钢绞线预应力筋的制作与下料

钢绞线质量大、盘卷小、弹力大,为了防止在下料过程中钢绞线紊乱并弹出伤人,事先应制作一个简易的铁笼。下料时,将钢绞线盘卷装在铁笼内,从盘卷中逐步抽出,较为安全。

钢绞线不需要对焊接长,下料宜用砂轮锯或切断机切断,不得采用电弧切割。钢绞线编束宜用 20 号铁丝绑扎,间距 2~3 m。编束时先将钢绞线理顺,使各根钢绞线松紧一致。若单根穿入孔道,则不编束。

钢绞线下料采用夹片锚具,以穿心式千斤顶在构件上张拉时,钢绞线束的下料长度 L 按图 11 − 1 计算。

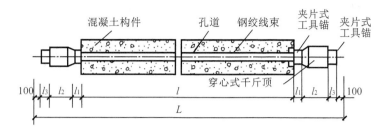

图 11 − 1 钢绞线束的下料长度计算示意图(单位:mm)

两端张拉:

$$L = l + 2(l_1 + l_2 + l_3 + 100) \tag{11−1}$$

一端张拉:

$$L = l + 2(l_1 + 100) + l_2 + l_3 \tag{11−2}$$

式中,L 为钢绞线束的下料长度(mm);l 为构件的孔道长度(mm);l_1 为夹片式工具锚厚度(mm);l_2 为穿心式千斤顶长度(mm);l_3 为夹片式工具锚厚度(mm)。

(二)钢丝束预应力筋的制作与下料

用作预应力筋的钢丝为碳素钢丝,用优质高碳钢盘条经索氏体处理、酸洗、镀铜或磷化后冷拔而成。碳素钢丝的品种有冷拔钢丝、消除应力钢丝、刻痕钢丝、低松弛钢丝和镀锌钢丝等。钢丝束预应力筋常用的锚具有钢质锥形锚具、镦头锚具和锥形螺杆锚具。

钢丝束预应力筋的制作一般需经过下料、编束和组装锚具等工作。消除应力钢丝放开后是直的,可直接下料。钢丝在应力状态下切断下料,控制应力为 300 N/mm^2;下料长度的误差要控制在 $L/5\,000$ 以内,且不大于 5 mm;较常采用的是“钢管限位法下料”。为保证钢丝束两端钢丝排列顺序一致,穿束与张拉不致紊乱,钢丝必须编束。钢丝编束可分为空心束和实心束,都需用梳丝板理顺钢丝,在距钢丝端部 5 ~ 10 cm 处编扎一道。实心束工艺简单,空心束孔道灌浆效果优于实心束。

当钢丝束采用钢质锥形锚具时,预应力钢丝的下料长度计算基本上与钢绞线预应力筋相同。采用钢质锥形锚具、锥锚式千斤顶张拉时,钢丝束预应力筋的下料长度 L 如图 11 − 2 计算。

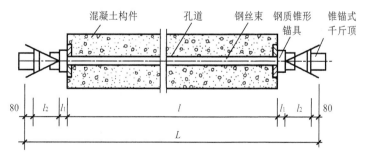

图 11 − 2 采用钢质锥形锚具时钢丝下料长度计算简图(单位:mm)

两端张拉：
$$L = l + 2(l_1 + l_2 + 80) \qquad (11-3)$$
一端张拉：
$$L = (l_1 + l_2 + 80) + l_2 \qquad (11-4)$$

式中，L 为钢丝束预应力筋的下料长度；l 为构件的孔道长度；l_1 为锚环厚度；l_2 为千斤顶分丝头至卡盘外端距离。

当采用镦头锚具，以拉杆式或穿心式千斤顶在构件上张拉时，钢丝束预应力筋的下料长度 L 按图 11-3 计算。

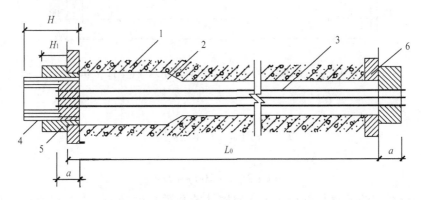

1. 混凝土构件；2. 孔道；3. 钢丝束；4. 锚环；5. 螺母；6. 锚板
图 11-3　采用镦头锚具时下料长度计算示意图

$$L = L_0 + 2(a + \delta) - K(H - H_1) - \Delta L - C \qquad (11-5)$$

式中，L 为钢丝束预应力筋的下料长度；L_0 为孔道长度，按实际确定；a 为锚环底部厚度或锚板厚度；δ 为钢丝镦头留量（取钢丝直径的 2 倍）；K 为系数，一端张拉时取 0.5，两端张拉时取 1.0；H 为锚环高度；H_1 为螺母高度；ΔL 为钢丝束张拉伸长值；C 为张拉时构件混凝土的弹性压缩值。

（三）精轧螺纹钢筋的制作与下料

精轧螺纹钢筋是一种用热轧方法在整根钢筋表面上轧出不带纵肋而横肋为不连续的梯形螺纹的直条钢筋。该钢筋在任意界面处都能拧上带内螺纹的连接器进行接长或拧上特制的螺母进行锚固，无须冷拉和焊接，施工方便，主要用于房屋、桥梁与构筑物等直线筋。

精轧螺纹钢筋锚具是利用与该钢筋螺纹匹配的特制螺母锚固的一种支承式工具，其制作工序是配料、对焊、冷拉。

下料时长度应计算确定，计算时要考虑锚具种类、对焊接头或镦头的压缩量、张拉伸长值、冷拉率和弹性回缩率、构件长度等因素。

三、后张法预应力筋张拉机具

后张法预应力筋的张拉工作必须配置成套的张拉机具设备。后张法预应力施工所用的张拉设备由液压千斤顶、高压油泵和外接油管等组成。张拉设备应装有测力仪器，以便准确建立预应力值。张拉设备应由专人使用和保管，并定期维护和校验。

预应力液压千斤顶按机型不同可分为拉杆式千斤顶、穿心式千斤顶、锥锚式千斤顶等。其中，拉杆式千斤顶是利用单活塞杆张拉预应力筋的单作用千斤顶，只能张拉吨位不大(不大于600 kN)的支承式锚具,但近年已逐步被多功能的穿心式千斤顶代替。

高压油泵主要与各类千斤顶配套使用,提供高压的油液。高压油泵的类型较多,性能不一,主要由泵体、控制阀、油压表、管路等部件组成。

四、后张有黏结预应力混凝土施工工艺

后张有黏结预应力混凝土施工工艺如图11-4所示。下面主要介绍孔道留设、穿筋、预应力筋张拉、孔道灌浆等内容。

(一)孔道留设

构件中留设孔道主要为穿预应力钢筋及张拉锚固后灌浆用。孔道留设要求:孔道直径应保证预应力筋能顺利穿过;孔道应按设计要求的位置、尺寸埋设准确、牢固,浇筑混凝土时应避免出现移位和变形;在设计规定位置上留设灌浆孔;在曲线孔道的曲线波峰部位应设置排气兼沁水管,必要时可在最低点设置排水管;灌浆孔及沁水管的孔径应能保证浆液畅通。

预留孔道形状有直线、曲线和折线形,孔道留设方法有钢管抽芯法、胶管抽芯法和预埋管法。

使用预埋管法留孔时,常用的埋管材料为金属波纹管和塑料波纹管。波纹管直接埋在构件或结构中不再取出,这种方法特别适用于留设曲线孔道。波纹管的安装,应事先按设计图中预应力筋的曲线坐标在箍筋上定出曲线位置。波纹管的固定应采用钢筋支托,支托钢筋间距为0.8~1.2 m。支托钢筋应焊在箍筋上,箍筋底部应垫实。波纹管固定后,必须用铁丝扎牢,以防止浇筑混凝土时波纹管上浮而引起严重的质量事故。

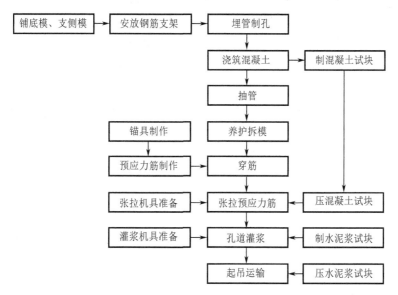

图11-4 后张法施工工艺流程图

在孔道留设的同时应留设灌浆孔和排气孔。灌浆孔一般在构件两端和中间每隔12 m设置一个灌浆孔,孔径20~25 mm(与灌浆机输浆管嘴外径相适应),用木塞留设。曲线孔道应在最低点设置灌浆孔,以利于排出空气,保证灌浆密实。一个构件有多根孔道时,其灌浆孔不应集中留在构件的同一截面上,以免构件截面削弱过大。灌浆孔的方向应使灌浆时

水泥浆自上而下垂直或倾斜注入孔道;灌浆孔的最大间距,抽芯成孔的不宜大于 12 m,预埋波纹管的不大于 30 m。

构件的两端应留设排气孔,曲线孔道的峰顶处应留设排气兼泌水孔,必要时可在最低点设置排水孔。

(二)预应力筋穿入孔道

预应力筋穿入孔道,简称穿筋。根据穿筋与浇筑混凝土之间的先后关系,分为先穿筋和后穿筋。

先穿筋法即在浇筑混凝土之前穿筋。此法穿筋省力,但穿筋占用工期,预应力筋的自重引起的波纹管摆动会增大摩擦损失,预应力筋端部保护不当易生锈。

后穿筋法即在浇筑混凝土之后穿筋。此法可在混凝土养护期内进行,不影响工期,便于用通孔器或高压水通孔,穿筋后即行张拉,易于防锈,但穿筋较为费力。

根据一次穿入数量,可分为整束穿和单根穿。钢丝束应整束穿;钢绞线宜采用整束穿,也可以单根穿。穿筋工作可由人工、卷扬机和穿筋机进行。

(三)预应力筋张拉

预应力筋的张拉控制应力应符合设计要求,施工时预应力筋若需超张拉,可比设计要求提高 3% ~5%。

预应力筋张拉顺序应使混凝土不产生超应力、构件不扭转与侧弯、结构不变位等,因此,张拉宜对称进行。另外,还应考虑到尽量减少张拉设备的移动次数。平卧重叠浇筑的预应力混凝土构件,张拉预应力筋的顺序是先上后下,逐层进行。

预应力筋的张拉程序,主要根据构件类型、张锚体系、松弛损失取值等因素来确定。用超张拉方法减少预应力筋的松弛损失时,预应力筋的张拉程序宜为 $0 \rightarrow 105\% \sigma_{coon}$
$\xrightarrow{\text{持荷 2 min}} \sigma_{coon}$

如果预应力筋张拉吨位不大,根数很多,而设计中又要求采取超张拉以减少应力松弛损失时,其张拉程序为 $0 \rightarrow 103\% \sigma_{coon}$。

对于曲线预应力筋和长度大于 24 m 的直线预应力筋,应采用两端同时张拉的方法;长度不大于 24 m 的直线预应力筋,可一端张拉,但张拉端宜分别设置在构件两端。对预埋波纹管孔道曲线预应力筋和长度大于 30 m 的直线预应力筋宜在两端张拉;长度不大于 30 m 的直线预应力筋可在一端张拉。安装张拉设备时,对于直线预应力筋,应使张拉力的作用线与孔道中心线重合;对于曲线预应力筋,应使张拉力的作用线与孔道中心线末端的切线方向重合。

(四)孔道灌浆

预应力筋张拉后,利用灌浆泵将水泥浆压灌到预应力筋孔道中去,目的是为了保护预应力筋,防止锈蚀,同时使预应力筋与构件混凝土能有效地黏结,以便控制超载时裂缝的间距与宽度并减轻梁端锚具的负荷状况。

预应力筋张拉后,应尽早进行孔道灌浆。水泥浆强度不应低于 M20,且应具有较好的流动性,流动度约为 150 ~200 mm,应有较小的干缩性和泌水性。水泥应选用不低于 32.5

号的普通硅酸盐水泥,水灰比要控制在 0.40~0.45,搅拌后 3 小时泌水率宜控制在 2%,最大不得超过 3%。对孔隙较大的孔道,可采用水泥砂浆灌浆。为改善水泥浆性能,可掺缓凝减水剂。水泥浆应采用机械搅拌,以确保搅拌均匀。

灌浆用的水泥浆或砂浆应过筛,搅拌时间应保证水泥浆混合均匀,一般需 2~3 分钟。灌浆过程中应不断搅拌,当灌浆过程短暂停顿时,应让水泥浆在搅拌机和灌浆机内循环流动。灌浆设备包括砂浆搅拌机、灌浆泵、储浆桶、过滤网、橡胶管和喷浆嘴等。灌浆泵应根据灌浆高度、长度和形态等选用,并配备计量校验合格的压力表。

灌浆前应用压力水冲洗孔道,湿润孔壁,保证水泥浆流动正常。对于金属波纹管孔道,可不冲洗,但应用空气泵检查通气情况。

灌浆从一个灌浆孔开始,连续进行,不得中断。由近至远逐个检查出浆口,待出浓浆后逐一封闭,待最后一个出浆孔出浓浆后,封闭出浆孔并继续加压至 0.5~0.6 MPa。当有上下两层孔道时,应先下后上,以避免上层孔道漏浆时把下层孔道堵塞。

灌浆用水泥浆的配合比应通过试验确定,施工中不得任意更改。灌浆试块采用 7.07 cm³ 的试模制作,其标准养护 28 天的抗压强度不应低于 30 N/mm²。当灰浆强度达到 20 N/mm² 时,方可拆除结构的底部支撑。孔道灌浆后,应检查孔道上凸部位灌浆密实性,如有空隙,应采取人工补浆措施。对孔道阻塞或孔道灌浆密实情况有疑问时,可局部凿开或钻孔检查,但以不损坏结构为前提,否则应采取加固措施。孔道灌浆的质量可通过冲击回波仪检测。

(五)预应力专项施工与普通钢筋混凝土有关工序的配合要求

预应力作为混凝土结构分部工程中的一个分项工程,在施工中须与钢筋分项工程、模板分项工程、混凝土分项工程等密切配合。

1. 模板安装与拆除

(1)确定预应力混凝土梁、板底模起拱值时,应考虑张拉后产生的反拱,起拱高度宜为全跨长度的 0.5‰~1‰。

(2)现浇预应力梁的一侧模板可在金属波纹管铺设前安装,另一侧模板应在金属波纹管铺设后安装,梁的端模应在端部预埋件安装后封闭。

(3)现浇预应力梁的侧模宜在预应力筋张拉前拆除。底模支架的拆除应按施工技术方案执行,当无具体要求时应在预应力筋张拉及灌浆强度达到 15 MPa 后拆除。

2. 钢筋安装

(1)普通钢筋安装时应避让预应力筋孔道;梁腰筋间的拉筋应在金属波纹管安装后绑扎。

(2)金属波纹管或无黏结预应力筋铺设后,其附近不得进行电焊作业;如有必要,则采取防护措施。

3. 混凝土浇筑

(1)混凝土浇筑时,应防止振动器触碰金属波纹管、无黏结预应力筋和端部预埋件等。

(2)混凝土浇筑时,不得踏压或碰撞无黏结预应力筋、支撑等。

(3)预应力梁板混凝土浇筑时,应多留置 1~2 组混凝土试块,并与梁板同条件养护,用以测定预应力筋张拉时混凝土的实际强度值。

(4)施加预应力时临时断开的部位,在预应力筋张拉后即可浇筑混凝土。

第三节　无黏结预应力混凝土施工

无黏结预应力施工又称为后张无黏结预应力施工,是在混凝土浇筑前将预应力筋铺设在模板内,然后浇筑混凝土,待混凝土达到设计规定强度后进行预应力筋的张拉锚固的施工方法。

无黏结预应力筋一般由钢绞线或高强钢丝组成的钢丝束,通过专用设备涂包防腐油脂和塑料套管而构成的一种新型预应力筋。

一、施工特点

无黏结预应力施工的特点有施工工艺简便,预应力筋可以直接铺放在混凝土构建中,无须铺设波纹管和灌浆施工,施工工艺比有黏结预应力施工简便;预应力筋都是单根筋锚固,组装张拉端比较容易;预应力筋的张拉都是逐根进行的,张拉设备轻便;预应力筋耐腐蚀性优良。通常单根无黏结预应力筋直径较小,在板、扁梁结构构件中容易形成二次抛物线形状,能够更好地发挥预应力筋的作用。因此,后张无黏结预应力施工较适合楼盖体系。

二、施工工艺

后张无黏结预应力施工工艺为:预应力筋制作、预应力筋的安放与绑扎、浇筑混凝土、养护至张拉强度、张拉预应力筋并锚固。

(一)无黏结预应力筋的下料和搬运

无黏结预应力筋下料应依据施工图纸,同时还要考虑预应力筋的曲线长度、张拉设备操作时张拉端的预留长度等。无黏结预应力筋的下料切断应用砂轮锯切割,不得使用电气焊切割。下料时,一般情况下不需要考虑无黏结预应力筋的曲线长度影响,但当梁的高度大于1 000 mm或者多跨连续梁下料时则需要考虑预应力曲线对下料长度的影响。

吊装搬运无黏结预应力筋时,应整盘包装吊装搬运,搬运时要防止外皮出现破损。在搬运过程中严禁采用钢丝绳或者其他坚硬吊具直接勾吊无黏结预应力筋,以免预应力筋勒出死弯,一般采用吊装带或尼龙绳进行勾吊。

为了放置泥水污染预应力筋,避免外皮破损和锚具锈蚀,堆放预应力筋时,下边要放置垫木,保存放在干燥平整的地方,在夏季施工时要尽量避免阳光的暴晒。

(二)无黏结预应力筋的铺设

1. 板中无黏结预应力筋的铺放

无黏结预应力筋在平板结构中一般为双向配置,因此其铺设顺序很重要。一般是根据双向钢丝束交点的标高差,绘制钢丝束的铺设顺序图,底层钢丝束先行铺设,然后依次铺设上层钢丝束,这样可以避免钢丝束之间的相互穿插。将短钢筋或混凝土垫块等架起来控制标高,再用铁丝将无黏结预应力筋与非预应力筋绑扎牢固,防止钢丝束在浇筑混凝土施工过程中发生位移。若有曲线形状,则用钢筋制成的"马凳"来架设。一般施工顺序是依次放置间距不大于2 m的钢筋马凳,然后按顺序铺设钢丝束,钢丝束就位后,调整曲率及其水平位置,经检查无误后,用铁丝将无黏结预应力筋与非预应力筋绑扎牢固。

2. 梁无黏结预应力筋的铺放

无黏结预应力筋在梁中的铺放,主要有设置架立筋、铺放预应力筋和梁柱节点张拉端设置等步骤。

架立筋应按照施工图要求位置就位并固定,以保证预应力筋的矢高准确、曲线顺滑,架立筋的设置间距不应大于1.5 m。无黏结预应力筋在铺设过程中应防止绞扭在一起,为保持预应力筋的顺直,梁中的无黏结预应力筋应成束设计,且应绑扎固定,以免在浇筑混凝土过程中预应力筋移位。通过梁柱节点处的无黏结预应力筋,张拉端应设置在柱子上,根据柱配筋情况可采用凹入式或凸出式节点构造。

3. 张拉端与固定端节点的安装

无黏结预应力筋的位置应按照施工图中规定在张拉端模板上钻孔,张拉端的承压板可采用钉子固定在端模板上或用点焊固定在钢筋上的方式。当张拉端采用凹入式做法时,可采用塑料穴模或泡沫塑料、木块等形成凹槽。无黏结预应力曲线筋或折线筋末端的切线应与承压板相垂直,曲线段的起始点至张拉锚固点应有不小于300 mm的直线段。

锚固端挤压锚具应放置在梁支座内,螺旋筋应紧贴锚固端承压板位置放置并绑扎牢固。

(三)混凝土的浇筑与振捣

在无黏结预应力筋铺放完成之后,经施工单位、质量检查部门、监理单位、建设单位进行隐蔽检查验收并确认合格后,方可浇筑混凝土。

混凝土浇筑时要振捣密实,特别是承压板、锚板周围的混凝土严禁漏振,并且不得有蜂窝麻面现象出现,保证密实。浇筑时应同时制作混凝土试块2~3组,试块应同条件养护,作为张拉前的混凝土强度依据。

混凝土浇筑2~3天后可以开始拆除张拉端部模板,并清理张拉端,为张拉做准备。

(四)无黏结预应力筋的张拉

同条件养护的混凝土试块达到设计要求强度后(如无设计要求,不应低于设计强度的75%)方可进行预应力筋的张拉。张拉程序等有关要求基本上与有黏结后张法相同。

无黏结预应力混凝土楼盖结构宜先张拉楼板,后张拉楼面梁。板中的无黏结预应力筋,可依次张拉,梁中的无黏结预应力筋宜对称张拉。常用的张拉设备一般采用前卡式千斤顶单根张拉,并用单孔夹片锚具锚固。

当施工需要超张拉时,无黏结预应力筋的张拉程序宜为:从应力为零开始拉至预应力筋张拉控制应力的1.03倍后锚固。此时,最大张拉应力应不大于钢绞线抗拉强度标准值的80%。

张拉时应注意梁板下的支撑在预应力筋张拉前严禁拆除,待该梁板预应力筋全部张拉后方可拆除;对于两端张拉的预应力筋,两个张拉端应分别按程序张拉;当无黏结曲线预应力筋长度超过30 m时,宜采取两端张拉,当筋长超过60 m时,宜采取分段张拉。

无黏结预应力筋锚固后的外露长度不小于30 mm,多余部分用砂轮锯或液压剪等机械切割,不得使用电弧切割。

对于外露锚具与锚垫板表面,应涂防锈漆或环氧涂料。在锚具端头涂防腐润滑油脂后,罩上封端塑料盖帽。对凹入式锚固区,锚具表面经上述处理后,再用微膨胀混凝土或低收缩防水砂浆密封。对凸出式锚固区,可采用外包钢筋混凝土圈梁封闭。对留有后浇带的锚固区,可采取二次混凝土浇筑的方法封锚。

第十二章 钢结构工程施工

第一节 焊接工程施工

一、焊接工程施工的基本要求

目前常见的钢结构焊接施工方式主要有手工电弧焊接、气体保护电弧焊接、自保护电弧焊接、埋弧焊接、电渣焊接和栓钉焊接等。钢结构焊接工程施工单位应具备相应的作业条件、焊接从业人员、焊接设备、检验和试验设备等基本条件。焊接用施工图的焊接符号表示方法应符合《焊接符号表示法》和《建筑结构制图标准》的相关规定,图中应标明工厂施焊和现场施焊的焊缝部位、类型、长度、焊接坡口形式、焊缝尺寸等内容,焊缝坡口尺寸应按工艺要求确定。

焊接技术人员(焊接工程师)应具有相应的资格证书(大型重要的钢结构工程应取得中级及以上技术职称并有五年以上焊接生产或施工实践经验),焊接技术人员(焊接工程师)是指负责钢结构的制作、安装中焊接工艺的设计、施工计划和管理的技术人员。焊接质量检验人员应有一定的焊接实践经验和技术水平并经岗位培训取得相应的质量检验资格证书。焊缝无损检测人员必须取得国家专业考核机构颁发的等级证书并按证书合格项目及权限从事焊缝无损检测工作。焊工必须经考试合格并取得资格证书且应在认可的范围内从事焊接作业(禁止无证上岗)。

二、基本焊接工艺要求

(一)焊接工艺评定及方案要求

施工单位对其首次采用的钢材、焊接材料、焊接方法、焊后热处理等应进行焊接工艺评定试验,焊接工艺评定试验应按有关规定和设计文件的要求执行。焊接工艺评定是保证焊缝质量的前提,通过焊接工艺评定选择最佳的焊接材料、焊接方法、焊接工艺参数、焊后热处理等才能保证焊接接头的力学性能达到设计要求。焊接工艺方案应以合格的焊接工艺评定试验、企业设备和资源状况为依据进行编制,焊接施工前应根据焊接工艺编制作业指导书并结合工程特点对焊工进行培训。

(二)焊接作业环境要求

焊接时作业区环境温度、相对湿度和风速等应符合相应要求(超出相关规定且必须焊接时应编制专项方案)。作业区环境温度、相对湿度和风速的一般规定是周围环境温度不低于 − 20 ℃(周期性荷载结构周围环境温度不低于 − 5 ℃);焊接作业区的相对湿度不大于90%;焊接作业区最大风速,手工电弧焊和自保护药芯焊丝电弧焊一般不超过 8 m/s,气体保护电弧焊一般不超过 2 m/s。焊接作业应搭设稳固的操作平台,现场高空焊接作业应搭设防护棚(搭设防护棚能起防弧光、防风、防雨、安全保障措施等作用)。焊接前应采用钢丝刷、砂轮等工具彻底清除待焊处表面的氧化皮、铁锈、油污等杂物,焊接坡口应按我国现行相关规范要求进行检查。焊接作业应按正确的焊接工艺参数进行即应选择正确的焊接电流、电弧电压、焊接速度、气体流量和保证焊接层间温度等参数。焊接环境温度不应低于 $-10 ℃$,低于 $0 ℃$ 时应采取加热或防护措施,应确保焊接接头和焊接表面各方向大于或等于 2 倍钢板厚度、不小于 100 mm 范围内的母材,焊接温度不低于 $20 ℃$ 且在焊接过程中均不应低于此温度。

(三)定位焊基本要求

定位焊焊缝厚度不应小于 3 mm,也不宜超过设计焊缝厚度的 2/3 及 8 mm;定位焊缝的长度应不低于 40 mm,且不底于接头中较薄部件厚度的 4 倍;定位焊缝间距宜为 300 ~ 600 mm。定位焊缝与正式焊缝应具有相同的焊接工艺和焊接质量要求,多道定位焊焊缝的端部应为阶梯状。对不能被埋弧焊重熔的定位焊或不熔入最终焊缝的定位焊,其焊接时预热温度应高于正式施焊预热温度。

(四)引、熄弧板和衬垫基本要求

引、熄弧板和衬垫为钢材时,应选用屈服强度不大于所焊钢材标称强度的钢材,且焊接性相近。在其他非建筑行业钢材、铜块、焊剂、陶瓷等都可作为衬垫材料。坡口焊缝焊接接头两端宜设置对齐的焊缝引、熄弧板,手工电弧焊和气体保护电弧焊焊缝引出长度应大于 25 mm,埋弧焊缝引出长度应大于 50 mm,焊接完成并完全冷却后可采用火焰切割、碳弧气刨或机械等方法除去引、熄弧板并修磨平整(严禁用锤击落)。焊接开始和焊接熄弧时焊接电弧能量不足、电弧不稳定容易造成夹渣、未熔合、气孔、弧坑和裂纹等缺陷,为确保正式焊缝的焊接质量,在对接、T 接和角接等主要焊缝两端引熄弧区域装配引、熄弧板,引出板的坡口形式原则上一般与焊缝坡口相同,以便将缺陷引至正式焊缝之外。引出板的长度对手工电弧焊及气体保护焊为 25 ~ 50 mm,半自动焊为 40 ~ 60 mm,埋弧自动焊为 50 ~ 100 mm,电渣焊为 100 mm 以上,少数焊缝位置因空间局限不便设置引、熄弧板时一般采取改变引熄弧点位置或其他措施保证焊缝质量。去除引出板时一般保留距母材 2 ~ 5 mm 部分,然后用砂轮打磨平整。

钢衬垫应与母材可靠连接并与坡口焊缝充分熔合,手工电弧焊和气体保护电弧焊时钢衬垫厚度应不低于 6 mm,埋弧焊接时应大于 8 mm,电渣焊时应不低于 25 mm。焊缝钢衬垫在整个焊缝长度内连续设置,一般与母材采用间断焊焊缝,与母材紧密连接,最大间隙一般控制在 2 mm 以内,不需在衬垫全长范围内连续焊接。在周期性荷载结构中纵向焊缝的钢衬垫与母材焊接时应沿衬垫长度范围连续施焊,保证衬垫板有足够的厚度防止熔穿。

(五)预热和道间温度控制

预热及道间温度宜采用电加热、火焰加热和红外线加热等加热方法,预热的加热区域应在焊接坡口两侧,宽度应各为焊件施焊处厚度的 1.5 倍以上且不小于 100 mm。对需要进行焊前预热或焊后热处理的焊缝,其预热温度和后热温度应通过工艺试验确定,并应考虑焊接的约束条件、作业环境温度等因素。预热温度应采用专用测温仪器测量,非封闭空间构件宜在背面离坡口两侧 75 mm 处测温,封闭空间构件则在正面 100 mm 处测温。预热的目的是防止焊接金属升温过快及邻接母材冷却速度快而产生氢裂纹,同时也可改善焊接性能。

焊前是否预热与钢材的淬硬倾向有关,即决定钢材的碳当量 C_{eq} 为:

$$[C_{eq} = C + Mn/b + (Cr + Mo + V)/5 + (Ni + Cu)/15]。$$

$C_{eq} < 0.4\%$ 的钢材的淬硬倾向较小,因此除重要结构、大刚度(或拘束度大)、大厚度($\geqslant 40$ mm)和低温下($0\ ℃$ 以下)焊接时需要预热外,一般都不需预热。

$C_{eq} \geqslant 0.4\%$ 的钢材的淬硬倾向较大,一般情况下,对无刚性固定、具有一定自由度(一定拘束度)、中等厚度以上(25 mm 及以上)和环境温度在 $0\ ℃$ 及以上的都需进行预热。

预热温度确定考虑的因素很多且非常复杂,实际工作中所处条件不同其预热温度也不一定相同,故必须通过试验确定。预热温度与钢材的碳当量 C_{eq} 有关(碳当量增加则预热温度就提高);与焊接时冷却速度有关(与板厚和环境温度有关,预热温度是随板厚增加和环境温度下降而提高的。电渣焊冷却速度较慢,在 $0\ ℃$ 以上一般不需预热);与拘束度大小有关(拘束度大则预热温度应提高);与熔敷金属的扩散氢含量有关(扩散氢含量高则产生裂纹的倾向大,预热温度也应适当提高。因此,酸性焊条焊前的预热温度要比低氢型焊条焊前预热温度高,气体保护焊当气体纯度及含水量符合有关标准规定时其预热温度可视同低氢型焊条);与焊接线能量有关[焊接时热输入大则预热温度可降低,反之则应提高。通常情况下预热温度 $T(℃)$ 可按式 $T = C_{eq} \times 360 \times t/100$ 估算,其中,t 为钢材厚度、单位 mm,但最低温度不应小于 $60\ ℃$。若钢材厚度 $t \leqslant 20$ mm 且在 $0\ ℃$ 以下施焊则预热温度达 $20\ ℃$ 即可满足要求]预。

电渣焊的特性是焊缝温度集中、焊缝金属晶粒粗大、需进行正火且处理温度不应超过钢材的正火温度。其他焊接方法焊接的焊缝在碳当量 $C_{eq} < 0.4\%$、钢材厚度 $t \geqslant 40$ mm(或碳当量 $C_{eq} \geqslant 0.4\%$、钢材厚度 $t \geqslant 25$ mm)时焊后需做后热处理(消氢处理),即焊后后热处理应在焊缝完成后立即进行;后热温度应由试验确定(一般应达到 $200 \sim 250\ ℃$,保温时间依工件厚度而定,以每 25 mm 厚度 1 小时计,然后缓慢冷却至常温);预热区及后热区应在焊缝两侧(每侧宽度均应大于焊件厚度的 1.5 倍,且不应小于 100 mm)。

（六）焊接变形控制

在进行构件或组合构件的装配、部件间连接及将部件焊接到构件上时,应采用使最终构件变形和收缩最小的工艺和顺序。根据构件上的焊缝布置,可按 4 条原则采取合理的焊接顺序控制变形,即对接接头、T 形接头和十字接头在工件放置条件允许或易于翻身的情况下宜双面对称焊接(有对称截面的构件宜对称于构件中和轴焊接;有对称连接杆件的节点宜对称于节点轴线,同时对称焊接);非对称双面坡口焊缝宜先焊深坡口侧,后焊满浅坡口侧,最后完成深坡口侧焊缝(特厚板宜增加轮流对称焊接的循环次数);对长焊缝宜采用分段退焊法或与多人对称焊接法同时运用;宜采用跳焊法以避免工件局部热量集中。构件装配焊接时应先焊预计有较大收缩量的接头,后焊预计收缩量较小的接头,接头应在尽可能小的拘束状态下焊接。对预计有较大收缩或角变形的接头可先计算预估焊接收缩和角变形量的数值,然后在正式焊接前采用预留焊接收缩余量或预置反变形方法控制收缩和变形。对组合构件宜采取分部组装焊接、分别矫正变形后再进行总装焊接或连接的方法。焊接变形控制的主要目的是保证构件或结构要求的尺寸,但有时焊接变形控制的同时会使焊接应力和焊接裂纹倾向随之增大,故应采取合理的工艺措施、装焊顺序、热量平衡等方法来降低或平衡焊接变形(避免刚性固定或强制措施控制变形)。

(七)焊后消除应力处理

设计或合同文件对焊后消除应力有要求时,对需经疲劳验算的结构中承受拉应力的对接接头、焊缝密集的接点或构件宜采用电加热器局部退火和加热炉整体退火等方法进行消除应力处理,若仅为稳定结构尺寸则可选用振动法消除应力。焊后热处理应符合我国现行相关标准的规定,采用电加热器对焊接构件进行局部消除应力热处理时还应符合3条要求,即应使用配有温度自动控制仪的加热设备,且其加热、测温、控温性能应符合使用要求;构件焊缝每侧面加热板(带)的宽度至少为钢板厚度的3倍且不小于200 mm;加热板(带)以外构件两侧宜用保温材料适当覆盖。用锤击法消除中间焊层应力时应使用圆头手锤或小型振动工具进行,不应对根部焊缝、盖面焊缝、焊缝坡口边缘的母材进行锤击。用振动法消除应力时应遵守我国现行相关标准的规定。

目前,国内消除焊缝应力主要采用的方法是消除应力热处理和振动消除应力处理。消除应力热处理主要用于承受较大拉应力的厚板对接焊缝或承受疲劳应力的厚板或节点复杂、焊缝密集的重要受力构件,主要目的是降低焊接残余应力或保持结构尺寸的稳定。局部消除应力热处理通常用于重要焊接接头的应力消除或减少,振动消除应力虽能达到一定的应力消除目的,但消除应力的效果难以准确界定,若仅仅为保持结构尺寸的稳定可采用振动消除应力方法(对构件进行整体处理、可操作性强、经济性好)。有些钢材(如某些调质钢、含钒钢和耐大气腐蚀钢)进行消除应力热处理后,其显微组织可能会发生不良变化,焊缝金属或热影响区的力学性能也会恶化或产生裂纹,应慎重选择消除应力热处理方式,同时应充分考虑消除应力热处理后可能引起的构件变形。

三、焊接接头的基本要求

(一)熔透焊接接头

T形接头、十字接头、角接接头等要求熔透的对接和角接组合焊缝,其焊脚尺寸不应小于 $t/4$;设计有疲劳验算要求的吊车梁或类似构件的腹板与上翼缘连接焊缝的焊脚尺寸为 $t/4$ 且不大于 10 mm;焊脚尺寸的允许偏差为 0~4 mm。全熔透坡口焊缝对接接头的焊缝余高 R 应符合表 12-1 的规定(设计要求焊缝表面打磨时打磨方向应沿纹路和拉应力方向;设计没有要求时可不打磨)。双面坡口全焊透焊缝可采用不等厚的坡口深度,较浅坡口深度应不小于较薄件厚度的 1/4,深度按厚度不同而不同。

表 12-1 全熔透坡口焊缝对接接头的焊缝余高 R　　　　　单位:mm

设计要求焊缝等级	一、二级焊缝		三级焊缝	
焊缝宽度	<20	≥20	<20	≥20
余高 R	0~3	0~4	0~3.5	0~4

（二）部分熔透焊接

部分熔透焊接应确保设计施工图要求的有效焊缝厚度，部分熔透对接与角接的组合焊缝，其有效焊缝厚度为接头根部至焊缝表面的最短距离减去 3 mm，组合焊缝焊脚尺寸为 $t/4$ 且不超过 10 mm。部分熔透焊缝的有效焊缝厚度应遵守相关规定，当采用 V 形或 X 形坡口且坡口角度小于 60°时，焊缝的有效焊缝厚度等于坡口深度尺寸减去 3 mm；采用 V 形或 X 形坡口且坡口角度不小于 60°或采用 J、U 形坡口时，焊缝的有效焊缝厚度应等于坡口深度。

（三）角接焊接

由角焊缝连接的部件应尽量密贴（根部间隙不得超过 2 mm），当接头的根部间隙超过 2 mm 时，角焊缝的焊脚尺寸应根据根部间隙值增加。角焊缝端部在构件上时，转角处宜采用连续包角焊且起弧和熄弧点距焊缝端部宜大于 10.0 mm；当角焊缝端部不设置引弧和引出板时，连续焊缝的起落弧点距焊缝端部宜大于 10.0 mm；弧坑应填满。间断角焊缝每焊段的最小长度应不小于 40 mm，焊段之间的最大间距应不超过较薄焊件厚度的 24 倍及 300 mm。

（四）塞焊与槽焊接头

塞焊和槽焊可采用手工电弧焊、气体保护电弧焊及自保护电弧焊等焊接方法，平焊时应分层熔敷焊缝（每层熔渣冷却凝固后必须清除方可重新焊接），立焊和仰焊时每道焊缝焊完后应待熔渣冷却并清除后方可施焊后续焊道。塞焊和槽焊接头中两块接触面之间的间隙不得超过 2 mm 且禁止使用填充板材。

（五）电渣焊

电渣焊应采用专用电渣焊焊接设备竖向焊接，需要进行倾斜电渣焊焊接时，应有焊接工艺试验合格结果保证并获得焊接工程师批准。电渣焊焊接应采取措施保证扭曲和收缩应力最小。电渣焊内隔板的衬垫应与母材紧密连接（间隙宜小于 1 mm），衬垫板与内隔板宜进行密封焊接。

（六）栓钉焊

首次栓钉焊接前应进行工艺评定试验以确定焊接工艺参数，每班次焊接作业前应试焊 3 个栓钉数。栓钉焊接包括穿透型的焊接。除其他工艺规定外，栓钉焊宜以平焊方式采用专用栓钉焊机进行焊接，适用于公称直径为 6～22 mm 的熔焊栓钉。栓钉焊机单独布设焊接电源，其目的是确保施工焊接电源的电压稳定性（当与其他设备并联使用时需保证电压稳定性的要求）。栓钉焊接过程中也应考虑钢板厚度和磁偏吹对焊接质量的影响。磁偏吹和焊接电流密度成正比，也受地线钳夹持位置及补偿块金属位置的影响。另外，绕铅直轴线在不同位置转动焊枪，其磁偏吹效果也不同，磁偏吹会使金属一侧加剧熔化并增加焊缝金属中的孔洞。

四、焊接质量检验的基本要求

焊缝的尺寸偏差、外观质量和内部质量应按《钢结构工程施工质量验收规范》检验。栓钉焊后应进行弯曲试验检查(检查数量不少于1%),用锤击焊钉(螺柱)头,使其弯曲至30°时焊缝和热影响区不得有肉眼可见裂纹。

五、焊接缺陷返修的基本要求

焊缝金属或母材的缺欠超过相应的质量验收标准时可采用砂轮打磨、碳弧气刨、铲凿或机械等方法彻底清除,返修焊接前应清洁修复区域的表面,对焊缝尺寸不足、咬边、弧坑未填满等缺陷应进行焊补。对不合格的焊缝缺欠及返修或重焊的焊缝应按原检测方法和质量标准进行检测验收。

对焊缝进行返修宜按要求进行。焊瘤、凸起或余高过大时应采用砂轮或碳弧气刨清除过量的焊缝金属;焊缝凹陷或弧坑、焊缝尺寸不足、咬边、未熔合、焊缝气孔或夹渣等应在完全清除缺陷后进行补焊;焊缝或母材的裂纹应采用磁粉、渗透或其他无损检测方法确定裂纹的范围及深度,应用砂轮打磨或碳弧气刨清除裂纹及其两端各50 mm长的完好焊缝或母材,修整表面或磨除气刨渗碳层后应用渗透或磁粉探伤方法确定裂纹是否彻底清除,然后重新进行补焊(对拘束度较大的焊接接头上焊缝或母材上裂纹进行返修时,碳弧气刨清除裂纹前宜在裂纹两端钻止裂孔后再清除裂纹缺陷)。焊接返修的预热温度应比相同条件下正常焊接的预热温度高30~50 ℃并采用低氢焊接方法和焊接材料进行焊接。返修部位应连续焊成(中断焊接时应采取后热、保温措施以防止产生裂纹),厚板返修焊接宜采用消氢处理。

焊接裂纹的返修应通知专业焊接工程师对裂纹产生的原因进行调查和分析并在制订专门的返修工艺方案后按工艺要求进行。承受动荷载结构的裂纹返修及静荷载结构同一部位两次返修后仍不合格时,应对返修焊接工艺进行工艺评定并经业主或监理工程师认可后方可实施。裂纹返修焊接应填报返修施工记录及返修前后的无损检测报告作为工程验收及存档资料。

焊缝金属或部分母材的缺陷超过相应的质量验收标准时,施工单位可以选择进行修补或除去并重焊不合格的焊缝。焊接或母材的缺陷修补前应分析缺陷的性质种类和产生的原因(若不是因焊工操作或执行工艺规范不严格造成的缺陷则应从工艺方面进行改进、编制新的工艺,或经过试验评定后进行修补以确保返修成功)。多次对同一部位进行返修会造成母材热影响区的热应变脆化并对结构安全产生不利影响。

第二节　紧固件连接工程施工

一、紧固件连接工程施工的基本要求

目前用于钢结构制作和安装中常见紧固件连接工程措施主要有普通螺栓、扭剪型高强度螺栓、高强度大六角头螺栓、钢网架螺栓球节点用高强度螺栓、拉铆钉、自攻钉、射钉等。钢构件的紧固件连接节点和拼接接头在紧固施工前应经检验合格。露天使用或接触腐蚀性气体的钢结构紧固件紧固验收合格后,其连接处板缝应及时封闭。经验收合格的紧固件连接节点与拼接接头应按设计文件规定进行防腐和防火涂装。

钢结构制作和安装单位应按《钢结构工程施工质量验收规范》的规定分别进行高强度

螺栓连接摩擦面的抗滑移系数试验和复验,现场处理的构件摩擦面应单独进行摩擦面抗滑移系数试验,且其结果应符合设计要求。当高强度连接节点按承压型连接或张拉型连接进行强度设计时,可不进行摩擦面抗滑移系数的试验和复验。前述制作方试验的目的是验证摩擦面处理工艺的正确性,安装方复验的目的是验证摩擦面在安装前的状况是否符合设计要求。对钢板原轧制表面不做处理时,其接触面间的摩擦系数一般能达到 0.3(Q235)和 0.35(Q345)的水平,因此在设计采用的摩擦面抗滑移系数为 0.3 时,由设计方提出也可不进行摩擦面抗滑移系数的试验和复验。

二、连接件加工及摩擦面处理的基本要求

连接件螺栓孔应按相关规范规定进行加工,螺栓孔的精度、孔壁表面粗糙度、孔径及孔距偏差等应符合《钢结构工程施工质量验收规范》的规定。螺栓孔孔距超过相关规范的允许偏差时,可采用与母材相匹配的焊条补焊并经无损检测合格后重新制孔,每组孔中经补焊重新钻孔的数量不得超过该组螺栓数量的 20%。当摩擦面间有间隙时,其有间隙一侧的螺栓紧固力就会有一部分以剪力形式通过拼接板传向较厚一侧,结果导致有间隙一侧摩擦面间正压力减小、摩擦承载力降低,即有间隙的摩擦面抗滑移系数降低。

高强度螺栓连接处的摩擦面可根据设计抗滑移系数的要求选用喷砂(丸)、喷砂后生赤锈、喷砂后涂无机富锌漆、手工打磨等处理方法,手工砂轮打磨时打磨方向应与受力方向垂直且打磨范围不小于螺栓孔径的 4 倍。不论选用哪种处理方法,凡经加工过的表面其抗滑移系数最小值均必须达到设计文件规定。喷砂(丸)处理时的砂粒粒径为 1.2~1.4 mm,喷射时间为 1~2 min,喷射分压为 0.5 Pa,处理完后的表面粗糙度可达 45~50 μm。喷砂后生赤锈处理是指喷砂后放露天生锈 60~90 天,表面粗糙度可达 55 μm,安装前应对表面清浮锈。喷砂后涂无机富锌漆时的涂层厚度应为 0.6~0.8 μm 以满足防锈要求。砂轮打磨手工处理是指使用粗砂轮沿与受力方向垂直打磨(打磨后置于露天生锈效果更好),表面粗糙度可达 50 μm 以上,但离散性较大。手工钢丝刷清理处理是指使用钢丝刷将钢材表面的氧化铁等污物清理干净,处理方法比较简便但抗滑移系数较低,一般用于次要结构和构件处理。

经表面处理后的高强度螺栓连接摩擦面应符合要求,其连接摩擦面应保持干燥、清洁且不应有飞边、毛刺、焊接飞溅物、焊疤、氧化铁皮、污垢等;经处理后的摩擦面应采取保护措施且不得在摩擦面上做标记;摩擦面采用生锈处理方法时,安装前应以细钢丝刷垂直于构件受力方向除去摩擦面上的浮锈。

三、紧固件连接工程施工对普通紧固件连接的基本要求

普通螺栓可采用普通扳手紧固,螺栓紧固应使被连接件接触面、螺栓头和螺母与构件表面密贴,普通螺栓紧固应从中间开始对称向两边进行,大型接头宜采用复拧方式。

普通螺栓作为永久性连接螺栓时其紧固应遵守相关规定。螺栓头和螺母侧应分别放置平垫圈(螺栓头侧放置的垫圈不多于 2 个,螺母侧放置的垫圈不多于 1 个);设计中对承受动力荷载或重要部位的螺栓连接有防松动要求时,应采取有防松动装置的螺母或弹簧垫圈(弹簧垫圈应放置在螺母侧);工字钢、槽钢等有斜面的螺栓连接宜采用斜垫圈;同一个连接接头螺栓数量不应少于 2 个;螺栓紧固后外露丝扣应不少于 2 扣(紧固质量检验可采用锤敲检验)。

连接薄钢板采用的拉铆钉、自攻钉、射钉等的规格尺寸应与被连接钢板相匹配,其间距、边距等应满足设计文件要求,钢拉铆钉和自攻螺钉的钉头部分应靠在较薄的板件一侧,自攻螺钉、钢拉铆钉、射钉等与连接钢板应紧固密贴且外观排列整齐。铆钉可采用热铆或冷铆施工方法,冷铆施工时应在常温下进行,用铆钉枪铆接时最大直径不得超过 13 mm,用铆钉机铆接时最大直径不得超过 25 mm。铆钉安装后应进行外观和铆合情况检验,铆合情况可采用 0.3 kg 小锤敲击铆钉头部的敲击法检验。自攻螺钉(非自攻自钻螺钉)连接板上的预制孔径 d_0 应满足式 $d_0 = 0.7 d + 0.2 t_1$ 且 $d_0 \leqslant 0.9 d$ 的要求,其中,d 为自攻螺钉的公称直径(mm);t_1 为连接板的总厚度(mm)。被连板件上安装自攻螺钉(非自钻自攻螺钉)用的钻孔孔径直接影响连接的强度和柔度,孔径的大小通常应由螺钉生产厂家规定。射钉施工时的穿透深度(指射钉尖端到基材表面的深度)应不小于 10 mm。

四、紧固件连接工程施工对高强度螺栓连接的基本要求

高强度大六角头螺栓连接副通常由一个螺栓、一个螺母和两个垫圈组成(其使用组合应符合表 12 - 2 的规定),扭剪型高强度螺栓连接副通常由一个螺栓、一个螺母和一个垫圈组成。

表 12 - 2　高强度大六角头螺栓连接副组合

螺栓	螺母	垫圈
10.9S	10H	35 ~ 45HRC
8.8S	8H	35 ~ 45HRC

高强度螺栓长度应以螺栓连接副终拧后外露 2 ~ 3 扣丝为标准确定,可按式 $t = t' + \Delta t$ ($\Delta t = m + ns + 3p$)计算,其中,t 为连接板层总厚度;m 为高强度螺母公称厚度;n 为垫圈个数(扭剪型高强度螺栓为 1,高强度大六角头螺栓为 2);s 为高强度垫圈公称厚度(当高强度螺栓连接采用大圆孔或槽孔时,高强度垫圈公称厚度按实际厚度取值);p 为螺纹的螺距;Δt 为附加长度,若高强度螺栓公称直径已确定则附加长度 Δt 也可直接按表 12 - 3 取值(表中附加长度是由标准圆孔垫圈公称厚度计算确定的)。选用的高强度螺栓公称长度应取修约后的长度,根据计算出的螺栓长度 t 按修约间隔 5 mm 进行修约(即按 2 舍 3 入或 7 舍 8 入的原则取 5 mm 的整倍数并尽量减少螺栓的规格、数量)。螺纹的螺距可参考表 12 - 4 选取。螺栓露出太少或陷入螺母都有可能对螺栓螺纹与螺母螺纹连接的强度有不利的影响,外露过长不但不经济且会给高强度螺栓施拧带来困难。

表 12 - 3　高强度螺栓附加长度 Δt

高强度螺栓种类	螺栓规格						
	M12	M16	M20	M22	M24	M27	M30
高强度大六角头螺栓	23	30	35.5	39.5	43	46	50.5
扭剪型高强度螺栓	—	26	31.5	34.5	38	41	45.5

表 12-4　螺距取值表

螺栓规格	12	16	20	22	24	27	30
螺距户	—	1.75	2.5	2.5	3	3	3.5

高强度螺栓安装时应先使用安装螺栓和冲钉,在每个节点上穿入的安装螺栓和冲钉数量应根据安装过程所承受的荷载计算确定并符合 4 条规定,即不应少于安装孔总数的 1/3;安装螺栓不应少于 2 个;冲钉穿入数量不宜多于安装螺栓数量的 30%;不得用高强度螺栓兼做安装螺栓。冲钉主要起定位作用,安装螺栓主要起紧固作用并应尽量消除间隙。安装螺栓和冲钉的数量要保证能承受构件的自重和连接校正时的外力作用,规定每个节点安装的最少个数是为了防止连接后构件位置偏移,同时限制冲钉用量。冲钉应加工成锥形,中部直径一般与孔直径相同。高强度螺栓不得兼做安装螺栓是防止螺纹的损伤和连接副表面状态的改变引起扭矩系数的变化。

高强度螺栓应在构件安装精度调整结束后拧紧,高强度螺栓安装应符合相关规定,扭剪型高强度螺栓安装时螺母带圆台面的一侧应朝向垫圈有倒角的一侧;大六角头高强度螺栓安装时螺栓头下垫圈有倒角的一侧应朝向螺栓头,螺母带圆台面的一侧应朝向垫圈有倒角的一侧。大六角头高强度螺栓连接副垫圈设置内倒角是为了与螺栓头下的过渡圆弧相配合,因此在安装时垫圈带倒角的一侧必须朝向螺栓头(否则螺栓头就不能很好地与垫圈密贴,从而影响螺栓的受力性能)。螺母一侧的垫圈因倒角侧的表面较为平整、光滑,拧紧时扭矩系数较小且离散率也较小,所以垫圈有倒角一侧应朝向螺母。

高强度螺栓现场安装时应能自由穿入螺栓孔(不得强行穿入),螺栓不能自由穿入时可采用铰刀或锉刀修整螺栓孔(不得采用气割扩孔),扩孔数量应征得设计同意,修整后或扩孔后的孔径不应超过 1.2 倍螺栓直径。气割扩孔很不规则既会削弱构件有效截面又会减少传力面积,还会使扩孔处钢材出现缺陷,因此不得气割扩孔。最大扩孔量限制是基于构件有效截面和摩擦传力面积考虑的。

高强度大六角头螺栓连接副施拧可采用扭矩法或转角法,施工工程应遵守相关规定,施工用的扭矩扳手使用前应进行校正(其扭矩相对误差不得大于 5%,校正用扭矩扳手的扭矩相对误差不得大于 3%);施拧时应在螺母上施加扭矩;施拧应分初拧和终拧(大型节点应在初拧和终拧之间增加复拧。初拧扭矩可取施工终拧扭矩的 50%,复拧扭矩应等于初拧扭矩);采用转角法施工时初拧(复拧)后连接副的终拧角度应满足表 12-5 的要求;初拧或复拧后应对螺母涂画颜色标记。终拧扭矩可按式 $T_c = kP_c d$ 计算确定,其中,T_c 为施工终拧扭矩(N·m);k 为高强度螺栓连接副的扭矩系数平均值(取 0.110~0.150);d 为高强度螺栓公称直径(mm);P_c 为高强度螺栓施工预拉力(kN),可按表 12-6 选用。用于大六角头高强度螺栓施工终拧值检测及校核施工扭矩扳手的标准扳手须经过计量单位标定并在有效期内使用,检测与校核用的扳手应为同一把扳手。

表 12 – 5　初拧(复拧)后连接副的终拧转角

螺栓长度 L	螺母转角	连接状态
$L \leqslant 4d$	1/3 圈(120°)	
$4d < L \leqslant 8d$ 或 200 mm 及以下	1/2 圈(180°)	连接形式为一层芯板加两层盖板
$8d < L \leqslant 12d$ 或 200 mm 以上	2/3 圈(240°)	

注:d 为螺栓公称直径;螺母的转角为螺母与螺栓杆之间的相对转角;当螺栓长度 L 超过 12 倍螺栓公称直径 d 时,螺母的终拧角度应由试验确定。

表 12 – 6　高强度大六角头螺栓施工预拉力 kN

螺栓性能等级	螺栓公称直径(mm)						
	M12	M16	M20	M22	M24	M27	M30
8.8S	50	90	140	165	195	255	310
10.9S	60	110	170	210	250	320	390

　　扭剪型高强度螺栓连接副应采用专用电动扳手施拧且施工时应遵守相关规定,施拧应分初拧和终拧(大型节点宜在初拧和终拧之间增加复拧);初拧扭矩值取式 $T_c = kP_c d$ 中 T_c 计算值的 50%(其中 k 取 0.13 或直接按表 12 – 7 取值);复拧扭矩等于初拧扭矩;终拧应以拧掉螺栓尾部梅花头为准(个别不能用专用扳手进行终拧的螺栓可按前述规定方法进行终拧,扭矩系数 k 取 0.13);初拧或复拧后应对螺母涂画颜色标记。扭剪型高强度螺栓因以扭断螺栓尾部梅花部分为终拧完成而无终拧扭矩规定,因而其初拧扭矩参照大六角头高强度螺栓取扭矩系数的中值 0.13(按 0.13 × 扭剪型螺栓紧固轴力 × 螺栓公称直径的 50% 确定)。

表 12 – 7　扭剪型高强度螺栓初拧(复拧)扭矩值 N·m

螺栓公称直径(mm)	M16	M20	M22	M24	M27	M30
初拧(复拧)扭矩	115	220	300	390	560	760

　　高强度螺栓连接副应采用合理的施拧顺序。高强度螺栓连接副的初拧、复拧和终拧原则上应以接头刚度较大的部位向约束较小的方向、螺栓群中央向四周的顺序,目的是使高强度螺栓连接处板层能更好密贴。H 形截面柱对接节点按先翼缘后腹板顺序进行;两个节点组成的螺栓群按先主要构件节点、后次要构件节点顺序进行。

　　设计文件中对高强度螺栓和焊接并用的连接节点无特殊规定时,宜按先螺栓紧固后焊接的施工顺序进行。高强度螺栓连接副的初拧、复拧、终拧应在 24 小时内完成。

　　高强度大六角头螺栓连接扭矩法施工紧固应按规定进行质量检查,用约 0.3 kg 重小锤敲击螺母对高强度螺栓进行普查。终拧扭矩按节点数 10% 抽查且不少于 10 个节点,对每个被抽查节点按螺栓数 10% 抽查且不少于 2 个螺栓。检查时先在螺杆端面和螺母上画一直线,然后将螺母拧松约 60°,再用扭矩扳手重新拧紧使两线重合,测得此时的扭矩应在 $0.9 T_{ch} \sim 1.1 T_{ch}$ 范围内,T_{ch} 应按式 $T_{ch} = kPd$ 计算,其中,T_{ch} 为检查扭矩(N·m);P 为高强度螺栓设计预拉力(kN);k 为扭矩系数。发现不符合规定时应再扩大 1 倍检查,若检查后仍有不合格者则整个节点的高强度螺栓应重新施拧。扭矩检查宜在螺栓终拧 1 小时以后、24 小时之前完成,检查用的扭矩扳手的相对误差不得大于3%。

高强度大六角头螺栓连接转角法施工紧固应按规定进行质量检查。终拧转角按节点数抽查10%且不少于 10 个节点,对每个被抽查节点按螺栓数抽查10%且不少于 2 个螺栓。发现有不符合规定的应再扩大 1 倍检查,若仍有不合格者则整个节点的高强度螺栓应重新施拧。转角检查宜在螺栓终拧 1 小时以后、24 小时之前完成。

扭剪型高强度螺栓终拧检查以目测尾部梅花头拧断为合格,对不能用专用扳手拧断的扭剪型高强度螺栓应按规定进行质量检查。螺栓球节点网架总拼完成后高强度螺栓与球节点应紧固连接,螺栓拧入螺栓球内的螺纹长度不小于 1.1d(d 为螺栓直径),连接处应不出现有间隙、松动等未拧紧情况。螺栓球节点网架刚度(挠度)通常比设计值弱,其主要原因是螺栓球与钢管连接的高强度螺栓紧固不到位而出现间隙、松动等情况,当下部支撑系统拆除后由于连接间隙、松动等原因挠度会明显加大甚至会超过规范规定的限值。

第三节　钢零件及钢部件加工基本要求

钢结构制作及安装中的钢零件及钢部件加工应遵守相关规定。加工前应进行设计图纸审核,熟悉设计施工图和施工详图,做好各道工序的工艺准备工作,并结合加工工艺编制作业指导书。

一、钢零件及钢部件加工对放样和号料的基本要求

放样和号料应根据施工图和工艺文件进行并按要求预留余量。放样和样板(样杆)偏差应符合表12 -8 的规定,号料偏差应符合表12 -9 的规定。放样时通常根据施工图用1:1 比例放出大样并制作样板或样杆进行号料,作为切割、加工、弯曲、制孔等的标记(尽管目前大多数加工单位采用数控加工设备从而省略了放样和号料工序,但有些加工和组装工序仍需放样、做样板和号料等工序),样板、样杆一般采用铝板、薄白铁板、纸板等材料制作(应根据精度要求选用不同的材料)。放样和号料预留余量一般包括制作和安装时的焊接收缩余量、构件的弹性压缩量、切割、刨边和铣平等的加工余量及厚钢板展开余量等。

表 12 -8　放样和样板(样杆)的允许偏差

项目	平行线距离和分段尺寸	样板长度	样板宽度	样板对角线差	样杆长度	样板角度
允许偏差	±0.5 mm	±0.5 mm	±0.5 mm	1.0 mm	±1.0 mm	±20°

表 12 -9　号料的允许偏差

项目	零件外形尺寸	孔距
允许偏差	±1.0	±0.5

钢板宜按工艺规定的方向号料,同时应考虑构件或零部件受力方向和加工方向等因素。规定号料方向的目的是缓解钢板沿轧制方向和垂直轧制方向的力学性能差异问题通常应确保构件受力方向与钢板轧制方向一致,弯折线、卷制轴线等的弯曲加工方向与钢板轧制方向垂直,以防止出现裂纹。号料后钢零件和钢部件应按工艺要求做出标识,号料后零部件标识包括工程号、零件编号、加工符号、孔的位置等(以便于切割及后续工序工作开展),同时应将该零件所用材料的相关信息(如钢种、厚度、炉批号等)移植到下料配套表和余料上以备检查和后用。

二、钢零件及钢部件加工对切割的基本要求

钢材切割可采用气割、机械剪切、等离子切割等方法,选用的切割方法应满足工艺文件要求,切割后的飞边、毛刺应清理干净。切割时应按其厚度、形状、加工工艺、设计要求选择最适合的方法,见表 12 – 10。

表 12 – 10 钢材常见切割方法及适用范围

类别	选用设备	适用范围
气割	自动或半自动切割机、多头切割机、数控切割机、仿形切割机、多维切割机	适用于中厚钢板
	手工切割	小零件板及修正下料,或机械操作不便时
机械剪切	剪板机、型钢冲剪机	适用板厚 <12 mm 的零件钢板、压型钢板、冷弯型钢
	适用于切割厚度 <4 mm 的薄壁型钢及小型钢管	砂轮锯
	锯床	适用于切割各种型钢及梁柱等构件
等离子切割	等离子切割机	适用于薄钢板、钢条及不锈钢

钢材切割面或剪切面应无裂纹、夹渣、分层等缺陷和大于 1 mm 的缺棱。气割前钢材切割区域表面应清理干净,切割时应根据设备类型、钢材厚度、切割气体等因素选择适合的工艺参数。为确保气割顺序进行和气割面质量,不论采用何种气割方法切割前均要求将钢材切割区域表面清理干净。气割的允许偏差应符合表 12 – 11 的规定,其中,t 为切割面厚度。

表 12 – 11 气割允许偏差

项目	零件宽度、长度	切割面平面度	割纹深度	局部缺口深度
允许偏差	±3.0 mm	$0.05t$ 且不大于 2.0 mm	0.3 mm	1.0 mm

机械剪切的零件厚度不宜大于 12.0 mm 且剪切面应平整,碳素结构钢在环境温度低于

－20 ℃或低合金结构钢在环境温度低于－15 ℃时不得进行剪切、冲孔。机械剪切允许偏差应符合表 12－12 的规定。采用剪板机或型钢板剪切机切割钢材是速度较快的一种切割方法,但切割质量不是很好,因其在钢材剪切过程中一部分属剪切,另一部分属撕断,故切断面边缘会产生很大的剪切应力并在剪切连续 2～3 mm 范围内形成严重的冷作硬化区(这部分钢材脆性很大),故要求剪切零件厚度不宜大于 12 mm,较厚钢材或直接受动荷载的钢板一律不采用剪切方式(否则要将冷作硬化区刨除,若剪切边为焊接边可不作处理),低温下更不允许进行剪切。

表 12－12　机械切割允许偏差

项目	零件宽度、长度	边缘缺棱	型钢端部垂直度
允许偏差	±3.0 mm	1.0 mm	2.0 mm

钢网架(桁架)用圆钢管杆件宜用机床或数控相贯线切割机下料,下料时应预放加工余量和焊接收缩量(焊接收缩量可由工艺试验确定),钢管杆件加工偏差应符合表 12－13 的规定。除前述数控相贯线切割机下料外,矩形、圆形钢管、工字钢与球的相贯焊接可采用手工切割方式。

表 12－13　钢管杆件加工允许偏差

项目	长度	端面对管轴的垂直度	管口曲线
允许偏差	±1.0 mm	0.005r	1.0 mm

注:r 为钢管半径。

三、钢零件及钢部件加工对矫正与成型的基本要求

矫正可采用机械矫正、限定温度的加热矫正、加热矫正与机械联合矫正等方法。碳素结构钢在环境温度低于－16 ℃或低合金结构钢在环境温度低于－12 ℃时不应进行冷矫正和冷弯曲,碳素结构钢和低合金结构钢加热矫正时的加热温度不应超过 900 ℃,低合金结构钢矫正温度冷却到 600 ℃时严禁急冷。前述对冷矫正和冷弯曲最低环境温度的限制是为保证钢材在低温情况下受到外力时不致产生冷脆断裂,低温下钢材受外力而脆断要比冲孔和剪切加工时的断裂更敏感,故环境温度应严格限制。当设备能力受限、钢材厚度较厚、处于低温条件下或冷矫正达不到质量要求时,可采用加热矫正且加热温度不能超过 900 ℃(超过此温度时钢材表面容易渗碳甚至过烧,800～900 ℃属退火或正火区且是热塑变形的理想温度,低于 600 ℃则矫正效果不大)。为防止加热区钢材脆化应缓慢冷却(空冷),低合金结构钢更不应骤冷,采用加热矫正与机械联合矫正时温度降到 500～600 ℃(接近蓝脆区)之前应结束矫正。

零件采用热加工成型时的加热温度一般应控制在 900～1 000 ℃(当然根据热加工需要也可将加热温度控制在 1 100～1 300 ℃),碳素结构钢和低合金结构钢在温度分别下降到 700 ℃和 800 ℃之前应结束加工,低合金结构钢应自然冷却。热加工成型温度应均匀且不宜对同一构件反复进行热加工,温度冷却到 200～400 ℃时严禁捶打和弯曲。钢管径厚比为

25~33 时宜采用热成型加工方式,径厚比为 33 以上时宜采用冷加工成型。利用钢板卷制钢管时因不同材质或同种材质不同厚度范围内钢板的屈服点不同及各种结构钢出厂状态的差异,应采取确保结构安全性及防止延迟裂纹、厚板层状撕裂等微观缺陷出现的特殊措施,在有充分试验验证不会出现表面延迟裂纹、内部撕裂等缺陷时可根据材质、板厚并结合使用部位的重要性选择冷成型加工。

表 12-14   冷矫正和冷弯曲的最小曲率半径和最大弯曲矢高

钢材类别	对应轴	矫正		弯曲	
		r	f	r	f
钢板扁钢	$x-x$	50t	$\iota^2/(400t)$	25t	$\iota^2/(200t)$
	$y-y$(仅对扁钢轴线)	100b	$\iota^2/(800b)$	50b	$\iota^2/(400b)$
角钢	$x-x$	90b	$\iota^2/(720b)$	45b	$\iota^2/(360b)$
槽钢	$x-x$	50h	$\iota^2/(400h)$	25h	$\iota^2/(200h)$
	$y-y$	90b	$\iota^2/(720b)$	45b	$\iota^2/(360b)$
工字钢	$x-x$	50h	$\iota^2/(400h)$	25h	$\iota^2/(200/b)$
	$y-y$	50b	$\iota^2/(400b)$	25b	$\iota^2/(200b)$
钢管	$x-x$			18b	

注:r 为曲率半径;f 为弯曲矢高;ι 为弯曲弦长;t 为板厚;b 为宽度。

矫正后的钢材表面不应有明显的凹痕或损伤,划痕深度不得大于 0.5 mm 且不应大于该钢材厚度允许负偏差的 1/2。型钢冷矫正和冷弯曲的最小曲率半径和最大弯曲矢高应符合表 12-14 的规定。前述冷矫正和冷弯曲的最小曲率半径和最大弯曲矢高允许值是在综合考虑钢材特性、工艺可行性及成型后外观质量限制情况下给出的。钢管加工弯曲成型偏差应符合表 12-15 的规定。

表 12-15   钢管弯曲成型允许偏差

项目	直径 d	构件长度	管口圆度	弯曲矢高
允许偏差(mm)	$\pm d/500$ 且 <5.0	±3.0	$d/500$ 且 $\leqslant5.0$	$L/1\,500$ 且 $\leqslant5.0$

四、钢零件及钢部件加工对边缘和端部加工的基本要求

边缘加工可采用气割和机械加工方法,对边缘有特殊要求时宜采用精密切割。气割或机械剪切的零件需进行边缘加工时(刨削余量应不小于 2.0 mm),也要对直接承受动力荷载的剪切外露边缘、刨平顶紧的边缘及手工切割的外露边缘等需对剪切的冷作硬化区或气割的热影响区 2~3 mm 进行机械切削加工,边缘加工偏差应符合表 12-16 的规定。焊缝坡口可采用气割、铲削、刨边机加工等方法。零部件(主要零部件精度尺寸要求较高时)采用铣床铣削加工边缘时,加工后的允许偏差应符合表 12-17 的规定。

表 12 – 16　边缘加工允许偏差

项目	零件宽度、长度	加工边直线度	相邻两边夹角	加工面垂直度	加工面表面粗糙度 Ra
允许偏差	±3.0 mm	L/3000 且不大于 2.0 mm	±6°	0.025 t 且不大于 0.5 mm	50 μm

表 12 – 17　零部件铣削加工后的允许偏差

项目	零件长度、宽度	铣平面的平面度	铣平面的垂直度
允许偏差	±0.5	0.3	L/1500

五、钢零件及钢部件加工对制孔的基本要求

制孔可采用钻孔、冲孔、铣孔、铰孔、镗孔和锪孔等方法(直径较大或长形孔也可采用气割制孔),钻孔、冲孔为一次制孔,铣孔、铰孔、镗孔和锪孔方法为二次制孔(即在一次制孔基础上进行孔的二次加工),直径在 80 mm 以上的圆孔钻孔不能实现时可采用气割制孔,长圆孔或异形孔通常可采用先行钻孔再气割制孔的方法。利用数控钻床进行多层板钻孔时应在采取有效防止窜动措施后进行钻孔。机械或气割制孔后应清除孔周边的毛刺、切屑等杂物,孔壁应圆滑且无裂纹和大于 1.0 mm 的缺棱。

六、钢零件及钢部件加工对螺栓球和焊接球加工的基本要求

螺栓球宜热锻成型(加热温度宜为 1 200 ~ 1 250 ℃,终锻温度不得低于 800 ℃),螺栓球不应有裂纹、褶皱和过烧现象。螺栓球的螺栓孔宜采用专用车床或由数控加工中心加工,螺纹应符合《普通螺纹公差》(GB/T 197—2018)规定的 6H 要求。螺栓球加工偏差应符合表 12 – 18 的规定(其中,r 为螺栓球半径;d 为螺栓球直径)。

表 12 – 18　螺栓球加工允许偏差

项目	圆度/mm		直径/mm		铣平面距球中心距离/mm	相邻两螺孔中心线夹角/(°)	两铣平面与螺栓孔轴线垂直度/r
	$d \leqslant 120$	$d > 120$	$d \leqslant 120$	$d > 120$	±0.2	±30	0.005
允许偏差	1.5	2.5	0.2	0.3			

焊接空心球分无肋焊接空心球和加肋焊接空心球 2 类,宜先采用钢板热压成半圆球(加热温度宜为 800 ~ 950 ℃),再经机械加工坡口后焊成圆球,焊接后的成品球表面应光滑平整且没有局部凸起或褶皱。焊接球允许偏差应符合表 12 – 19 的规定。

表 12-19　焊接球允许偏差　　　　　　　　　　　单位:mm

项目	直径		圆度		壁厚减薄量		两半球对口错边
	$D \leqslant 300$	$D > 300$	$D \leqslant 300$	$D > 300$	$D \leqslant 500$	$D > 500$	
允许偏差	±1.5	±2.5	±1.5	±2.5	0.13t 且不大于 1.5	3	1.0

七、钢零件及钢部件加工对钢铸件加工的基本要求

钢铸件铸造工艺应符合设计文件及我国现行相关规范要求。钢铸件加工工艺流程宜包括工艺设计、模型制作、检验、浇铸、清理、热处理、打磨(修补)、机械加工和成品检验等内容。钢铸件质量应满足《建筑用铸钢节点技术规程》的要求。复杂节点的钢铸件接头宜设置过渡段,设置过渡段的目的是提高现场焊接质量。过渡段材质同构件,长度可取 500 mm 和截面尺寸的最大值。

八、钢零件及钢部件加工对索节点加工的基本要求

索节点加工时应先采用铸造、锻造、焊接等工艺加工成毛坯,再采用车削、铣削、刨削、钻孔、镗孔等机械加工方式加工成成品。目前,索节点毛坯加工常见工艺有 3 种,即铸造工艺(包括模型制作、检验、浇铸、清理、热处理、打磨、修补、机械加工、检验等工序)、锻造工艺(包括下料、加热、锻压、机械加工、检验等工序)、焊接工艺(包括下料、组装、焊接、机械加工、检验等工序)。索节点的普通螺纹应符合《普通螺纹基本尺寸》和《普通螺纹公差》中 7H/6g 的规定,梯形螺纹应符合《梯形螺纹》中 8H/7e 的规定。

第四节　钢构件组装工程施工

一、钢构件组装工程施工的基本要求

钢结构工程制作中构件的组装施工应遵守相关规定。构件组装前组装人员应熟悉施工图、组装工艺及有关技术文件要求并检查组装用零部件的外观、材质、规格、数量等(其规格、平直度、坡口、预留的焊接收缩余量和加工余量等均应符合要求)。组装焊接处的连接接触面及沿边缘 30~50 mm 范围内的铁锈、毛刺、污垢等应在组装前清除干净。钢构件组装的尺寸偏差应控制在工艺文件和《钢结构工程施工质量验收规范》要求的组装偏差允许范围内。构件的隐蔽部位应焊接、涂装并经检查合格后方可封闭,完全密闭的构件内表面可不涂装。

二、钢构件组装工程施工对部件拼接的基本要求

焊接 H 型钢的翼缘板拼接缝和腹板拼接缝间距不宜小于 200 mm,翼缘板拼接长度不小于 2 倍板宽,腹板拼接宽度不小于 300 mm,长度不小于 600 mm。设计无特殊要求时、热轧 H 型钢(含工字钢)可采用直接全熔透焊接拼接。箱形构件的翼缘板拼接缝和腹板拼接

缝的间距不宜小于 500 mm,翼缘板拼接长度不小于其本身宽度的 2 倍,腹板拼接缝拼接长度不小于其本身宽度的 2 倍且应大于 600 mm,翼缘板和腹板在宽度方向一般不宜拼接(应尽量选择整块宽度板),宽度超过 2 400 mm 以上的且确要拼接时,其最小宽度不宜小于其板宽的 1/4 且至少应大于 600 mm。圆筒体构件的最短拼接长度应不小于其直径且不小于 1 000 mm,单节圆筒体中相邻两条纵缝的最短间距弧长应不小于 500 mm,直接对接的两节圆筒体节间其上、下筒体相邻两条纵缝的最短间距弧长应大于 5 Z(Z 为圆筒管板厚)且不小于 200 mm。圆管、锥管构件在沿长度方向和圆周方向拼接时应遵守相关规定,管段拼接宜在专用工具上进行,相邻管段的纵向焊缝错开距离应大于 5 倍板厚不小于 200 mm,接管最小长度不应小于管径且不得小于 1 000 mm。

三、钢构件组装工程施工对钢构件组装的基本要求

钢构件宜在工作平台和组装胎架上组装,组装可采用放地样、仿形复制装配、立装、卧装、胎模装配等方法。钢构件的整体组装宜在零部件的组装、焊接并矫正后进行。钢构件组装应按制作工艺规定的顺序进行。确定组装顺序时,制作工艺需考虑构件形式、焊接方法和焊接顺序等因素,管桁架构件组装还应考虑弦杆与腹杆的相贯次数和顺序。组装焊接钢构件应预放焊接收缩量并对各部件进行合理的焊接收缩分配,重要结构宜通过工艺性试验确定焊接收缩量,组装焊接应在钢构件拼装检验合格后进行,厚钢板焊缝横向收缩量宜按式 $S = K \cdot A/t$ 计算,其中,S 为焊缝的横向收缩量(mm);A 为焊缝横截面面积(mm^2);t 为焊缝的厚度(mm,包括熔深);K 为常数(通常取 0.1)。

设计文件规定起拱或施工要求起拱的钢构件应在组装时按规定的起拱量做好起拱(起拱偏差应不大于构件长度的 1/1 500),设计要求起拱时一般允许起拱值偏差不大于构件长度的 1/1 000 且不大于 10 mm,各种起拱不允许下挠。结构杆件装配时轴线交点偏差不得大于 3 mm。采用夹具组装时,拆除夹具过程中不得损伤母材且应将残留的焊疤修磨平整。

四、钢构件组装工程施工对端部铣平和磨光顶紧的基本要求

钢构件端部铣平应遵守相关规定,应根据构件长度、尺寸要求预先确定端部铣削量且铣削量不宜小于 5 mm,应按设计文件及《钢结构工程施工质量验收规范》控制铣平面的平直度和倾斜度。除工艺要求外,零件组装间隙不宜大于 1.0 mm。组装磨光顶紧部位的顶紧接触面应有 75% 以上的面积紧贴(用 0.3 mm 塞尺检查时,其塞入面积应小于 25%),边缘间隙应不大于 0.8 mm。

五、钢构件组装工程施工对钢构件外形尺寸矫正的基本要求

钢构件外形尺寸偏差超过《钢结构工程施工质量验收规范》的规定时应进行外形矫正,钢构件外形矫正宜贯彻"先总体后局部、先主要后次要、先下部后上部"原则。外形尺寸偏差矫正宜采用冷作矫正方式,必要时也可采用加热矫正,但应控制加热温度不超过 900 ℃ 且同一部位加热不宜超过两次。外形矫正可采用前述介绍的相关方法。

第五节　钢结构预拼装工程施工

一、钢结构预拼装工程施工的基本要求

当合同文件或设计文件有要求时应进行钢构件预拼装,当同一类型构件较多时可选择一定数量的代表性构件进行预拼装。构件由于受运输、起吊等条件限制,为检验其制作整体质量和保证现场安装定位的目的,应按合同文件或设计文件规定要求在出厂前进行工厂预拼装或在施工现场进行预拼装。预拼装通常适用于主要受力桁架、复杂连接节点结构、构件允许偏差接近极限且有代表性的组合构件单元。同一类型构件较多时因制作工艺没有较大变化、加工质量较为稳定,可只选一定数量的代表性构件进行预拼装。应按钢结构制作工程检验批的划分原则将钢构件划分为一个或若干个单元进行分批加工,然后逐批进行单元内钢构件预拼装(处于两个相邻单元之间的钢构件应分别参与两个单元的预拼装),应保证预拼装结构能够在同一时间加工完成(避免因部分构件未加工完成而预拼装单元不能完整拼装造成工期延误)。预拼装前单个构件应验收合格。钢构件预拼装宜按钢结构安装状态进行定位并应考虑预拼装与安装时的温差变形,安装状态的拼装坐标通常在施工详图的安装图中有详细标识且与深化设计同时完成。预拼装时应采用经计量检验合格且在有效期内的测量仪器并与安装现场的测量仪器互相校对。无特殊规定时,钢构件预拼装应按设计文件和《钢结构工程施工质量验收规范》的相关要求进行验收,特殊钢结构预拼装没有相关的验收标准时施工单位可在钢构件加工前编制专项预拼装验收标准。

二、钢结构预拼装工程施工对实体预拼装的基本要求

预拼装场地应平整、坚实,预拼装支撑架宜进行强度和刚度验算,各支承点的精度可用经计量检验过的仪器逐点测定调整。重大桁架的支撑架需进行验算,小型的构件预拼装胎架可根据施工经验确定。根据预拼装单元构件类型的不同,预拼装支垫可选用钢平台、支承凳、型钢等形式。预拼装应设定测量基准点和标高线,必要时预拼装前钢构件可设置临时连接板。预拼装可根据其结构形式采用单体预拼装、平面预拼装和立体预拼装等方式,钢构件应在自由状态下进行预拼装且一般不得强行固定。除壳体结构为立体预拼装并可设卡、夹具外,其他结构一般均为平面预拼装,预拼装的构件应处于自由状态且不得强行固定,预拼装数量可按设计或合同要求执行。

钢构件应按场地放样尺寸进行预拼装吊装定位,场地放样应遵守相关规定,放样尺寸应包含施工图控制尺寸、要求的起拱值、焊接接头的焊接收缩余量及其他要求的控制尺寸;场地放样应与预拼装垂直投影相对应(应包括杆件中心线和节段端面基准线);预拼装前应对场地放样尺寸进行检查;放样点和线的标识应清晰。

采用螺栓连接的节点连接件在必要时可在预拼装后进行钻孔。高强度螺栓和普通螺栓连接的多层板叠预拼装时宜使用冲钉定位和临时螺栓紧固,试装螺栓在一组孔内不得小于螺栓孔数量的20%且不少于2只,试装应使板层密贴且冲钉数不得少于螺栓孔总数的10%。应采用试孔器进行验收并应遵守2条规定,即用比孔公称直径小1.0 mm 的试孔器检查时每组孔通过率应不小于85%;用比螺栓公称直径大0.3 mm 的试孔器检查时通过率应为100%。

预拼装单元中构件与构件、部件与构件间的连接为摩擦面连接时,应对摩擦面连接处各板间的密贴度进行检查(检查方法为将塞尺插入板边缘深度 20 mm),测量板件间的间隙应符合 3 条要求,即间隙应小于 0.2 mm;深度内间隙为 0.2 ~ 0.3 mm 时,其长度不宜超过板边长的 10%;深度内间隙为 0.3 ~ 1 mm 时,其长度不宜超过板边长的 5%。

预拼装检查合格后应在构件上标注中心线、控制基准线等标记,必要时应设置定位器。标注标记主要是方便现场安装,且与拼装结果相一致。标记包括上(下)定位中心线、标高基准线、交线中心点等,管、筒体结构、工地焊缝连接处除应有上述标记外,还应焊接一定数量的卡具、角钢或钢板定位器等以便按预拼装结果进行安装。

三、钢结构预拼装工程施工对计算机辅助模拟预拼装的基本要求

钢构件除可采用实体预拼装方式外,还可采用计算机辅助模拟预拼装方法,采用计算机辅助模拟预拼装构件或单元的外形尺寸应与实物相同。计算机辅助模拟预拼装方法具有预拼装速度快、精度高、节能环保、经济实用等特点,采用计算机辅助模拟预拼装方法时要求预拼装的单个构件应有足够的质量保证,模拟构件或单元外形尺寸时可采用全站仪、GNSS/GPS、计算机和相关软件配合进行。有条件时可借助 BIM 技术进行模拟预拼装。采用计算机辅助模拟预拼装的偏差超过《钢结构工程施工质量验收规范》相关要求时应按规定进行实体预拼装。

第六节 钢结构安装工程施工

一、钢结构安装工程施工的基本要求

单层、多层、高层、空间结构及高耸结构等钢结构工程的安装应遵守相关规定。钢结构安装前应由施工单位按设计文件及我国现行相关规范规定编制书面施工组织设计,并经监理和业主工程师认可后组织实施(必要时还应编制专项方案、作业指导书作为补充,危险性较大的安全专项施工方案应组织专家论证)。测量基准点应由业主工程师提供且其精度应满足相关规范规定并应酌情适当加密。现场应设置专门的构件堆场并采取必要措施防止构件变形或表面被污染,高强度螺栓、焊条、焊丝、涂料等材料应在干燥、封闭环境下储存。现场构件堆场应满足运输车辆通行要求;场地应平整;应有电源、水源且排水通畅;堆场面积应满足工程进度需要,现场不能满足要求时可设置中转场地,露天设置的堆场应对构件采取适当的覆盖措施。

钢结构吊装前应清除构件表面的油污、泥沙和灰尘等杂物并做好轴线和标高标记,操作平台、爬梯、安全绳等辅助措施宜在吊装前固定在构件上。钢结构安装应根据结构特点按合理顺序进行,以确保安装阶段的结构稳定,必要时应增加临时固定措施,临时措施应能承受结构自重、施工荷载、风荷载、雪荷载、地震荷载、吊装产生的冲击荷载等荷载的作用且不至于使结构产生永久变形。合理顺序的确定需考虑平面运输、体系转换、测量校正、精度调整及系统构成等因素,安装阶段的结构稳定性对确保施工安全和安装精度具有关键作用,构件安装就位后应利用其他相邻构件或采用临时措施进行固定。

钢结构安装校正时应考虑温度、日照等因素对结构变形的影响,施工单位和监理单位

宜在大致相同的天气条件和时间段进行测量验收。钢结构受温度和日照的影响变形比较明显(但此类变形属可恢复性变形),要求施工单位和监理单位在大致相同的天气条件和时间段进行测量验收可避免测量结果的不一致。

钢结构吊装应在构件上设置专门的吊装耳板或吊装孔(设计文件无特殊要求时吊装耳板和吊装孔可保留在构件上),需去除耳板时应采用气割或碳弧气刨方式在离母材 3 ～ 5 mm位置切割,严禁采用锤击方式去除。在构件上设置吊装耳板或吊装孔可降低钢丝绳绑扎难度、提高施工效率、确保施工安全,在不影响主体结构强度和建筑外观及使用功能前提下,保留吊装耳板和吊装孔可避免在除去此类措施时对结构母材造成损伤。需覆盖厚型防火涂料、混凝土或装饰材料的部位在采取防锈措施后不宜对吊装耳板的切割余量进行打磨处理,焊接引入、引出板的处理可参照吊装耳板。

二、钢结构安装工程施工对起重设备和吊具的基本要求

钢结构安装应采用塔吊、履带吊、汽车吊等定型产品作为主要吊装设备,选用非定型产品作为吊装设备时应编制专项方案并经评审合格后方可组织实施(非定型产品主要指采用卷扬机、液压油缸、千斤顶等作为吊装起重设备)。起重设备需附着或支承在主体结构上时应得到原设计单位的认可,且其作用力不得使原结构产生永久变形。严禁超出起重设备的额定起重量进行钢结构吊装(在起重设备额定起重范围内吊装可保证施工安全,一般起重设备的安全储备是用来保证在不可预知情况下起重设备仍具有一定的起重富余量,经常超出其额定起重量进行吊装作业极易产生安全事故)。

起重设备的选择应综合考虑起重设备的起重性能、结构特点、现场环境、作业效率等因素。特殊情况下可采用抬吊方式吊装,例如施工现场无法使用较大起重设备;需吊装的构件数量较少,采用较大起重设备经济投入明显不合理。采用双机抬吊作业时每台起重设备所分配的吊装重量不得超过其额定起重量的 80%,并应编制专项作业指导书,条件许可时可事先用较轻构件模拟双机抬吊工况进行吊装演习。吊装用钢丝绳、吊装带、卸扣、吊钩等吊具应定期检查不得超出其额定许用荷载。

三、钢结构安装工程施工对构件安装的基本要求

锚栓及预埋件安装应遵守相关规定,宜采用锚栓定位支架、定位板等辅助固定措施。考虑锚栓和预埋件的安装精度容易受混凝土施工影响,钢结构和混凝土施工允许误差不一致,因此要求对其采取必要固定支架、定位板等辅助措施。墙面预埋件安装偏差应符合表 12 - 20 的规定。锚栓和预埋件安装到位后应可靠固定,锚栓埋设精度较高时可采用预留孔洞、二次埋设等工艺。锚栓应采取防止损坏、锈蚀和污染的保护措施。底层柱地脚螺栓的紧固轴力应符合设计文件规定,锚栓需施加预应力时可采用后张拉方法,且其张拉力应符合设计文件要求,并应在张拉完成后进行灌浆处理。

表 12 - 20 墙面预埋件安装允许偏差

项目	中心位置偏差	竖向偏差		
墙体高度 H		$H \leqslant 4$ m	4 m $< H \leqslant 8$ m	$H > 8$ m
最大允许偏差	±10 mm	±15 mm	±[20 mm + (H - 4 m)/1 000]	±50 mm

钢柱安装应遵守相关规定。柱脚安装时宜使用导入器或锚栓护套。首节钢柱标高可采用在底板下的地脚螺栓上加一垫板和一调整螺母的方法精确控制。

首节钢柱安装后应及时进行铅直度、标高和轴线位置校正(钢柱铅直度可采用经纬仪、电子全站仪或线锤测量),校正合格后钢柱须可靠固定并进行柱底二次灌浆(灌浆前应清除柱底板与基础面之间杂物)。对有顶紧接触面要求的钢柱可采用在柱对接的间隙部位塞不同厚度的不锈钢片进行处理。倾斜钢柱可采用电子全站仪、GNSS/GPS 三维坐标测量法测校或采用柱顶投影点结合标高进行测校,校正合格后宜采用刚性支撑固定。偏心钢柱安装时应采取临时支撑措施固定。

首节钢柱安装时利用柱底螺母和垫片的方式调节标高精度可达 ±1 mm,钢柱校正完成后因独立悬臂柱易产生偏差,故要求可靠固定并用无收缩砂浆灌实柱底。引起柱顶标高误差的原因主要有钢柱制作误差、吊装后铅直度偏差、钢柱焊接产生的焊接收缩、钢柱与混凝土结构的压缩变形、基础沉降等,采用现场焊接连接的钢柱通常通过调整焊缝根部间隙调整其标高,偏差过大则应根据现场实际测量值调整柱在工厂的制作长度。钢柱安装后总会存在一定的铅直度偏差,对有顶紧接触面要求的部位就必然会出现在最低的地方顶紧时其他部位呈现楔形的间隙的情况。为确保顶紧面传力可靠,可在间隙部位采用塞不同厚度的不锈钢片的方式处理。

钢梁安装应遵守相关规定,钢梁通常采用两点起吊,也可采用一机一吊或一机串吊的方式;钢梁面标高及两端高差可采用水准仪测量。钢梁采用一机串吊是指多根钢梁在地面绑扎、起吊后分别就位的作业方式,可加快吊装作业的效率。钢梁吊点位置可参考表 12 - 21 选取(其中,L 为梁、桁架的长度;A 为吊点至梁或桁架中心的距离)。

表 12 - 21　钢梁吊点位置选择

L/m	< 15	10 < L ≤ 15	5 < L ≤ 10	< 5
A/m	2.5	2.0	1.5	1.0

支撑安装应遵守相关规定。交叉支撑宜按从下到上的次序组合吊装;无特殊规定时,支撑构件校正需待相邻结构校正固定后进行(支撑构件安装后对结构刚度影响较大,故一般要求在相邻结构固定后再进行支撑的校正和固定)。

桁架(屋架)安装应遵守相关规定并应在钢柱校正合格后进行。钢桁架(屋架)可采用整榀或分段安装方式;钢桁架(屋架)应在扶直和吊装过程中防止产生变形;单榀安装钢桁架(屋架)时应采用缆绳或刚性支撑增加侧向临时约束。

钢板剪力墙安装应遵守相关规定。钢板剪力墙吊装时应采取防止钢板墙平面外的变形措施;钢板剪力墙的施工时间和顺序应满足设计文件要求。钢板墙属平面构件,且易产生平面外变形,所以要求在钢板墙堆放和吊装时采取相应的措施,如增加临时肋板防止钢板剪力墙的变形。钢板剪力墙主要为抗侧向力构件(其竖向承载力较小),钢板剪力墙开始安装时间应按设计文件的要求进行,当安装顺序有改变时应经原设计单位的批准(设计时宜进行施工模拟分析以确定钢板剪力墙的安装及连接固定时间,从而保证钢板剪力墙满足承载力要求)。对钢板剪力墙未安装的楼层应确保其施工期间的结构强度、刚度、稳定性满足设计文件要求,必要时应采取相应的加强措施。

关节轴承节点安装应遵守相关规定。关节轴承应由专业厂家生产且应经检验合格后出厂,对运至现场的关节轴承成品应采用专门工装进行吊装和安装,轴承总成不宜解体安装且就位后需采取临时固定措施以防止节点扭转。关节轴承的销轴与孔装配时必须密贴接触(宜采用锥形孔、轴并用专用工具顶紧安装),安装完毕应做好成品保护工作并应避免轴承受损。

钢铸件和锻件安装应遵守相关规定。钢铸件出厂时应标识清晰的安装基准标记,钢铸件现场焊接应严格按焊接工艺评定要求施焊和检验。钢铸件与普通钢结构构件的焊接一般为不同材质的对接,由于现场焊接条件差、异种材质焊接工艺要求高,因此对铸钢节点施焊前应进行焊接工艺评定试验,试验合格后在施焊中严格执行,以保证现场焊接质量。

由多个构件在地面组拼的组合构件吊装,其吊点位置和数量应经计算确定。由多个构件拼装形成的组合构件具有构件体形大、单体质量大、重心难以确定等特点,且施工期间构件有组拼、翻身、吊装、就位等各种姿态,因此选择合适的吊点位置和数量对组合构件非常重要,必须经计算分析确定,必要时应采取加固措施。

构件安装应遵守设计文件要求或吊装工况要求。后安装构件的安装应满足设计文件要求(其加工长度宜根据现场实际测量长度确定),延迟构件与已完成结构采用焊接连接时应采取减少焊接变形和焊接残余应力的措施。后安装构件安装时结构受荷载变形影响,其构件实际尺寸与设计尺寸会有一定差别,施工时构件加工和安装长度应由现场实量确定。延迟构件焊接时拘束度较大,采用的焊接工艺应能减少焊接收缩对永久结构造成的影响。支座安装时应采取相应的定位措施。

四、单层钢结构安装的基本要求

单跨结构宜按"从跨端一侧向另一侧、中间向两端或两端向中间"的顺序进行吊装,多跨结构宜先吊主跨、后吊副跨(多台起重机共同作业时也可多跨同时吊装)。单层工业厂房钢结构宜按立柱、连系梁、柱间支撑、吊车梁、屋架、檩条、屋面支撑、屋面板的顺序进行安装。单层钢结构安装过程中需及时安装临时柱间支撑或稳定缆绳,在形成空间结构稳定体系后方可扩展安装。单层钢结构安装过程中形成的临时空间结构稳定体系应能承受结构自重、风荷载、雪荷载、地震荷载、施工荷载及吊装过程中冲击荷载的作用。采用临时稳定缆绳和柱间支撑对保证施工阶段结构稳定至关重要,应确保每一施工步骤完成时结构均具有临时稳定的特征。

单根长度大于21 m 的钢梁吊装宜采用2个吊装点吊装,不能满足强度和变形要求时宜设置3~4个吊装点吊装或采用平衡梁吊装,吊点位置应通过计算确定。单根钢梁长度大于21 m 时采用2点起吊所需钢丝绳较长且易产生钢梁侧向变形,采用多点吊装可避免此现象。

外露的地脚螺栓应采取防止螺母松动和锈蚀的措施,可采取增加保护套或涂油等措施进行防止锈蚀处理。

五、多层、高层钢结构安装的基本要求

多层、高层钢结构安装宜划分成吊装流水段进行,流水段划分应考虑3方面条件,即每节钢柱的长度应满足构件制造厂的制作条件和运输堆放条件(钢柱分节长度宜取2~3层楼高,分节位置在楼层标高以上1~1.3 m 处);流水段内的最重构件应在吊装机械的

起重能力范围内;钢结构流水段的划分应与混凝土结构施工相适应。钢柱分节时既要考虑吊车的起重性能和运输条件的限制,还要综合考虑现场作业效率及与其他工序施工的协调问题,所以钢柱分节一般取 2~3 层为一节(在底层柱较重的情况下也可适当减少钢柱长度)。

多层、高层钢结构安装宜按"从下到上、先柱后梁、先主后次"的顺序吊装,框架吊装时应先组成主框架且单柱不得长时间处于悬臂状态;框架内的钢楼板及金属压型板安装宜与框架吊装进度同步。

平面范围内应先形成临时空间稳定框架,在校正完毕且可靠固定后再向周边扩展安装,相邻安装区段之间的最后连接部位可设置现场焊接连接。多层、高层钢结构的安装顺序应先依靠混凝土结构或临时支撑措施形成临时空间稳定框架,在可靠固定后依托稳定单元扩展安装可提高安装精度(为避免现场焊接产生焊接收缩变形影响到已经校正合格的框架,对栓焊组合接头及栓焊组合框架宜先完成螺栓紧固工作后再焊接),相邻安装区段之间因安装累积误差影响可能导致最后连接的部位构件难以就位(为避免强行就位影响已经校正区段的安装精度,最后连接部位可设置现场焊接连接)。

多层、高层钢结构柱顶标高控制应与牛腿标高控制相协调,当单节钢柱顶标高或牛腿标高偏差超过 15 mm 时宜分次调节到规范允许的范围内。多层、高层柱顶标高和牛腿标高的控制同等重要(在校正钢柱标高时要兼顾考虑),若钢柱标高累积误差超出规范允许范围太多则一次调整到位会影响后续结构的施工,故应根据现场实际情况分次调节柱顶标高。

高层钢结构安装应考虑压缩变形对结构的影响。高层钢结构安装随结构荷载增加会产生竖向压缩变形并对钢柱标高产生影响,并且还会对局部构件产生附加应力和弯矩,因此在编制安装方案时要结合结构特点和施工方案考虑此因素的影响,确定是否需要采取预调整或后连接固定的措施。

六、空间结构安装的基本要求

空间结构应根据结构类型、受力和构造特点、施工技术条件等因素确定安装方法,可采用高空散装法、分条分块吊装法、滑移法、单元或整体提升(顶升)法、整体吊装法、折叠展开式整体提升法、高空悬拼安装法等进行安装。确定空间结构安装方法要考虑结构受力特点,以便使结构完成后产生的残余内力和变形最小并满足原设计文件要求;同时还应考虑现场技术条件(重点是方案确定时能考虑现场的各种环境因素,如与其他专业的交叉作业、临时措施实施的可行性、设备吊装的可行性等)。

高空散装法适用于全支架拼装的各种空间网格结构(也可根据结构特点选用少支架的悬挑拼装施工方法)。分条分块吊装法适用于分割后结构的刚度和受力状况改变较小的空间网格结构(分条或分块的大小应根据设备的起重能力确定)。滑移法适用于能设置平行滑轨的各种空间网格结构,尤其适用于跨越施工(待安装的屋盖结构下部不允许搭设支架或行走起重机)或场地狭窄、起重运输不便等情况,当空间网格结构为大面积大柱网或狭长平面时也可采用滑移法施工。整体提升法适用于各种空间网格结构(结构在地面整体拼装完毕后提升至设计标高、就位);整体顶升法适用于支点较少的各种空间网格结构(结构在地面整体拼装完毕后顶升至设计标高、就位)。整体吊装法适用于中小型空间网格结构(吊装时可在高空平移或旋转就位)。折叠展开式整体提升法适用于柱面网壳结构(在地面或接近地面的工作平台上折叠起来拼装,然后将折叠的机构用提升设备提升到设计标高,最后在高空补足原先去掉的杆件,使机构变成结构)。高空悬拼安装法适用大悬挑空间钢结构(目的是减少临时支撑数量)。

高空散装法安装顺序要保证拼装精度、减少积累误差,悬挑法施工时应先拼成可承受自重的结构体系,然后逐步扩展。搭设的支承架、操作平台或满堂脚手架需经过工况设计计算,应保证支承系统的竖向刚度和稳定并满足地耐力要求,支承系统卸载拆除时应维持荷载均衡、确保变形协调。搭设拼装支架时支承点宜设在下弦节点处,同时应在支架上设置可调节标高的装置。

分条分块吊装时结构吊装可采用起重机吊装就位,受场地条件或起重性能限制时也可采用拔杆起吊;采用多门滑轮时应优先选滑轮组。吊装过程中起重机或拔杆的受力要明确,多台起重机或拔杆共同受力时,其起重能力宜控制在额定负荷能力的0.8倍以下。起重机行走道路、工作站位、拔杆基础的荷载应满足地耐力要求。将结构分为若干单元吊装时,其设置的临时支撑及其拆除过程需经过计算确定。结构单元应具有足够刚度和几何不变性,否则应采取临时加固措施。结构吊装时应保证各吊点起升及下降的同步性。

采用滑移施工法时需对滑移工况做施工分析,以明确滑移支点反力对地面、梁、楼面的作用,必要时应采取适当的加固措施。滑轨可固定于梁顶面的预埋件、地面或楼面上,滑轨与预埋件、地面及楼面的连接应牢固可靠。滑移可采用滑动或滚动两种方法,其动力可采用卷扬机、倒链或钢绞线液压千斤顶和千斤顶等,滑移时应防止由静摩擦力转为动摩擦力时的突然滑动。滑移方法应根据水平力和竖向力大小确定。采用多点牵引时宜借助计算机控制。

采用单元或整体提升法时,提升吊点及支承位置应根据被提升结构的变形控制和受力分析确定,并应根据各吊点处的反力值选择提升设备和设计(验算)支承柱,使提升的结构和节点具有足够刚度。支承结构应做强度、稳定性验算(可考虑冗余设计),提升装置的配置方式宜与结构永久支承状态接近,提升装置的能力设定应遵守相关规定。当结构施工状态为静定约束时可取提升荷载的1.2~1.5倍;当结构施工状态为超静定约束时可取提升荷载的1.5~2倍。采用液压千斤顶提升时各提升点的额定负荷能力宜为使用负荷能力的1.5倍以上。提升设备宜根据结构特点布置在结构支承柱顶部,也可设置在临时支承柱顶。采用拔杆作为起吊设备时应优选滑轮组。结构提升时应控制各提升点之间的高度偏差,使其提升高度差在一定范围内。应对提升结构进行详细验算,应包括提升同步差异引起的结构内力变化、吊点处的局部强度和稳定性验算等。

采用单元或整体顶升法时被顶升结构应具有足够的刚度,宜利用结构柱作为顶升时的支承结构,也可在其附近设置临时顶升支架。顶升用的支承柱或临时支架上的缀板间距应为千斤顶使用行程的整数倍且其标高偏差应不大于5 mm。顶升千斤顶可采用丝杆千斤顶或液压千斤顶(其使用负荷能力为额定负荷能力乘以折减系数)。顶升时各顶升点的允许差值控制在一定范围内。千斤顶或千斤顶合力的中心应与柱轴线对准(其偏移值应不超过5 mm)且千斤顶应保持铅直。顶升前及顶升过程中结构支座中心对基准轴线的水平偏移值应不大于柱截面短边尺寸的1/50及柱高的1/500。

空间结构吊装单元的划分应考虑结构特点、运输方式、吊装设备性能、安装场地条件等因素。

索(预应力)结构施工应遵守相关规定。索(预应力)结构施工张拉前应确定合理的张拉顺序,以使索的预应力和结构外形尺寸符合设计要求,索(预应力)结构宜进行索力监测并形成监测报告。索(预应力)结构施工控制要点是拉索张拉力和结构外形控制,在实际操作中同时达到设计要求难度较大,一般应与设计单位商讨相应的控制标准使张拉力和结构外形能兼顾达到要求。

空间钢结构安装前应根据设计文件要求确定是否需要采取预调,需要采取预调时应根据预调后的结构位形进行施工详图设计。温度变化对钢构件有热胀冷缩影响,结构跨度越大温度影响越敏感,合拢施工需选取适当的时间段以避免次应力产生。大跨度空间钢结构施工也应考虑环境温度变化对结构的影响。

七、高耸钢结构安装的基本要求

高耸钢结构可采用高空散件(单元)法、整体起扳法和整体提升(顶升)法等安装方法。高空散件(单元)法利用起重机械将每个安装单元或构件逐件进行吊运并安装,整个结构的安装过程为从下至上流水作业(上部构件或安装单元在安装前下部所有构件均应根据设计布置和要求安装到位,即保证已安装的下部结构是稳定和安全的)。整体起扳法先将塔身结构在地面上进行平面拼装(卧拼),待地面上拼装完成后再利用整体起扳系统(将结构整体拉起到设计竖直位置的起重系统)将结构整体起扳就位并进行固定安装。整体提升(顶升)法先将钢桅杆结构在较低位置进行拼装,然后利用整体提升(顶升)系统将结构整体提升(顶升)到设计位置就位且固定安装。

高耸钢结构安装的标高和轴线基准点向上转移过程中应考虑环境温度和日照对结构变形的影响。受测量仪器仰角限制和大气折光影响,高耸结构的标高和轴线基准点应逐步从地面向上转移。由于高耸结构刚度相对较弱且受环境温度和日照影响变形较大,转移到高空的测量基准点经常处于动态变化状态(通常若此类变形属可恢复的变形则可认定高空的测量基准点有效),采用 GNSS/GPS 可取得良好控制效果。

第七节　压型金属板工程施工

楼层和平台中组合楼板的压型金属板施工、作为浇筑混凝土永久性模板用途的非组合楼板的压型金属板施工及屋面、墙面压型金属板铺设应遵守相关规范规定。施工前应绘制压型金属板排版布置图,图中应包括板编号、尺寸及数量,并注明柱、梁、墙与压型金属板的相互关系、连接方法、支撑、挡板等内容。

压型金属板端部垂直搁置于钢梁或桁架上弦翼缘上时,其搁置长度应不小于 50 mm,边模封口板安装应和压型金属板波距对齐且偏差不大于 3 mm。压型金属板在支承构件上的可靠搭接是指压型金属板通过一定的长度与支承构件接触,使该接触范围内有足够数量的紧固件将压型金属板与支承构件连接成为一体。压型金属板宜采用组装式货架供货,运到现场后分类堆放并与钢结构安装顺序吻合。无外包装的压型金属板应采用专用吊具装卸及转运,严禁直接采用钢丝绳绑扎吊装。使用专用吊具装卸及转运而不采用钢丝绳直接绑扎压型金属板是为了避免损坏压型金属板及造成局部变形,吊点应保证压型金属板变形小。压型金属板安装前应在搁置压型金属板的钢梁上弹出定位线,定位线距梁翼缘边至少50 mm,钢梁表面应保持清洁,压型金属板与钢梁顶面的间隙应控制在 1 mm 以内。

压型金属板与钢梁连接可采用点焊、贴角焊或射钉固定,连接点布置须符合设计图纸及生产厂家的要求。采用焊接连接时应注意选择合适的焊接工艺,边模与梁的焊缝长度为 20～30 mm,焊缝间距根据压型金属板波谷的间距确定(一般应控制在 300 mm 左右)。压型金属板安装应平整、顺直,板面不得有施工残留物和污物。压型金属板不宜在现场切割及开孔,需预留孔洞的部位应在混凝土浇筑完毕后使用等离子切割或空心钻开孔,应尽量避免在压型金属板固定前对其切割及开孔确需开设孔洞时通常可在波谷平板处开设且不得破坏波肋,压型金属板孔洞较大时切割后必须对洞口采取补强措施。

设计图纸要求在施工阶段设置临时支撑的应在混凝土浇筑前设置临时支撑(待浇筑的混凝土强度达到规定强度后方可拆除),混凝土浇筑时应避免在压型金属板部位集中堆载。压型金属板的临时支撑可采取临时支撑柱、临时支撑梁或者悬吊措施,要求避免集中堆载主要是防止压型金属板在混凝土浇筑过程中变形过大或产生爆模现象。

拆开包装的压型金属板应当天固定完毕,剩余的压型金属板应固定在钢梁上或转移到地面堆场以防止压型金属板发生高空坠落事故。

第八节　涂装工程施工钢结构施工测量与工程监测基本要求

一、钢结构施工测量的特点与基本要求

钢结构工程的平面控制、高程控制及细部测量应遵守相关规定。施工测量前应根据设计施工图和施工要求编制施工测量方案。钢结构安装前应设置施工控制网。

(一)平面控制网

平面控制网可根据场区地形条件和建筑物的设计形式、特点布设十字轴线或矩形控制网,平面布置异形的建筑可根据建筑物形状布设多边形控制网。建筑物的轴线控制桩应根据建筑物的平面控制网测定,定位放线方法可选择直角坐标法、极坐标法、角度(方向)交会法、距离交会法、GNSS/GPS 法等。

定位放线测量方法的选择取决于现场情况和能力水平,应以控制网满足施工需要为原则。直角坐标法适用于平面控制点连线平行坐标轴方向及建筑物轴线方向的情况,如矩形建筑物定位的情况;极坐标法适用于平面控制点的连线不受坐标轴方向影响(平行或不平行坐标轴,如任意形状建筑物定位的情况)及采用电子全站仪定位的情况;角度(方向)交会法适用于平面控制点距待测点位距离较长、量距困难或不便量距的情况;距离交会法适用于平面控制点距待测点距离没有超过所用钢尺全长(或手持测距仪测程)且场地量(测)距条件较好的情况。

四层以下和地下室宜采用外控法,四层及以上采用内控法。上部楼层平面控制网应以建筑物底层控制网为基础,通过仪器竖向垂直接力投测,竖向投测宜以每 50～80 m 设一转点(设备仪器精度低时取小值,精度高时取大值),控制点竖向投测误差应符合表 12－22 的规定,即《钢结构工程施工质量验收规范》中施工要求限差的 0.4 倍。轴线控制基准点投测至中间施工层后应组成闭合图形并复测、调整闭合差,调整后的点位精度应满足边长相对误差达到 1/20000 和相应的测角中误差 ±10″的要求,设计有特殊要求的工程项目应根据限差确定其放样精度。

表 12 - 22　轴线竖向传递投测的测置允许误差　　　　　单位:m

项目	每层总高 H/m					
	H≤30	30 < H≤60	60 < H≤90	90 < H≤150	120 < H≤150	150 < H
测量允许误差/mm	5	10	15	20	25	30

(二)高程控制网

高程控制网应布设成闭合环线、附合水准路线或节点网形,高程测量的精度不宜低于四等水准的精度要求。建筑物高程控制点的水准点可设置在平面控制网的标桩或外围的固定地物上(也可单独埋设),水准点的个数不应少于 2 个。地上上部楼层标高的传递宜采用悬挂钢尺测量方法进行并应对钢尺读数进行温度、尺长和拉力修正,传递时一般宜从 2 处分别传递,面积较大和高层结构宜从 3 处分别向上传递,传递的标高误差小于 3 mm 时可取其平均值作为施工层的标高基准,不满足要求时则应重新传递,标高测量误差应符合表 12 -23 的规定(表中不包括沉降和压缩引起的变形值)。有条件时可采用 GNSS/GPS 高程控制。

表 12 - 23　标高竖向传递投测的测量允许误差　　　　　单位:m

项目	每层	总高 H/m					
		H≤30	30 < H≤60	60 < H≤90	90 < H≤120	120 < H≤150	150≤H
测量允许误差/mm	±3	±5	±10	±15	±20	±25	±30

矩形钢网架应测量周边支承点或支承柱的间距和对角线,圆形钢网架的周边应测量多边形的边及其对角线,然后进行简易平差,其边长测量值与设计值之差应小于 10 mm,网架周边支承柱的实测高程与设计高程之差应小于 5 mm。

(三)单层钢结构施工测量

钢柱安装前应检查柱底支承埋件的平面、标高位置和地脚螺栓的偏差情况。钢柱安装前应在柱身四面分别画出中线或安装线(弹线允许误差为 1 mm)。铅直钢柱安装时应采用经纬仪或电子全站仪在平面相互垂直的两轴线方向上同时校测钢柱铅直度。当观测面为不等截面时,经纬仪或电子全站仪应安置在轴线上;当观测面为等截面时,经纬仪或电子全站仪中心与轴线间的水平夹角不得大于 15°。倾斜钢柱安装时可采用水准仪和全站仪进行三维坐标校测。

工业厂房中吊车梁与轨道安装测量应遵守相关规定。应根据厂房平面控制网用平行借线法测定吊车梁的中心线,吊车梁中心线投测允许误差为 ±3 mm,梁面标高允许偏差为 ±2 mm。吊车梁上轨道中心线投测允许误差为 ±2 mm,中间加密点间距不得超过柱距的 2 倍,并应将各点平行引测到与牛腿顶部靠近柱子的侧面作为轨道安装的依据。在柱子牛腿面架设水准仪,按三等水准精度要求测设轨道安装标高,标高控制点允许误差为

±2 mm,轨道跨距允许误差为±2 mm,轨道中心线(加密点)投测允许误差为±2 mm,轨道标高点允许误差为±1 mm。

钢屋架安装后应有铅直度、直线度、标高、挠度(起拱)等的实测记录。

(四)多层及高层钢结构施工测量

多层及超高层建筑钢结构安装前应对建筑物的定位轴线、底层柱的位置线、柱底基础标高、混凝土的强度等级进行复核,合格后方能开始安装。每节柱的控制轴线应从基准控制轴线的转点引测,且应从最近的进准点进行引测以避免误差累积。钢柱校正铅直度时应考虑钢梁接头焊接的收缩量、预留焊缝收缩变形值。钢柱之间的钢梁焊接时焊缝收缩对钢柱铅直度影响较大,高层结构钢柱通常有一侧没有钢梁连接,因此一定要在焊接前对钢柱的铅直度进行预偏,通过焊接后的收缩对钢柱的铅直度进一步校正精度更高,具体预偏的大小可根据结构形式焊缝收缩量等实际情况综合确定。

在安装钢柱之间的主梁时应测量钢梁两端柱的铅直度变化,还应监测邻近各柱因梁连接而产生的铅直度变化,待一区域整体完成后再进行整体测量。仅监测安装主梁两端钢柱是不够的,柱子一般有多层梁且主梁刚度较大,安装时柱子会变动且可能波及相邻的钢柱,此时要一起跟踪监测,一区域整体吊装完成后还要进行整体校正才能保证整体结构测量精度。

钢结构安装时应考虑对日照、焊接等可能引起构件伸缩或弯曲变形的因素采取相应措施,安装过程中应完成 4 个项目的试验观测与记录工作,即柱、梁焊缝收缩引起柱身铅直度偏差值的测定;柱受日照温差、风力影响的变形测定;塔吊附着或爬升对结构铅直度的影响测定;沉降差异和压缩变形对建筑物整体变形影响值的测定。高层钢结构对温度很敏感,日照、季节温差、焊接等产生的温度变化及大型塔吊对结构的影响均会使构件在安装过程中不断变动外形尺寸,安装中要采取措施进行调整。首先应选择在一些日照等尽量影响不大的时段对钢柱进行测量,但实际作业过程中测量不可能做到。实际过程中要根据建筑物特点做好一些观测和记录,总结环境时段等对结构的影响,测量时根据实际情况进行预偏,保证测量钢柱的铅直度。

复杂构件的定位可由全站仪直接架设在控制点上进行三维坐标测定或由水准仪进行标高测设、全站仪进行平面坐标测定,共同测控。空间异形桁架、倾斜的钢柱等不能直接简单利用仪器测量的复杂的构件要根据实际情况设置三维坐标点,利用全站仪进行三维坐标测定,已知中心点的坐标必须转换到可观测到的构件表面。

主体结构的整体铅直度允许偏差为 $H/2500 \pm 10$ mm(H 为高度)且不应大于 50.0 mm,主体结构的整体平面弯曲允许偏差为 $L/1500$ mm(L 为结构体长度)且不应大于 25.0 mm。高度在 150 m 以上的高层建筑其整体铅直度宜采用 GNSS/GPS 测量复核。

(五)高耸塔桅钢结构施工测量

高耸塔桅钢结构的施工控制网宜在地面布设成田字形、圆形或辐射形。根据塔桅钢结构平面控制点投测到上部直接测定施工轴线点,以及必须进行不同测法的校核,其测量允许误差为 4 mm。高耸塔桅钢结构的特点是塔身截面较小、高度较高,投测时相邻两点的距离较近,需采取多种方法进行校核。

标高在 ±0.000 m 以上的塔桅钢结构塔身铅直度测设宜使用激光铅垂仪,标高在 100 m

处激光仪旋转360°划出的激光点轨迹圆直径应小于10 mm。标高低于100 m的高耸塔桅钢结构宜在塔身的中心位置上设置铅垂仪,标高在100~200 m之间的高耸塔桅钢结构宜设置4台铅垂仪,标高在200 m以上者宜设置包括塔身中心点的5台铅垂仪,设置铅垂仪的点位必须从塔的轴线点上直接测定且应用不同的测设方法进行校核。激光铅垂仪投测到接收靶的测量误差应符合表12-24的要求,有特殊要求的塔桅钢结构其允许误差应由设计、施工、测量单位共同商讨确定。

表 12-24　高塔中心线铅垂度的测量允许误差

塔高/m	50	100	150	200	250	300	350
钢筋混凝土塔验收允许偏差/mm	57	85	110	127	143	165	—
测量允许误差/mm	10	15	20	25	30	35	40

塔身施工到100 m后要进行日照变形观测,应根据日照观测记录与计算绘制出日照变形曲线列出最小日照变形区间以指导施工测量。由于塔身截面较小,日照对结构的铅直度影响较大,必须对不同时段日照对结构的影响进行监测、总结规律,对实际测量进行指导。

塔桅钢结构标高的测定宜用钢尺沿塔身铅直方向往返测量并对测量结果进行尺长、温度和拉力改正,精度应大于1/10 000。高度在150 m以上的塔桅钢结构的整体铅直度宜采用GPS进行测量复核。

二、钢结构工程监测的特点与基本要求

高层结构、大跨度空间结构、高耸结构等大型重要钢结构工程应按设计要求或合同约定进行施工监测和健康监测。施工监测方法应根据工程监测对象、监测目的、监测频度、监测时间长短、精度要求等具体情况选定。钢结构施工期间可对结构变形、应力应变、环境量等内容进行过程监测,钢结构工程具体的监测内容及监测部位可根据不同的工程要求和施工状况选取。采用的监测仪器和设备应满足数据精度要求且应保证数据稳定和准确,宜采用灵敏度高、抗腐蚀性好、抗电磁波干扰强、体积小、重量轻的传感器。有特殊要求时可在运营阶段对结构状态进行健康监测,健康监测宜与建筑运营阶段的施工监测相结合。

(一)施工监测

施工监测应编制专项施工监测方案。重要的工程建(构)筑物,在工程设计时应对变形监测的内容和范围做出统筹安排并应由监测单位制订详细的监测方案,首次观测时宜获取监测体初始状态的观测数据。

施工监测点布置应考虑现场安装条件和施工交叉作业并应采取可靠保护措施,以防止监测点受外界环境的扰动、破坏和覆盖。应力传感器应根据设计要求和工况需要布置于结构受力最不利或特征部位,变形传感器宜布置于结构变形较大部位(节点)或特征节点处,温度传感器宜布置于结构特征断面沿四面和高程均匀分布。

钢结构工程变形监测的等级划分及精度要求应遵守表12-25的规定(其中,变形观测点的高程中误差和点位中误差是指相对于邻近基准的中误差;特定方向位移中的误差可取表中相应等点位中误差的1/2作为限值;竖向位移监测可根据需变形观测点的高程中误差

或相邻变形观测点的高差中误差确定监测精度等级)。变形监测精度等级是按变形观测点的水平位移点位中误差、竖向位移的高程中误差或相邻变形观测点的高差中误差的大小来划分,相邻点高差中误差指标是为适合一些只要求相对沉降的监测项目而规定的。变形监测分三个精度等级,一等适用于高精度变形监测项目,二、三等适用于中等精度变形监测项目。变形监测的精度指标值是综合了设计和相关施工规范已确定的允许变形量的 1/20 作为测量精度值,这样在允许范围之内即可确保建(构)筑物安全使用,且每个周期的观测值均能反映监测体的变形情况。

表 12 – 25　钢结构变形监测的等级划分及精度要求

等级	竖向位移监测		水平位移监测	适用范围
	变形观测点的高程中误差/mm	相邻变形观测点的高差中误差/mm	变形观测点的点位中误差/mm	
一等	0.3	0.1	1.5	变形特别敏感的高层建筑、空间结构、高耸构筑物、工业建筑等
二等	0.5	0.3	3.0	变形比较敏感的高层建筑、空间结构、高耸构筑物、工业建筑等
三等	1.0	0.5	6.0	一般性的高层建筑、空间结构、高耸构筑物、工业建筑等

变形监测方法可按表 12 – 26 选择,也可同时采用多种方法进行监测,应力应变宜采用应力计、应变计等传感器进行监测。不同监测类别的变形监测方法可根据监测项目的特点、精度要求、变形速率及监测体的安全性等指标综合选用。

表 12 – 26　变形监测方法的选择

类　别	监测方法
水平变形监测	三角形网、极坐标法、交会法、GNSS/GPS 测量、正倒垂线法、视准线法、引张线法、激光准直法、精密测(量)距、伸缩仪法、多点位移法、倾斜仪等
竖向变形监测	水准测量、液体静力水准测量、电磁波测距三角高程测量等
三维位移监测	全站仪自动跟踪测量法、卫星实时定位测量法等
主体倾斜	经纬仪投点法、差异沉降法、激光准直法、垂线法、倾斜仪、电垂直梁法等
挠度观测	垂线法、差异沉降法、位移计、挠度计等

监测数据采集应及时、准确并按频次要求采集,对漏测、误测或异常数据应及时补测或复测、确认或更正。首次观测宜获取监测体初始状态的观测数据。应力应变监测周期宜与

变形监测周期同步。在进行结构变形和应力应变监测时宜同时进行监测点的温度、风力等环境量监测。

对监测数据应及时进行定量和定性分析,监测数据分析可采用图表分析、统计分析、对比分析、建模分析等方法。对数据进行分析的主要目的是对工程进行评估、判断和预测,以便进行施工指导和保证建筑物安全运行。图表分析是通过绘制各观测物理量的过程线及特征原因量下的效应量过程。线图考察效应量随时间的变化规律和趋势,常用的是将观测资料按时间顺序绘制成过程线。统计分析是对各观测物理量历年的最大值和最小值、变幅、周期、年平均值及年变化率等进行统计、分析,以考察各观测之间在数量变化方面是否具有一致性、合理性以及它们的重现性和稳定性等,这种方法具有定量的概念,从而使分析成果更具有实用性。对比分析是通过对数据的比较看其结果是否具有一致性和合理性以判断工程的工作状态是否异常。建模分析是采用系统识别方法处理观测资料,建立数学模型用以分离影响因素,研究观测物理量的变化规律,进行实测值预报和实现安全控制,常用数学模型有统计模型、确定性模型、混合模型等。统计模型是指主要以逐步回归计算方法处理实测资料建立的模型;确定性模型是指主要以有限元计算和最小二乘法处理实测资料建立的模型;混合模型是指一部分观测物理量(如温度)用统计模型,另一部分观测物理量(如变形)用确定性模型的模型(这种方法能够定量分析,是长期观测资料进行系统分析的主要方法)。

需要利用监测结果进行趋势预报时应给出预报结果的误差范围和适用条件。

(二)健康监测

健康监测宜在工程设计阶段提出监测方案,监测方案应包括监测内容、设备和仪器、测点布置、监测频率、监测记录和结果评估等内容。健康监测实施阶段应定期进行监测设施检查和维护,定期对监测资料进行分析,定期对工程结构运行及安全状态做出评价,建立监测技术档案。

三、钢结构施工对安全和环保的基本要求

单层、多层、高层、高耸及空间钢结构工程的施工安全和环境保护应遵守相关规定。钢结构施工危险性较高,钢结构施工前应编制施工安全、环境保护专项方案及安全应急预案,以减少现场安全事故。现场安全主要包括结构安全、设备安全和人员安全等。

作业人员必须进行安全生产教育和培训,作业人员包括焊接、切割、行车、起重、叉车、电工、压力容器、低温压力容器等特殊工种和岗位。新员工必须接受三级安全教育,变换工种时作业人员应先进行操作技能及安全操作知识的培训,未经安全生产教育和培训不合格的作业人员不得上岗作业。对大跨度、需要临时支撑、结构封闭前不能达到设计受力状态的结构,施工应有安全计算。必须为作业人员提供符合国家标准或行业标准要求的合格劳动保护用品并培训和监督作业人员正确使用。劳动保护用品必须合格,除应符合国家相应标准外,任一种劳动保护产品在使用前可进行安全试验。对易发生职业病的作业应对作业人员采取有效的保护措施。

(一)竖向登高作业

搭设登高脚手架应符合《建筑施工扣件式钢管脚手架安全技术规范》(JGJ 130—2019)

和《建筑施工碗扣式钢管脚手架安全技术规范》(JGJ 166—2016)的规定,采用其他登高措施时应进行安全计算。多层及高层钢结构施工应采用人货两用电梯登高,人货两用电梯尚未到达的楼层应搭设合理的安全登高设施。

钢柱吊装时施工人员宜通过钢挂梯到柱顶松钩(此时宜采用防坠器对人员进行保护),钢挂梯应预先与钢柱同时起吊并与钢柱可靠连接。钢柱安装时应尽量将安全爬梯、安全通道或安全绳在地面上铺设固定在构件上以减少高空作业、减少安全隐患。钢柱吊装采取登高摘钩方法时应尽量使用防坠器对登高作业人员进行保护,安全爬梯的承载必须经过安全计算。

(二)平面安全通道

所需的平面安全通道应分层平面连续搭设。平面安全通道宽度不宜小于600 mm且两侧应设置安全护栏或防护钢丝绳。在钢梁及桁架上行走的作业人员宜佩戴双钩安全带,目的是使作业人员在跨越钢柱等障碍时可充分利用安全带对施工人员进行保护。

(三)洞口和临边防护

边长或直径为20~40 cm的洞口可用刚性盖板固定防护,40~150 cm的洞口应架设脚手钢管、满铺脚手板等做固定防护,边长或直径在150 cm以上的洞口应张设密目安全网防护并加护栏。建筑物楼层钢梁吊装完毕后应及时分区铺设安全网,安全网的竖向高度和间隔距离应满足我国现行相关规范的规定。楼层周边钢梁吊装完成后必须在每层临边设置防护栏,防护栏一般由钢丝绳、脚手管等材料制成。搭拆临边脚手架、操作平台、安全挑网等必须可靠固定在结构上。

(四)施工机械和设备

钢结构施工使用的各类施工机械应符合《建筑机械使用安全技术规程》(JGJ 33—2012)的规定。起重机吊装机械必须安装限位装置并定期检查。安装和拆除塔式起重机时必须有专项技术方案(高层内爬式塔吊的拆除在布设塔吊时就要考虑)。群塔作业应采取措施防止塔吊相互碰撞。塔吊应有良好的接地装置。采用非定型产品的吊装机械时必须进行安全计算。

(五)现场吊装安全

吊装区域应设置安全警戒线,非作业人员禁止入内。吊装物吊离地面200~300 mm时应进行全面检查,确认无误后方能正式起吊。风速达10 m/s时宜停止吊装作业,风速达15 m/s时禁止吊装作业。高空作业使用的小型手持工具和小型零部件应采取防止坠落措施。在高空进行焊接和气割作业时应清除作业区下方危险易燃物并采取防火措施。施工用电应符合《施工现场临时用电安全技术规范》(JGJ 46—2019)的规定。施工现场应有专业人员负责安装、维护和管理用电设备及用电线路。每天吊至楼层或屋面上的板材若未安装完应采取牢靠的临时固定措施。压型钢板表面有水、霜、露时应采取防滑保护措施,冬季积雪时应清除积雪并采取必要的防滑措施,对未浇筑混凝土的压型钢板临时堆载时应有明确标识。

（六）环境保护措施

施工期间应控制噪声,合理安排施工时间,减少对周边环境的影响。施工区域应保持清洁。夜间施工灯光应向场内照射以减少对居民的影响,焊接电弧应采取防护措施。夜间施工应做好申报手续并应按照环境保护部门批准的要求施工。现场油漆涂装施工时应采取防污染措施。钢结构施工剩下的废料和余料应妥善分类收集、统一处理和回收利用,禁止随意搁置、堆放。

参 考 文 献

[1]孙来忠,韦莉. 建筑装饰工程招投标与组织管理[M]. 西安:西安交通大学出版社,2016.

[2]徐勇戈. 建筑施工组织与管理[M]. 西安:西安交通大学出版社,2015.

[3]阎奇武. 混凝土结构基本原理[M]. 长沙:湖南大学出版社,2015.

[4]赵鑫,李万渠. 钢筋混凝土主体结构施工[M]. 北京:中国水利水电出版社,2016.

[5]郭峰. 土木工程项目管理[M]. 北京:冶金工业出版社,2013.

[6]毛鹤琴. 土木工程施工[M]. 武汉:武汉理工大学出版社,2018.

[7]姜晨光. 土木工程施工[M]. 北京:中国电力出版社,2017.

[8]樊烽. 土木工程施工[M]. 杭州:浙江工商大学出版社,2016.

[9]李曼曼. 土木工程施工[M]. 北京:北京工业大学出版社,2016.

[10]熊丹安,汪芳,李秀. 土木工程施工[M]. 广州:华南理工大学出版社,2015.

[11]杨建中. 土木工程施工[M]. 郑州:郑州大学出版社,2015.

[12]祝彦知,续晓春. 土木工程施工[M]. 郑州:黄河水利出版社,2013.

[13]宋怡. 建设工程招投标与合同管理[M]. 北京:北京理工大学出版社,2018.

[14]陈丽娟,邹钱秀,刘琳. 建筑工程招投标与合同管理[M]. 成都:电子科技大学出版社,2016.

[15]张李英. 工程招投标与合同管理[M]. 厦门:厦门大学出版社,2016.

[16]刘冬学. 工程招投标与合同管理[M]. 武汉:华中科技大学出版社,2016.

[17]王晓. 建设工程招投标与合同管理[M]. 北京:北京理工大学出版社,2017.

[18]郝永池,郝海霞. 建设工程招投标与合同管理[M]2 版. 北京:机械工业出版社,2017.

[19]彭仁娥. 建筑施工组织[M]. 北京:北京理工大学出版社,2016.

[20]胡长明,李亚兰. 建筑施工组织[M]. 北京:冶金工业出版社,2016.

[21]苏小梅,李向春. 建筑施工组织[M]. 武汉:华中科技大学出版社,2015.

[22]郭庆阳. 建筑施工组织[M]. 北京:中国电力出版社,2014.

[23]黄莉,徐光华. 建筑施工组织[M]. 北京:中国铁道出版社,2013.

[24]钟汉华,于立宝,张萍. 建设工程招标与投标[M]. 武汉:华中科技大学出版社,2013.

[25]王瑞芝. 建设工程招标投标[M]. 北京:中国电力出版社,2012.

[26]何立红. 工程招标投标与合同管理[M]2 版. 北京:石油工业出版社,2013.

[27]黄巍. 碾压混凝土施工[M]. 北京:中国水利水电出版社,2017.

[28]武钦风. 混凝土施工与检测关键技术[M]. 哈尔滨:哈尔滨工业大学出版社,2015.

[29]席浩,牛宏力. 水利水电工程施工技术全书 第3卷 混凝土工程 第7册 混凝土施工[M]. 北京:中国水利水电出版社,2016.

[30]曾彦. 混凝土施工新手入门[M]. 北京:中国电力出版社,2013.